核技术利用项目的
辐射屏蔽防护与计算

黄嘉麟　廖　彤　刘宝华　主编

SPM 南方传媒 | 广东经济出版社
·广州·

图书在版编目（CIP）数据

核技术利用项目的辐射屏蔽防护与计算 / 黄嘉麟，廖彤，刘宝华主编. —广州：广东经济出版社，2024.9

ISBN 978-7-5454-6552-5

Ⅰ. ①核… Ⅱ. ①黄… ②廖… ③刘… Ⅲ. ①核防护—辐射屏蔽—研究 Ⅳ. ①TL7

中国版本图书馆 CIP 数据核字（2018）第 282616 号

责任编辑：易 伦
责任校对：李宏可
责任技编：陆俊帆

核技术利用项目的辐射屏蔽防护与计算
Hejishu Liyong Xiangmu De Fushe Pingbi Fanghu Yu Jisuan
出版发行：广东经济出版社（广州市水荫路 11 号 11 ～ 12 楼）
印　　刷：广州市番禺区友联彩印厂（广州市番禺区桥南街陈涌村兴业大道西九横路）
开　　本：787mm×1092mm 1/16　　**印　　张**：13
版　　次：2024 年 9 月第 1 版　　**印　　次**：2024 年 9 月第 1 次
书　　号：ISBN 978-7-5454-6552-5　　**字　　数**：330 千字
定　　价：69.80 元

发行电话：（020）87393830　　编辑邮箱：gdjjcbstg@163.com
广东经济出版社常年法律顾问：胡志海律师　　法务电话：（020）37603025
如发现印装质量问题，请与本社联系，本社负责调换。

本书编委会

主编：黄嘉麟　廖　彤　刘宝华

编委：任　蓉　苏超丽　李占优

序

核技术利用项目的实施，必须考虑社会、经济和其他因素，使核技术利用项目给工作人员和公众带来的利益大于可能造成的辐射危害。核技术利用项目的实施者在努力实现正当性的同时，还应按防护与安全最优化的原则做好辐射屏蔽防护，使工作人员和公众的受照射剂量和受照射的可能性均保持在可合理接受的尽量低的水平。

然而目前国内辐射屏蔽防护相关专著滞后于标准的更新，容易造成使用者对核技术利用项目辐射屏蔽防护的认识不一致，或因使用不同公式与参数，致使计算结果存在较大的差异。辐射屏蔽防护过度，不仅浪费资源与金钱，还可能使工作人员和公众产生不安全感和恐惧感；辐射屏蔽防护不足，达不到国家防护标准的要求，则会给工作人员和公众的健康与安全带来损害，甚至对环境造成辐射影响。为此，我们在多年的核技术利用项目辐射屏蔽防护技术审查经验的基础上，结合广东省核技术利用项目辐射屏蔽防护的实践情况，收集国内外实践者和审管部门达成广泛共识的辐射屏蔽防护计算资料，编成本书。

本书在2015年出版的《核技术应用项目的辐射防护与安全》一书的基础上，对国家防护标准中相关的辐射屏蔽防护计算内容进行了进一步的诠释，着重给出了典型医用核技术利用项目、工业用核技术利用项目的辐射屏蔽防护计算示例，列出了具体的公式、参数、图表与计算过程，便于使用者在各自的实践中对照查找和使用。本书突出针对性、实用性和可操作性，力图为核技术利用项目的实施者和相关审管人员提供一份较完整、系统且简明的辐射屏蔽防护计算的参考资料。

本书可供环境保护部门，放射卫生防护审管、监测与评价部门，辐射屏蔽防护工程设计与施工单位工作人员、管理人员使用，也可供设置有相关专业的大中专院校的师生使用。

黄嘉麟

2024年5月于广州

前言

核技术已在国民经济各领域中广泛应用，在给人们带来巨大利益的同时，也带来产生辐射伤害的风险。为避免对公众和环境造成危害，达到趋利避害的目的，核技术利用项目必须做好辐射防护。

核技术利用项目大致可分为医用辐射项目和工业用辐射项目，包括对X射线、γ射线、β射线和中子的应用。在对这些射线进行应用的过程中，除应按国家防护标准严格做好时间防护和距离防护，规划好项目的布局、环境、面积，制定严格的安全规章制度外，最重要且最有效的措施便是做好辐射屏蔽防护。因此，在核技术利用项目实施前，必须按国家防护标准的要求进行辐射屏蔽防护设计。而要做好辐射屏蔽防护设计，又必须根据项目应用的辐射源类别、射线类别、射线能量大小和屏蔽材料等，依照国家标准进行严谨的计算，从而获得辐射屏蔽防护厚度。

目前，我国缺少能够较完整、系统且简明地阐释核技术利用项目辐射屏蔽防护计算方法的专著，项目实施者主要根据各自对核技术利用项目辐射屏蔽防护要求的理解与认识，引用不同资料的参数与计算公式来进行计算，结果得出的辐射屏蔽防护厚度往往存在较大的差异。资料的缺乏与不统一，令众多同行在工作实践中深感不便。

为此，我们在总结自身经验、借鉴他人经验的基础上，广泛搜集国内外相关的辐射屏蔽防护计算资料，以及行内人士达成广泛共识的，特别是国家防护标准中相关的辐射屏蔽防护计算内容，编成《核技术利用项目的辐射屏蔽防护与计算》一书。全书分两篇，共十二章，前四章介绍辐射屏蔽防护的基础知识与屏蔽防护材料的使用，X射线、γ射线、β射线和中子源辐射的屏蔽防护计算的相关参数与计算公式；后八章介绍医用电子加速器、PET-CT、γ射线源放射治疗机、工业X射线探伤室、工业γ射线探伤室和工业CT无损检测等应用项目的辐射屏蔽防护厚度计算方法。为突出实用性，使本书成为看得懂、用得上的工具书，书中着重给出不同项目、不同屏蔽材料情况下的屏蔽防护厚度计算示例，且将相关参数、公式、图表一并纳入相关计算示例中，以便于读者在各自的工作实践中对照查找和使用。

本书的编写得到了广东省环境辐射监测中心领导的支持与关心，特此表示感谢！另外，由于我们的水平和经验有限，书中难免有错漏之处，敬请读者批评指正。

本书编委会

2024年4月

目录

第一篇　核技术利用项目的辐射屏蔽防护

第 1 章　辐射屏蔽防护 …… 3
1.1　辐射源在屏蔽防护中的考虑 …… 3
1.2　屏蔽材料 …… 3
1.3　屏蔽材料的防护性能 …… 14
1.4　屏蔽防护设计 …… 16
1.5　屏蔽厚度的计算方法 …… 20

第 2 章　X 射线、γ 射线辐射屏蔽防护厚度计算 …… 26
2.1　X 射线、γ 射线的屏蔽防护厚度计算 …… 26
2.2　γ 射线点状源的屏蔽防护厚度计算 …… 43

第 3 章　β 射线屏蔽防护厚度计算 …… 58
3.1　最大射程计算法 …… 58
3.2　衰减倍数与半值层计算法 …… 60
3.3　β 粒子所致轫致辐射的屏蔽计算法 …… 62

第 4 章　同位素中子源辐射屏蔽防护厚度计算 …… 64
4.1　常用屏蔽材料的中子剂量衰减因子近似公式 …… 64
4.2　中子剂量率计算 …… 64
4.3　其他（α，n）反应中子源的屏蔽计算 …… 66

第二篇　核技术利用项目的辐射屏蔽防护厚度计算

第 5 章　放射治疗机房辐射屏蔽防护计算的考虑 …… 69
5.1　一般原则 …… 69

5.2 术语和定义 …… 69
5.3 治疗机房辐射屏蔽的剂量参考控制水平 …… 70
5.4 治疗机房一般屏蔽要求 …… 73
5.5 治疗机房辐射屏蔽设计核查 …… 77

第6章 医用电子加速器的辐射屏蔽防护厚度计算 …… 78
6.1 加速器产生的辐射 …… 78
6.2 加速器机房（治疗室）屏蔽防护厚度计算 …… 78
6.3 电子直线加速器放射治疗机房辐射屏蔽防护厚度计算 …… 90
6.4 屏蔽厚度估算方法 …… 97
6.5 辐射屏蔽防护剂量率的检测与评价 …… 115

第7章 移动式电子加速器术中放射治疗的辐射屏蔽防护 …… 117
7.1 术语和定义 …… 117
7.2 术中放射治疗手术室的屏蔽剂量控制要求 …… 117
7.3 专用手术室的屏蔽防护 …… 118
7.4 专用手术室的辐射屏蔽防护计算 …… 119

第8章 PET-CT的辐射屏蔽防护厚度计算 …… 120
8.1 工作场所的危害因素 …… 120
8.2 回旋加速器 …… 120
8.3 回旋加速器室辐射屏蔽防护计算 …… 121
8.4 加速器室外工作场所的屏蔽防护计算 …… 123
8.5 PET-CT主要工作场所的屏蔽防护厚度计算 …… 124

第9章 γ射线源放射治疗机房辐射屏蔽防护厚度计算 …… 126
9.1 术语的定义 …… 126
9.2 治疗机房的剂量控制要求与屏蔽考虑 …… 127
9.3 γ射线源治疗装置与机房屏蔽相关的性能与参数 …… 128
9.4 γ射线源远距治疗机房辐射屏蔽厚度与剂量估算 …… 131
9.5 治疗机房屏蔽设计和剂量示例 …… 138
9.6 后装治疗机房的屏蔽厚度计算（一） …… 140
9.7 γ刀治疗机房的屏蔽计算与注意事项 …… 143
9.8 ^{60}Co治疗机房辐射屏蔽厚度的简易计算 …… 143
9.9 后装治疗机房的屏蔽厚度计算（二） …… 146
9.10 放射性粒子源植入治疗的防护 …… 147

第 10 章　工业 X 射线探伤室辐射屏蔽防护厚度计算 …… 150
10.1　范围 …… 150
10.2　术语和关注点 …… 150
10.3　探伤室辐射屏蔽要求 …… 150
10.4　探伤室辐射屏蔽厚度的计算方法（一） …… 152
10.5　典型条件下的探伤室屏蔽厚度表 …… 157
10.6　X 射线探伤室屏蔽厚度估算示例 …… 159
10.7　用不同屏蔽材料时的屏蔽厚度计算 …… 163
10.8　探伤室辐射屏蔽厚度的计算方法（二） …… 164

第 11 章　工业 γ 射线探伤室的辐射屏蔽防护厚度计算 …… 170
11.1　辐射源与安全要求 …… 170
11.2　探伤室辐射屏蔽厚度计算 …… 171
11.3　工业 γ 射线移动探伤的辐射防护 …… 177

第 12 章　直线加速器工业探伤和工业 CT 无损检测的屏蔽防护厚度计算 …… 180
12.1　直线加速器工业探伤的屏蔽防护厚度计算 …… 180
12.2　工业 CT 无损检测的辐射防护要求 …… 186
12.3　工业 CT 设备检测室的辐射屏蔽设计 …… 188
12.4　低能 X 射线工业 CT 检测室的屏蔽防护 …… 193
12.5　高能 X 射线工业 CT 检测室的屏蔽防护 …… 193

参考文献 …… 194

第一篇　核技术利用项目的辐射屏蔽防护

第1章 辐射屏蔽防护

1.1 辐射源在屏蔽防护中的考虑

医用辐射应用项目和工业用辐射应用项目都属于核技术利用项目。在项目应用中产生的外照射主要是由X射线、γ射线、中子束、高能带电离子束和β射线引起的。对这些外照射的基本防护方法有时间防护、距离防护和屏蔽防护。时间防护和距离防护是通过减少与射线接触时间及增加放射源与人体间的距离来减少对人的照射剂量，是不花费代价的自主防护；而屏蔽防护是在人体与放射源之间设置防护屏障，使射线经过屏障时被吸收，从而减少对人的照射剂量，是需要花费代价的附加防护，目的是确保工作人员与公众受照射剂量符合国家防护标准规定的年剂量限制，并达到尽量低的水平，即不超过国家防护标准规定的年剂量限值的1/4。要做到这一点，就必须依据国家防护标准的要求进行核技术应用项目的屏蔽防护设计。

为了便于计算，可将γ放射源和医用诊断、治疗X射线及工业探伤X射线管的焦斑视为点状源。人体受到照射的剂量率与距离的平方成反比，即距离延长一倍，剂量率则减少到原来的1/4。

对于β射线，参考点到放射源的距离小于其最大射程的1/3时，也适用此定律。

对于中子，因中子在空气中会形成一个强的散射辐射场，故此定律不适用。但在用混凝土建造的10MV以上的医用加速器治疗室内，通过加速器治疗头屏蔽壳发射出来的直射中子符合距离平方反比定律。而通过治疗室内设备、墙壁散射的散射中子束流和释放出的热中子束流却不遵从此定律。尽管如此，这三种中子构成的混合中子流产生的照射剂量仍随距离的延长而降低，距离防护仍然有效。

1.2 屏蔽材料

任何物质或多或少都能使穿过的射线受到衰减，但并不是说所有的材料都适合作为射线的屏蔽材料。在选择屏蔽材料时，应从材料的防护性能、结构性能、稳定性和经济成本等方面综合考虑。

（1）防护性能。应具有吸收射线的能力强，即铅当量高、散射线量小的特性。

（2）结构性能。包括物理形态、力学性质、机械强度和加工工艺等。

（3）稳定性。材料应经久耐用，屏蔽效果不随时间而衰减，且具有较好的耐高温、耐腐蚀、耐辐射等特性。

（4）经济成本。材料应易获得、易加工，经济成本低。

1.2.1 X射线、γ射线屏蔽材料

1.2.1.1 重金属屏蔽材料

（1）铅（Pb）。原子序数82，密度11.34g/cm^3，熔点327.4℃。具有耐腐蚀和强衰减X射线、γ射线的特性，易加工成型，是一种良好的屏蔽材料，但具有化学毒性，机械强度较差。用作防护材料时需要夹在固定的铁板或木板内，以防止受重力作用而下垂。

铅对250kV以下的低能X射线吸收能力强，但产生的散射线量也较大，其散射线强度是铁的1.05倍，是铝的8.9倍。在实际应用中，为减小散射线强度，可采用铅铝复合材料。

铅对250kV以上的高能X射线和γ射线的防护性能相对较弱，特别是在1兆电子伏特（MeV）至几兆电子伏特的范围内，对X射线和γ射线的衰减能力最差。与混凝土相比，对100kV的X射线，1mm铅相当于64mm混凝土的防护效果，而对6MeV的高能X射线和平均能量为1.25MeV的^{60}Co γ射线，1mm铅相当于6.3mm混凝土的防护效果，其衰减射线的能力下降至对低能射线衰减能力的1/10。因此，对高能X射线、γ射线的固定屏蔽防护而言，采用铅是不经济的。

（2）铁（Fe）或钢。纯铁原子序数26，密度7.87g/cm^3（用作防护材料的钢密度一般也是7.8g/cm^3），熔点1536℃。铁与钢对X射线、γ射线的吸收能力基本相同，可不做密度修正。

铁的机械强度高，易加工，廉价，有较好的防护性能，是防护性能与结构性能兼优的屏蔽材料。对100kV及以下的X射线，大约6mm的钢板相当于1mm铅的防护效果。实际应用中多为铁和铅的复合应用，用于屏蔽体的骨架或铅板的夹持物。

铁对高能X射线、γ射线的防护性能相对较高，如对150～300kV的X射线，其比铅当量约为0.08mmPb/mm材料，而对6MV高能X射线，铁的比铅当量上升为0.56mmPb/mm材料，提高了6倍。

（3）铜（Cu）。原子序数29，密度8.9g/cm^3。铜的防护性能好，机械强度大，但价格较贵，仅用于较小的需要机械加工的防护部件，如加工成小C臂X射线机的铜质集光筒，取代原机上配带的塑料集光筒，可有效降低操作者的受照剂量。

（4）钨（W）。原子序数74，密度19.3g/cm^3，熔点3410℃，是一种极重、极硬、极难熔的金属，若掺入6%的镍和4%的铜，其合金密度可降到17.0g/cm^3，易加工成所需的防护材料，但价格昂贵，只是用在高强度放射源的屏蔽防护上，如^{60}Co治疗机和γ刀的^{60}Co放射源的储源器等。

1.2.1.2 建筑用墙体防护材料

（1）混凝土（简称砼）。普通混凝土密度为2.35g/cm^3，由水泥粗骨料（石子）、沙子和水混合而成。混凝土成本低廉，有良好的防护结构性能，既可防X射线、γ射线，也可防中子，是一种多用于墙体的防护材料。有时为减小屏蔽防护厚度与体积，可使用增大密度的重混凝土（重砼），办法是用铅沙、铁沙代替普通沙子，用重晶石矿石、铁矿石甚至铸铁块、废钢块代替碎石。当然，在提高防护效果的同时，成本也相应增加不少。重砼的制作材料和配合比如下：

①水泥：标号不低于425的普通硅酸水泥。

②集料：对重砼集料的要求见表1-1。

表 1-1 对重砼集料的要求

材料名称	表观密度（kg/m³）		密度（kg/m³）	要求
	细集料	粗集料		
赤铁矿	1600～1700	1400～1500	3200～4000	细集料中氧化铁（Fe_2O_3）含量不低于60%；粗集料中氧化铁含量不低于75%；含杂质少，特别是黏土杂质；密度大，坚硬石块含量多
磁铁矿	2300～2400	2600～2700	4300～5100	同上
重晶石	3000～3100	2600～2700	4300～4700	硫酸钡（$BaSO_4$）含量不低于80%，内含有石膏或黄铁矿的硫化物不超过7%
褐铁矿	1600～1700	—	3200～4000	氧化铁含量不低于70%；杂质少，特别是黏土杂质

注：①表观密度又称容量，是材料在自然状态下单位体积的质量。

②密度是材料在干燥、密实状态下单位体积的质量。

③细集料尺寸为0.15～5.00mm。

④粗集料尺寸为5～80mm。

⑤对于重晶石混凝土，在温度50℃以上的情况下，如没有专门隔热措施，则禁止使用；在处于受流水作用条件下的结构物质中亦不得使用。

⑥本表取自赵兰才、张丹枫主编的《放射防护实用手册》，济南出版社，2009年版，第96页。

③水：同普通砼用水，pH不小于4。

④塑化剂：施工时为改善砼的和易性，减少用水量，在重砼内可加入少量造纸厂的草浆液作为塑化剂。

⑤常用重晶石混凝土用料的配合比见表1-2。

表 1-2 常用重晶石混凝土用料的配合比

配方	水泥用量（kg）	重晶沙		重晶石块		混凝土表观密度（t/m³）
		粒度（mm）	用量（kg）	粒度（mm）	用量（kg）	
1	342	<5	1144	8～20	1867	3.35
2	320	<5	1440	>5	1440	3.20
3	359	<5	1201	8～20	1960	3.52

普通混凝土对高能X射线和γ射线的防护效果与铅相比相对较高。混凝土和砖对不同能量射线的防护效果见表1-3。

表 1-3 相当于1mm铅防护效果的混凝土和砖的厚度

射线类型	射线能量	相当于1mm铅防护效果	
		普通混凝土厚度（mm）	黏土砖的厚度（mm）
X射线	80kV	100	137
X射线	100kV	85	120

（续表）

射线类型	射线能量	相当于 1mm 铅防护效果	
		普通混凝土厚度（mm）	黏土砖的厚度（mm）
X 射线	150kV	80	130
X 射线	200kV	75	130
X 射线	300kV	56	100
X 射线	400kV	47	90
医用加速器 X 射线	6MV	6.25	7.8
^{60}Co γ 射线	平均 1.25MeV	6.25	7.7

注：本表取自赵兰才、张丹枫主编的《放射防护实用手册》，济南出版社，2009 年版，第 97 页。

从表 1-3 中可看到，对 80kV 的 X 射线，100mm 混凝土相当于 1mm 铅的防护效果；而对 400kV 的 X 射线，47mm 混凝土相当于 1mm 铅的防护效果。赵兰才等人利用 6MV 医用加速器 X 射线和^{60}Co 治疗机输出的平均能量为 1.25MeV 的 γ 射线测量 4 种不同防护材料的比铅当量，其中混凝土的比铅当量为 0.16mmPb/mm 材料，即 1mm 铅相当于 6.25mm（1/0.16）混凝土的防护效果。说明混凝土是一种对高能辐射屏蔽效果比较好的防护材料。

（2）砖。黏土砖的密度为 1.6g/cm^3，价廉、通用、易得，对低能 X 射线的散射量低，是屏蔽防护的好材料。在医用诊断 X 射线范围内，一砖厚（240mm）的实心砖墙的铅当量约为 2mm。

对高能 X 射线和 γ 射线，砖的防护效果相对较高。如对 100kV 的 X 射线，120mm 厚的砖相当于 1mm 铅的防护效果，而对 400kV 的 X 射线，只需 90mm 厚的砖就相当于 1mm 铅的防护效果；对 6MV 的 X 射线和^{60}Co γ 射线（平均能量为 1.25MeV），则只需 7.7～7.8mm 厚的砖就相当于 1mm 铅的防护效果了。因此，对加速器和^{60}Co 治疗机房的迷路外口，为缩小其宽度，减少防护门的体积和质量，可用砖墙，还可以在两层砖墙间填充复合材料以提高防护效果。

由于国家限制使用黏土砖，因此可用煤渣砖代之。煤渣砖又称炉渣砖，由煤灰渣（75%～80%）、电石渣（18%～22%）、石膏渣（炼铝厂的，2%～3%）混合碾压成型，经蒸气养护硬化而成，密度为 1.2g/cm^3。

用砖做防护墙时应注意：

①核实砖的质量与表观密度。屏蔽材料的烧结质量和表观密度与防护效果有直接的关系。若想知道砖的表观密度，可随机抽取一堆标准规格（240mm×115mm×53mm）的砖进行称重，用其体积（cm^3）除其质量（g）所得之商即为表观密度。

②核实所选用砂浆和砖缝砂浆的饱和度。砌砖墙时要选用高标号水泥，最好用高密度的钡沙代替常用的河沙，与水泥混合制成水泥砂浆，以保证达到与实心砖同样的防护效果。为此，在砌砖时一定要做到砂浆饱满，不留空隙。

（3）复合防护材料。用多种吸收 X 射线、γ 射线的金属元素和硅砂等按一定比例和粒度混合而成的干粉状防护材料，主要成分为硫酸钡、氧化铁、氧化铝等。可采用重晶石矿粉、铁矿粉和铅矿粉等混合制成。可根据需要调节比例，使之达到一定的铅当量。

1.2.1.3 软质防护材料

常用的有铅橡胶和铅塑料。铅橡胶在日光、热和空气的氧化作用下，会出现发黏、变软、弹性下降、表面变硬、龟裂等老化现象。酸碱对铅橡胶也有明显影响。

国产铅橡胶密度为5.0～5.5g/cm^3。对医用诊断X射线（能量范围一般为80～120kV）的比铅当量约为0.25mmPb/mm材料，对医用诊断X射线的散射线和低能γ射线（如^{99m}Tc发射的0.141MeV的γ射线和^{125}I发射的0.036MeV的γ射线）的散射线具有实用性屏蔽效果，多用于制作穿着类个人防护用品和防护吊帘等。

1.2.1.4 透明防护材料

（1）铅玻璃。目前国产铅玻璃ZF系列型号中，ZF2、ZF3、ZF6的密度分别为4.20g/cm^3、4.46g/cm^{3}和4.68g/cm^3，对医用X射线的比铅当量分别为0.20mmPb/mm材料、0.24mmPb/mm材料和0.26mmPb/mm材料。其透光率≥85%。铅玻璃中含铅量越高，密度越大，颜色越黄，表观硬度越低。铅玻璃主要用于X射线机房及CT、ECT、PET-CT等机房的观察窗以及核医学用防护屏等，所需防护厚度根据项目需要，经屏蔽计算确定。

（2）有机玻璃（又称含铅透明树脂板）。国产有机玻璃的密度为1.6g/cm^3，呈浅黄色，对80～120kV的X射线的比铅当量约为0.042mmPb/mm材料。进口有机玻璃的密度为1.589g/cm^3，对80～120kV的X射线的比铅当量约为0.042mmPb/mm材料。有机玻璃主要用于医用诊断X射线散射线的屏蔽防护，如介入放射示面罩、防护屏等，所需铅当量在0.8mmPb以下。

（3）水。水的有效原子序数为7.4，相对分子质量为18.016，20℃时密度为0.992g/cm^3。水屏蔽X射线的性能比不上金属、砼等材料，但由于透明度好，可流动，并可随意将物品放入其中，所以常以水井、水池的形式贮存高活性固体密封γ放射源。

水还是一种较好的中子慢化剂，但水中有可溶性盐时，在强辐射作用下，会出现辐射分解现象，生成有害气体。为达到屏蔽目的，宜用去离子水。

铁（钢）、重晶石混凝土、钡水泥、混凝土、红砖、黄砖和废渣砖对低能X射线（400kV以下）的铅当量参见表1-4。

表1-4 低能X射线屏蔽材料的铅当量

材料和密度	管电压（kV）	不同铅当量（mmPb）的材料厚度（mm）								
		0.5	1	2	3	4	6	8	10	15
铁（钢） ρ =7.89g/cm^3	80	3	6.5	13	20	—	—	—	—	—
	100	2.5	6	12.5	19.5	30	—	—	—	—
	120	3.5	8	17.5	27	37	—	—	—	—
	150	5	11	25	37	50	—	—	—	—
	200	5.5	12	27	40	55	—	—	—	—
	300	—	12	20	28	35	48	60	75	—
	400	—	11	18	23	28	38	45	55	75

（续表）

材料和密度	管电压（kV）	不同铅当量（mmPb）的材料厚度（mm）								
		0.5	1	2	3	4	6	8	10	15
重晶石混凝土 $\rho=3.29g/cm^3$	150	—	10	21	35	50	—	—	—	—
	200	—	14	30	45	60	—	—	—	—
	300	—	14	27	40	50	70	90	120	—
	400	—	13	24	35	45	65	80	100	140
钡水泥 $\rho=2.79g/cm^3$	80	6	13	26	40	—	—	—	—	—
	100	5	8.5	17	25	—	—	—	—	—
	120	5.5	9.5	19	31	—	—	—	—	—
	150	—	17	38	65	90	—	—	—	—
	200	9.5	22	50	75	100	—	—	—	—
	300	—	22	42	60	75	105	135	165	—
	400	—	18	36	50	60	85	110	130	185
混凝土 $\rho=2.359g/cm^3$	80	55	100	180	—	—	—	—	—	—
	100	50	85	150	210	—	—	—	—	—
	120	50	90	160	220	—	—	—	—	—
	150	—	80	150	220	280	—	—	—	—
	200	60	75	140	200	260	—	—	—	—
	300	—	56	89	117	140	200	240	280	—
	400	—	47	70	94	112	140	173	210	280
红砖 $\rho=1.99g/cm^3$	150	—	110	200	280	370	—	—	—	—
	200	—	100	190	270	350	—	—	—	—
	300	—	85	140	170	210	280	340	400	
	400	—	80	110	140	160	210	260	300	400
黄砖 $\rho=1.60g/cm^3$	80	78	137	—	—	—	—	—	—	—
	100	66	120	210	—	—	—	—	—	—
	120	66	120	215	—	—	—	—	—	—
	150	—	130	240	340	—	—	—	—	—
	200	—	130	240	340	430	—	—	—	—
	300	—	100	150	200	240	320	390	460	—
	400	—	90	130	140	160	240	290	340	400
废渣砖 $\rho=1.29g/cm^3$	150	—	100	250	350	—	—	—	—	—
	200	—	150	270	280	490	—	—	—	—
	300	—	120	190	240	290	380	460	550	—
	400	—	110	110	200	280	300	300	400	510

注：本表取自李全太、刘桂刚、张翼主编的《辐射防护培训教程》，中国文联出版社，2005 年版，第 55～56 页。

1.2.2 中子屏蔽材料

1.2.2.1 中子屏蔽过程

根据中子与物质的相互作用，对中子进行屏蔽有以下过程。

（1）快中子变慢中子。对于几兆电子伏特以上的快中子，在屏蔽体中利用原子系数中等以上的元素，通过非弹性散射，使快中子能量降至非弹性散射的阀值以下。

（2）慢中子变热中子。对于几兆电子伏特以下的中子，通过屏蔽体中的氢元素的弹性散射，将中子慢化变成热中子。在弹性散射中，与中子碰撞的原子核越轻，中子转移给反冲核的能量越多。因此氢元素是1MeV左右的快中子最好的慢化剂。如在物质中中子能量从1MeV降至0.025MeV所需弹性碰撞的平均次数，氢元素只需18次，铍元素需84次，铁元素需485次，而铀元素则需2088次。

（3）热中子被吸收。被慢化了的热中子在通过屏蔽体中的中子吸收材料时被吸收。吸收中子的材料以吸收热中子的截面大但不俘获高能 γ 辐射者为佳。通常使用的吸收热中子的材料有锂和硼。

（4）屏蔽俘获 γ 辐射。在屏蔽体吸收热中子的过程中，总会产生一定能量的俘获 γ 辐射。所以最后一步是用重元素铅或铁元素衰减 γ 射线，以达到项目对参考点的辐射剂量的限制要求。

1.2.2.2 中子慢化剂

氢是最好的中子慢化剂，屏蔽材料中的含氢量将直接决定该屏蔽物的中子慢化结果。常用屏蔽材料的含氢量见表1-5。

表1-5 常用屏蔽材料的含氢量

材　料	化学组成	含氢量（个/cm^3）
水	H_2O	6.7×10^{22}
石蜡	$C_{30}H_{62}$	7.86×10^{22}
聚乙烯	$(C_2H_4)n$	7.92×10^{22}
聚氯乙烯	$(CH_2CHCl)n$	4.1×10^{22}
有机玻璃	$(C_4H_8O_2)n$	5.7×10^{22}
石膏	$CaSO_4\cdot2H_2O$	3.25×10^{22}
92%聚乙烯+8%B_4C	$(C_2H_4)n+B_4C$	7.68×10^{22}
压缩木材	$C_6H_{10}O_5$	5.0×10^{22}

注：①关于石蜡的含氢量，有的资料给出 8.5×10^{22} 个/cm^3，有的给出 7.66×10^{22} 个/cm^3。

②关于聚乙烯的含氢量，有的资料给出 8.3×10^{22} 个/cm^3。

③本表取自方杰主编的《辐射防护导论》，原子能出版社，1991年版，第164页。

（1）石蜡。石蜡是高饱和碳氢化合物，相对分子质量14，密度0.889g/cm^3；熔点为50～60℃，着火温度为245℃。由于熔点低，易着火，因此不宜用于高温环境中，使用时必须用密封容器将石蜡封装，还应充分考虑热膨胀，以及冷却后的石蜡厚度缩小、干裂的特点。实际使用中还可以将石蜡与硼酸或硼砂的固体粉末掺和制成具有慢化和吸收中子性能的含硼石蜡（一般含硼量为5%左右）。

（2）聚乙烯。聚乙烯是由乙烯加聚而成的高分子化合物，密度 0. 910 ～ 0. 965g/cm^3。高密度聚乙烯成型收缩率为 2. 0%～5. 0%，连续耐热温度为 121℃。

市售聚乙烯板材有两种：一种是发泡 5 ～ 8 倍的聚乙烯板，由于体积增大 5 ～ 8 倍，因此单位体积内的氢原子数减少到不发泡聚乙烯板的 1/8 ～ 1/5；另一种是聚氯乙烯（PVC），由氯乙烯单位聚合而成，表观密度大于 0. 55g/cm^3，其氢原子数比聚乙烯减少 50%左右。

在实际应用中，赵兰才、张丹枫将聚乙烯颗粒（表观密度 0. 9g/cm^3）或密度较高的聚乙烯粉末（表观密度 0. 93g/cm^3）直接封装在用压缩木材板（如中密度板，密度 0. 8g/cm^3）制作的一定厚度的夹层中。木材的含氢量为木材总质量的 6%左右，因此，木材板不仅起到封装聚乙烯的作用，也对中子有一定的屏蔽作用。对 0. 1MeV 左右的中子，4. 5cm 厚的木材可将中子剂量减少 75%左右。4cm 厚的木材具有相当于 1cm 厚的聚乙烯对中子的防护效果。成本与石蜡相近，但又可避免石蜡遇冷会碎裂之弊。

（3）混凝土。混凝土不仅是很好的 X 射线、γ 射线屏蔽材料，还是良好的中子屏蔽材料，但必须注意的是，混凝土屏蔽物会因长期使用而失水，含氢量降低，从而导致对中子的防护效果下降。为此，在进行屏蔽防护设计时，应根据混凝土含水量变化进行修正。混凝土含水量变化时对中子的透射系数的修正因子见表 1-6。

表 1-6　混凝土含水量变化时对中子的透射系数的修正因子

含水量（%）	修正因子
2. 5	4. 1
3. 5	2. 6
4. 5	1. 6
5. 5	1. 0
>5. 5	1. 0

注：本表取自章仲侯主编的《放射卫生学》，原子能出版社，1985 年版，第 164 页。

具体做法是：利用表 1-6 中的修正因子（中子透射曲线都是对应混凝土密度为 2. 35g/cm^3 时的含水量 5. 5%计算得到的），按含水量 2. 5%的修正因子 4. 1 进行修正，即将中子透射系数乘以修正因子 4. 1，再查曲线图求出屏蔽厚度；或者在屏蔽计算的基础上，再增加 10%的屏蔽厚度（如计算厚度为 100cm，则增加至 110cm），这样可以确保混凝土的屏蔽效果在 20 ～ 30 年后也不会明显降低。必须说明的是，由于难以确知混凝土的实际含水量，因此从保守的角度考虑，应采用含水量最小的 2. 5%的修正因子 4. 1 进行修正。

混凝土能吸收射线的辐射，但当中子照射混凝土，热中子被俘获时会产生 γ 射线。但在实际应用中，如 10MeV 以上的医用电子加速器治疗室的防护墙所设计的 X 射线的防护厚度就足以屏蔽其俘获热中子时产生的 γ 射线，所以不需再专门考虑对这部分 γ 射线的防护。

1. 2. 2. 3　中子吸收剂

常用的中子吸收材料为锂和硼。锂俘获中子后放出的 γ 射线很少，可忽略不计。硼在俘获中子时放出 0. 47MeV 的 γ 射线，但能量低，较易屏蔽。

（1）硼酸。H_3BO_3，白色片状晶体，相对密度 1.4347g/cm^3，熔点 184℃，市售纯度为 99.9%。

（2）硼砂。$Na_2B_2O_7 \cdot 10H_2O$（焦性硼酸钠），白色晶体，相对密度 1.69～1.72g/cm^3，价格低于硼酸。固体硼砂中含 Na，在热中子作用下产生^{23}Na（N，γ）^{24}Na，反应放出能量为 2.75MeV 的 γ 射线，增加了屏蔽俘获 γ 辐射的难度。

在实际使用中，可将硼酸或硼砂按计算好的质量和厚度直接均匀摊在石蜡层上，用铁板或木板将其封装；也可以与石蜡或聚乙烯混合使用，或制成含硼的聚乙烯复合板材。

至于硼的使用量，一般为防中子材料（聚乙烯或石蜡）质量的 3%～5%。在采用硼的化合物硼酸时，若使用 3%的纯硼，则硼酸含量约为 17.24%。

1.2.3 β 射线屏蔽材料

β 射线是具有连续能谱的正电子或负电子，通常称为电子流。当原子核的一个中子变成一个质子时，放出的是一个带负电荷的电子；当原子核的一个质子变成一个中子时，放出的是一个带正电荷的电子。为区别于一般电子，将这两种电子统称为 β 粒子（β 射线），用 $β^-$ 和 $β^+$ 表示。电子和 $β^-$、$β^+$ 是本质相同的带电粒子，屏蔽材料亦相同。

1.2.3.1 β 射线的最大射程

带电粒子进入物质后，沿入射方向所能达到的最远距离，称为带电粒子在该物质中的最大射程。若物质的厚度等于或大于带电粒子在其中的最大射程，则所有入射的带电粒子都将被该物质吸收。不同能量的 β 射线在不同物质中的最大射程见表 1-7，常用放射性核素不同能量的 β 射线在 4 种物质中的最大射程见表 1-8。

表 1-7 不同能量的 β射线在不同物质中的最大射程

$E_β$（MeV）	铝（mm）	组织或水（mm）	空气（cm）	$E_β$（MeV）	铝（mm）	组织或水（mm）	空气（cm）
0.01	0.0006	0.002	0.13	1.5	2.47	7.80	494
0.02	0.0026	0.008	0.52	1.75	3.01	9.50	610
0.03	0.0056	0.018	1.12	2.0	3.51	11.1	710
0.04	0.0096	0.030	1.91	2.5	4.52	14.3	910
0.05	0.0144	0.046	2.94	3.0	5.50	17.4	1100
0.06	0.0200	0.063	4.03	3.5	6.48	20.4	1300
0.07	0.0263	0.083	5.29	4.0	7.46	23.6	1500
0.08	0.0344	0.109	6.93	4.5	8.44	26.7	1700
0.09	0.0407	0.129	8.20	5.0	9.42	29.8	1900
0.1	0.0500	0.158	10.1	6.0	11.4	36.0	2300
0.2	0.155	0.491	31.3	7.0	13.3	42.2	2700
0.3	0.281	0.889	56.7	8.0	15.3	48.4	3100
0.4	0.426	1.35	85.7	9.0	17.3	54.6	3500
0.5	0.593	1.87	119	10.0	19.2	60.8	3900
0.6	0.778	2.46	157	12	23.2	73.2	4700

（续表）

E_β（MeV）	铝（mm）	组织或水（mm）	空气（cm）	E_β（MeV）	铝（mm）	组织或水（mm）	空气（cm）
0.7	0.926	2.92	186	14	27.1	85.6	5400
0.8	1.15	3.63	231	16	31.0	98.0	6200
0.9	1.30	4.10	261	18	35.0	110.0	7000
1.0	1.52	4.80	306	20	39.0	123	7800
1.25	2.02	6.32	406	—	—	—	—

注：本表引自邝华俊、戴方圣译的《放射性辐射防护手册》，人民卫生出版社，1959 年版，第 76 页。

表 1-8　常用放射性核素不同能量的 β射线在 4 种物质中的最大射程

常用放射性核素	β粒子最高能量（MeV）	铝 R_β（mg/cm^2）			铝 R_β（mm）			有机玻璃 R_β（mm）	组织或水 R_β（mm）		空气 R_β（mm）	
		文献值	内插值	公式值	文献值	内插值	公式值	计算值	文献值	内插值	文献值	内插值
^{3}H	0.01	0.16	—	—	0.006	—	—	—	0.002	—	0.13	—
	0.0186	—	0.624	0.848	—	0.00232	0.00314	0.00719	—	0.00716	—	0.465
	0.02	0.7	—	—	0.0026	—	—	—	0.008	—	0.52	—
	0.1	14	—	—	0.05	—	—	—	0.158	—	10.1	—
^{14}C	0.1561	—	29.7	30.2	—	0.11	0.11	0.26	—	0.345	—	22.0
^{35}S	0.1674	—	32.84	34	—	0.121	0.12	0.29	—	0.382	—	24.4
	0.2	42	—	—	0.155	—	—	—	0.491	—	31.3	—
^{147}Pm	0.225	—	50.5	51.95	—	0.1865	0.188	0.44	—	0.591	—	37.7
^{45}Ca	0.2587	—	62	63	—	0.229	0.228	0.53	—	0.725	—	46.2
^{198}Au	0.2853	—	71	72.1	—	0.262	0.262	0.61	—	0.830	—	53.0
	0.3	76	—	—	0.281	—	—	—	0.889	—	—	56.7
^{60}Co	0.3179	—	83	83.7	—	0.307	0.304	0.71	—	0.972	—	61.9
	0.4	115	—	—	0.426	—	—	—	1.35	—	85.7	—
	0.5	160	—	—	0.593	—	—	—	1.87	—	119	—
^{137}Cs	0.514	—	168	162.5	—	0.619	0.590	1.38	—	1.95	—	124
^{90}Sr	0.546	—	188	176.6	—	0.678	0.641	1.50	—	2.14	—	136
	0.6	220	—	—	0.778	—	—	—	2.46	—	157	—
	0.7	250	—	—	0.926	—	—	—	2.92	—	186	—
^{204}Tl	0.7634	—	288	280	—	1.07	1.02	2.37	—	3.37	—	215
	0.8	310	—	—	1.15	—	—	—	3.63	—	231	—
	1.0	410	—	—	1.52	—	—	—	4.80	—	306	—
	1.25	540	—	—	2.02	—	—	—	6.32	—	400	—

（续表）

常用放射性核素	β粒子最高能量（MeV）	铝						有机玻璃	组织或水 R_β（mm）		空气 R_β（mm）	
		R_β（mg/cm²）			R_β（mm）			R_β（mm）				
		文献值	内插值	公式值	文献值	内插值	公式值	计算值	文献值	内插值	文献值	内插值
^{89}Sr	1.488	—	664	673	—	2.45	2.44	5.7	—	7.73	—	490
	1.5	670	—	—	2.47	—	—	—	7.8	—	494	—
^{32}P	1.711	—	780	794	—	2.93	2.88	6.73	—	9.23	—	592
	1.75	800	—	—	3.01	—	—	—	9.5	—	610	—
	2.0	950	—	—	3.51	—	—	—	11.10	—	710	—
^{90}Y	2.284	—	1104	1104.9	—	4.08	4.01	9.36	—	—	—	824
	2.5	1220	—	—	4.52	—	—	—	14.3	—	910	—
	3.0	1500	—	—	5.5	—	—	—	17.4	—	1100	

注：①文献值取自邝华俊、戴方圣译的《放射性辐射防护手册》，人民卫生出版社，1959年版，第76页。

②内插值根据文献值采取内插法求得。

③公式值根据李德平、潘自强主编的《辐射防护手册·第一分册·辐射源与屏蔽》（原子能出版社，1987年版）第420页提供的公式计算而得。

④计算值由质量射程 g/cm²（公式值）除以有机玻璃的密度 1.18g/cm³ 而得。

β射线的穿透能力取决于其能量。一般所称β粒子的能量均指其最大能量，而β射线的平均能量大致为最大能量的1/3。

若将能量相同的γ射线与β射线的穿透能力进行比较，则β射线的穿透能力约为γ射线的1%。

1.2.3.2 轫致辐射

β射线的穿透能力虽小，但它易被人体组织的皮肤层吸收，造成皮肤黏膜的损害，应引起足够的重视。

β射线与物质作用时，一部分动能还会以X射线的形式辐射出来，这就是轫致辐射。轫致辐射的强度与β射线的能量成正比，与屏蔽材料的有效原子序数 Z 的平方成正比。

轫致辐射的最大能量近似等于β射线的最大能量，而穿透能力却比β射线大得多。所以对β射线外照射的防护必须用两层不同的屏蔽材料：第一层（内层）用低原子序数的轻物质（如铝、有机玻璃等）吸收β射线；第二层（外层）用高原子序数的重物质（如铅、铁等）屏蔽轫致辐射。

1.2.3.3 常用屏蔽材料

表 1-9 屏蔽β射线、电子常用材料的密度和有效原子序数

材料	有效原子序数 Z	密度 ρ（g/cm³）	材料	有效原子序数 Z	密度 ρ（g/cm³）
空气	7.36	1.293×10^{-3}	混凝土	14	2.2～2.35
水	6.66	1	砖	14	1.7～1.9

（续表）

材料	有效原子序数 Z	密度 ρ（g/cm^3）	材料	有效原子序数 Z	密度 ρ（g/cm^3）
普通玻璃	10.60	2.4～2.6	铜	29	8.9
有机玻璃	5.85	1.18	铁	26	7.1～7.9
铝	13	2.754	铅	82	11.34
塑料		1.4	钨	74	19.3
铀	92	18.7			

注：本表引自方杰主编的《辐射防护导论》，原子能出版社，1991 年版，第 129 页。

1.3 屏蔽材料的防护性能

1.3.1 铅当量

为便于比较各种屏蔽材料的防护性能，通常用铅作为比较标准，把达到与一定厚度的某种屏蔽材料相同防护效果的铅厚度称为该一定厚度屏蔽材料的铅当量，单位为毫米铅（mmPb）。

屏蔽材料的铅当量不是固定不变的，它随入射光子（X 射线、γ 射线）的能量和材料厚度的变化而变化。所以凡说防护材料的铅当量，必须同时说明是多厚的某种材料在多大射线能量下的铅当量。常用屏蔽材料的铅当量列于表 1-10、表 1-11、表 1-12。

表 1-10　低能 X 射线屏蔽材料的铅当量

材料和密度	管电压（kV）	不同铅当量（mmPb）的材料厚度（mm）								
		0.5	1	2	3	4	6	8	10	15
铁（钢） ρ = 7.89g/cm^3	80	3	6.5	13	20	—	—	—	—	—
	100	2.5	6	12.5	19.5	30	—	—	—	—
	120	3.5	8	17.5	27	37	—	—	—	—
	150	5	11	25	37	50	—	—	—	—
	200	5.5	12	27	40	55	—	—	—	—
	300	—	12	20	28	35	48	60	75	—
	400	—	11	18	23	28	38	45	55	75
重晶石混凝土 ρ = 3.29g/cm^3	150	—	10	21	35	50	—	—	—	—
	200	—	14	30	45	60	—	—	—	—
	300	—	14	27	40	50	70	90	120	
	400	—	13	24	35	45	65	80	100	140
钡水泥 ρ = 2.79g/cm^3	80	6	13	26	40	—	—	—	—	—
	100	5	8.5	17	25	—	—	—	—	—
	120	5.5	9.5	19	31	—	—	—	—	—
	150	—	17	38	65	90	—	—	—	—
	200	9.5	22	50	75	100	—	—	—	—
	300	—	22	42	60	75	105	135	165	—
	400	—	18	36	50	60	85	110	130	185

（续表）

材料和密度	管电压（kV）	不同铅当量（mmPb）的材料厚度（mm）								
		0.5	1	2	3	4	6	8	10	15
混凝土 ρ =2.359g/cm^3	80	55	100	180	—	—	—	—	—	—
	100	50	85	150	210	—	—	—	—	—
	120	50	90	160	220	—	—	—	—	—
	150	—	80	150	220	280	—	—	—	—
	200	60	75	140	200	260	—	—	—	—
	300	—	56	89	117	140	200	240	280	—
	400	—	47	70	94	112	140	173	210	280
红砖 ρ =1.99g/cm^3	150	—	110	200	280	370	—	—	—	—
	200	—	100	190	270	350	—	—	—	—
	300	—	85	140	170	210	280	340	400	—
	400	—	80	110	140	160	210	260	300	400
黄砖 ρ =1.60g/cm^3	80	78	137	—	—	—	—	—	—	—
	100	66	120	210	—	—	—	—	—	—
	120	66	120	215	—	—	—	—	—	—
	150	—	130	240	340	—	—	—	—	—
	200	—	130	240	340	430	—	—	—	—
	300	—	100	150	200	240	320	390	460	—
	400	—	90	130	140	160	240	290	340	450
废渣砖 ρ =1.29g/cm^3	150	—	100	250	350	—	—	—	—	—
	200	—	150	270	280	490	—	—	—	—
	300	—	120	190	240	290	380	460	550	—
	400	—	110	110	200	280	300	300	400	510

注：本表取自李全太、刘桂刚、张翼主编的《辐射防护培训教程》，中国文联出版社，2005年版，第55～56页。

表1-11　几种防护材料对^{60}Co γ射线及6MV的X射线的铅当量、比铅当量

防护材料		^{60}Co γ射线			6MV的X射线		
名　称	厚度（mm）	屏蔽效率（%）	铅当量（mmPb）	比铅当量（mmPb/mm材料）	屏蔽效率（%）	铅当量（mmPb）	比铅当量（mmPb/mm材料）
无机复合板	132	81.8	25.4	0.192	—	—	—
	150	—	—	—	87.1	34.4	0.229
防护填料	50	—	—	—	49.7	9.4	0.188
	100	71.1	20.4	0.204	—	—	—
	150	—	—	—	85.7	32.5	0.217
	300	—	—	—	97.1	62.0	0.207

（续表）

防护材料		^{60}Co γ 射线			6MV 的 X 射线		
名 称	厚度（mm）	屏蔽效率（%）	铅当量（mmPb）	比铅当量（mmPb/mm 材料）	屏蔽效率（%）	铅当量（mmPb）	比铅当量（mmPb/mm 材料）
混凝土板	110	67.5	18.8	0.171	67.7	17.3	0.157
	220	91.5	35.0	0.159	—	—	—
	275	—	—	—	93.4	46.7	0.170
	440	—	—	—	98.5	73.5	0.167
黏土砖	240	87.5	31.1	0.130	84.4	30.9	0.129

注：①表中数值均为实测值，取自 1990 年卫生部射线防护器材防护质量监测中心的测试报告。

②无机复合板和防护填料的表观密度约为 2.7g/cm^3。

③混凝土板的表观密度约为 2.35g/cm^3。

④黏土砖的表观密度约为 1.6g/cm^3。

表 1-12　管电压为 50～70kV 时 1mm 厚防护材料的铅当量

屏蔽材料	国产铅橡胶	国产铅玻璃	铜	铁	砖	混凝土
材料密度 ρ（g/cm^3）	4.0～5.5	4.60	8.9	7.9	1.6～2.0	2.35
铅当量（mmPb）	0.20～0.36	0.22～0.24	0.27	0.17	0.008～0.009	0.01

1.3.2　比铅当量

比铅当量是指单位厚度（mm）防护材料的铅当量，其单位是 mmPb/mm 材料。比铅当量可用于不同防护材料对同一种辐射及同一能量射线防护性能的比较，以及不同防护材料之间的转换。

如对 120kV 的 X 射线，混凝土（$\rho=2.35$g/cm^3）的比铅当量为 0.011mmPb/mm 混凝土，而钡水泥（$\rho=2.79$g/cm^3）的比铅当量为 0.105mmPb/mm 钡水泥，二者相比较，钡水泥的防护效果优于混凝土。如设计需要用铅 1mm 时，采用混凝土需要 90mm（$1\div0.011\approx90$）；采用钡水泥则仅需 9.5mm（$1\div0.105\approx9.5$）。

1.4　屏蔽防护设计

1.4.1　屏蔽防护设计所需资料

1.4.1.1　与源相关的资料

（1）密封源。从供应商提供的产品说明书中，详细得知放射性核素名称、射线类型、射线能量、放射性活度及标定日期、贮存铅罐外的剂量水平或照射装置机头的漏射线量，以及有关注意事项。

（2）非密封源。除上述密封源的内容外，还应知道用户提供的计划的日最大操作活度，一次（开瓶、分装）的最大活度、操作方式和放射源状态。

（3）射线装置。从供应商或用户处得知射线装置名称、类型，射线最大能量、辐射发射率（最大输出剂量率），以及使用工作量等。

1.4.1.2　与辐射场相关的资料

（1）辐射场（照射室）内的空间分布。辐射场（照射室）的规格尺寸（长×宽×高），射线装置头尾的安装方向（决定主射线束的照射方向），有无迷路及建设的长度、宽度与迷路内外口宽度的平面设计图纸。

（2）辐射场（照射室）外周围环境情况。毗邻及楼上、楼下房间的用途与人员逗留情况，相邻建筑物的距离与高度，以及周围人流情况等。

（3）所关注位置与源的距离。由用户提供平面图并标示。

（4）与屏蔽材料相关的资料。由用户或委托方提出拟使用的屏蔽材料。

（5）控制外照射的剂量约束值。一般按国家防护标准，或由当地审管部门认定，或由用户提出。

1.4.2　屏蔽设计的最优化

一项具体的辐射源防护设计，要选用哪种屏蔽材料、需要多厚的屏蔽厚度，应该运用辐射防护的最优化原则来决定。首先依照可能的辐射照射情况，按国家相关防护标准选择项目的年剂量约束值（又称屏蔽设计目标值），设计出一种或者几种方案。然后通过对比、分析，综合考虑经济、社会以及项目的实际情况及对人员健康、安全的影响等因素后，确定一个确保辐射照射保持在可合理达到的尽量低的水平，能够最好地保护人员和环境，但不一定是最低剂量水平的方案，以达到屏蔽效果、适用性、可行性三者的最佳结合，符合辐射防护最优化的要求。

1.4.3　屏蔽防护设计的几个参数

1.4.3.1　工作负荷

工作负荷（W）是与辐射源使用有关的工作量，是辐射源使用的频率（每周使用的次数）、每次照射持续的时间和每次照射输出剂量（或与输出剂量相关的量）三者之乘积的估计值，通常以一周最大工作量表示。以放射治疗为例，假定每天治疗 50 个患者，每个患者平均持续照射 1min，放射治疗设备的输出剂量率（即距离患者 1m 处的输出剂量率）为 4Gy/min，每周工作 5 天，则工作负荷 $W=50\times1\times4\times5=1000$Gy/wk。

对不同类型的放射源，W 的表示方法有所不同。

（1）对有电流表的小型 X 射线机，工作负荷 W 用每周工作时间的管电流（mA）与曝光时间乘积的累计数表示，单位是 mA · min/wk。

（2）对无电流表的大型 X 射线发生器或 γ 射线治疗机，工作负荷 W 则以距放射源 1m 处的输出剂量率与一周累积开机照射时间的乘积来表示，其单位是 Sv · m^2/wk，也可以简写为 Sv/wk。

准确选定工作负荷 W 的数值是比较困难的，也是不可能的，因为放射源的使用量不是均衡不变的。所以从安全角度出发，应以选取一周或全年的最大工作量为原则，同时还需要考虑给未来发展留有余地。

在屏蔽计算中，工作负荷 W、居留因子 T、使用因子 U 三者的乘积 WTU，称为有效工作负荷。

1.4.3.2 居留因子

居留因子（T）是对辐射源拟建屏蔽体外居留区内有关人员可能受照射时间的估计，用分数或百分数来表示。

在屏蔽设计中，还必须设定在居留区内的参考点。要按此参考点预设的剂量水平（屏蔽设计的目标值）以及该点与放射源间的距离（d）来设计放射源的屏蔽厚度。参考点也是验证屏蔽防护效果的监测点。所以一般保守地将参考点设于居留区内人员主要活动重要位置与屏蔽体的最小距离处。

对照射室四周的屏蔽墙和防护门、窗，参考点应设于墙外、门外、窗外 30cm 位置处。对照射室屋顶上的房间，参考点应设在地板以上 50cm 处（相当于人体站立时性腺的位置）。对照射室地板下的房间，参考点应设在楼下天花板以下至少 1.7m 处（如房间净高度为 3m，相当于站立人体的胸部位置）。

放射室周围环境的居留因子可参阅表 1-13。

表 1-13　区域的居留因子

放射工作人员的照射： 职业性照射人员所在区域，$T=1$
非放射工作人员的照射： 工作区如办公室、实验室、病房、护士值班室与邻近有人居住处，$T=1$ 走廊、休息室、有操作人员的电梯等，$T=1/4$ 偶尔居留的候诊室、厕所、楼梯、自动电梯、储藏室，$T=1/16$
需要说明的是，以上是目前我国在屏蔽防护设计中通常使用的居留因子，但这并不是固定的要求，在实际应用中应据实际情况确定 T 值。

在英国和美国，医用 X 射线诊断机房屏蔽防护设计时推荐的居留因子 T 如表 1-14 所示，供设计时参考。

表 1-14　英国、美国建议的居留因子 T

地点	英国	美国
工作人员办公室、实验室、登记室、药房、有人照管的候诊室	100%	1（100%）
患者诊断检查和治疗室	50%	1/2（50%）
走廊、病房、监护休息室、工作人员休息室	20%	1/5（20%）
走廊门	—	1/8（12.5%）
公用厕所、设置座位的户外活动区	10%	1/20（5%）
贮存间、无人照管的候诊室	5%	1/20（5%）
无人照管停车场、无人照管电梯	5%	1/40（2.5%）
步行或公共交通户外活动区、屋顶上、楼梯等	—	1/40（2.5%）

注：本表取自中国疾病预防控制中心辐射防护与核安全医学所编的《建设项目职业病危害（放射防护）评价培训教材》，第 49 页。

1.4.3.3 使用因子（又称束定向因子）

屏蔽防护设计还与有用线束（初级射线）的照射方向有关。在设计屏蔽防护时，必须考虑所关注方向的照射可能只是全部照射的一个分数。为此，把放射源开启时有用线束对准所关心的那个方向所占的时间分数，称为有用线束在该方向的使用因子（U），即在有用线束朝向有变化时，对工作负荷进行修正的一个因子。所以对朝向不能改变的有用线束以及散漏射线，均无须考虑方向因子对工作负荷的修正，此时 $U=1$。不同装置在不同部位的有用线束对防护屏蔽的使用因子数值如表 1-15 所示。

表 1-15 有用线束方向可以改变时，对防护屏蔽的使用因子 U

部位	摄片装置	治疗装置
地板	1	1/4
墙壁	1/4	1/4
天棚	非常小	<1/4

对天棚的使用因子 U 可根据实际情况而定，如在放射治疗室，有用线束向上照射的机会不到 1/10，可取 $U=1/4$。

1.4.4 屏蔽防护设计目标值

为将辐射防护最优化原则应用于核技术利用项目的屏蔽防护中，应设定屏蔽防护设计目标值（P）来作为计算屏蔽防护厚度的依据。该目标值通常是按国家防护标准设定的。国际原子能机构（IAEA）、英国、美国等都对核技术利用项目中的屏蔽防护厚度的设计目标值作出了规定。我国尽管没有在基本标准中统一规定设计目标值，但仍然在其实际应用中形成了共识，且在相关的专项防护标准中规定了项目屏蔽体外的控制限值。不同组织机构和国家的屏蔽设计目标值如表 1-16 所示。

表 1-16 法定剂量限值和屏蔽设计限值

剂量限值	IAEA	美国	英国	中国
职业照射剂量限值	20mSv/a（连续 5 年平均，任何单独 1 年 50mSv）	年限值 10mSv，累积剂量 = 年龄 × 10mSv，任何单独 1 年 50mSv	20mSv/a 或连续 5 年 100mSv，任何单独 1 年 50mSv	20mSv/a（连续 5 年平均，任何单独 1 年 50mSv/a）
职业照射设计限值	—	控制区 5mSv/a 0.1mSv/wk	6mSv/a，瞬时剂量率 7.5μSv/h	2～5mSv/a
公众剂量限值	1mSv/a	1mSv/a（连续） 5mSv/a（偶尔 1 年）	1mSv/a	1mSv/a（连续 5 年平均，任何单独 1 年 5mSv/a）
公众区域设计限值	7.5μSv/h 最好小于 2.5μSv/h	非控制区 1mSv/a，0.02mSv/wk	0.3mSv/a 瞬时剂量率 7.5μSv/h	0.1～0.3mSv/a 瞬时剂量率 2.5μSv/h

注：①本表主要取自 IAEA Safety Reports Series No. 47（2006）以下简称 IAEA Report No. 47，第 43 页。

②美国的设计限值取自美国国家防护委员会（NCRP）Report No. 151（2005），第 6 页。

③中国的数据取自 GB 18871—2002。

④2～5mSv/a 是目前我国屏蔽设计常采用的数值；瞬时剂量率 2.5μSv/h 是 GBZ/T161—2004、GBZ 117—2006、GBZ 175—2006 和 GBZ 132—2005 等多项标准中规定的屏蔽体外的控制限值。

⑤7.5μSv/h 是 IAEA《使用辐射安全手册（屏蔽室手册）》中主屏蔽外允许的最大剂量率。

在我国的实际应用中，通常情况下的屏蔽设计目标值按以下标准取值：

对工作人员的设计限值取 $P<5$mSv/a，对工作人员的设计周剂量限值取 $P<0.1$mSv/wk，对工作人员的瞬时剂量率值取 $P<2.5$μSv/h，对公众的设计限值取 $P<0.25$mSv/a，对公众的设计周剂量限值取 $P<0.05$mSv/a。

1.4.5 屏蔽防护设计目标值的可行性

在我国的实际应用中，普遍使用的屏蔽防护设计目标值是：工作人员职业照射年剂量约束值不超过 5mSv 或瞬时剂量率不超过 2.5μSv/h，公众照射年剂量约束值不超过 0.25mSv。这些数值作为项目的屏蔽设计值是否可行？是否遵循了辐射防护最优化的要求？

国际上通行的办法是将职业照射与公众照射的年剂量限值的若干分之一作为项目遵循防护与安全的最优化在项目防护中具体体现。我国一般在核技术利用项目中是使用年剂量限值的 1/4，即职业照射和公众照射年剂量限值分别小于（或称不超越）5mSv 和 0.25mSv 作为项目屏蔽防护设计目标值。

采用瞬时剂量率不超过 2.5μSv/h 的设定可以从下述估算中获得。

如以上述的职业照射年剂量约束值不超过 5mSv 作为项目屏蔽设计目标值，一年的工作时间（每天 8h，每周 5d，每年 50wk）为 2000h。如果将项目屏蔽设计目标值 5mSv（5000μSv）平均分配到全年工作的 2000h，那么其瞬时剂量率为 2.5μSv/h（$5000\div2000=2.5$）。也就是说，在这种设定的屏蔽设计目标值条件下，职业照射中工作人员的受照射剂量率和年照射剂量不超过 2.5μSv/h 和 5mSv/a。但这样的结果与我们的实际情况是不一致的，因为工作人员并非每天 8h 上班时间里都接触射线，真正接触射线的时间仅是每天 8h 的一个分数（若干分之一）。因此，即使按 2.5μSv/h 的条件受照射，工作人员的受照射剂量也不是在 8h 内都受此照射的剂量。也就是说，工作人员在 8h 工作中受照射剂量将实际小于按 8h 乘以 2.5μSv/h 所获得的照射剂量。在几乎所有的医用和非医用核技术利用项目中，每天 8h 工作时间里，工作人员受项目应用的射线照射时间仅占 1/4 甚至更少。但即使按每天 8h（全年 2000h）都在接受射线照射的条件，年受照射剂量都小于 5mSv，可以有理由相信这是一种保守的偏安全的设定。因此，可以认为用年剂量约束值不超过 5mSv 或用瞬时剂量率不超过 2.5μSv/h 的标准设定是可行的。

1.5 屏蔽厚度的计算方法

1.5.1 屏蔽厚度计算中常用的参数

1.5.1.1 衰减倍数（K）

K 为辐射场中某点处设置防护屏蔽前的剂量当量指数率 $\dot{H}$ 与设置了防护屏蔽后的剂量当量指数率 $\dot{H}$ 之比。

$$K = \frac{\dot{H}}{\dot{H}(d)} \quad (式 1-1)$$

1.5.1.2 透射比（η）

η 为辐射场中某点处设置防护屏蔽后的剂量当量指数率 $\dot{H}(d)$ 与设置防护屏蔽前的剂量当量指数率 $\dot{H}$ 之比，η 与衰变倍数 K 互为倒数。

$$\eta = \frac{\dot{H}(d)}{\dot{H}} \quad (式 1-2)$$

1.5.1.3 透射系数（δ）

δ 为设置防护屏蔽后，在离 X 射线发生点 1m 处，由 X 射线发生装置单位工作负荷（1mA · min）所造成的剂量当量指数率。

宽束 X 射线或 γ 射线在物质中的衰减，不能简单地采用窄束情况下的指数衰减规律，必须引进积累因子用于计算多次散射的影响。对宽束 X 射线或 γ 射线在不同屏蔽材料中的衰减，应查阅宽束射线衰减表。

1.5.2 半值层和什值层

1.5.2.1 半值层（HVL）

半值层为将入射的 X 射线或 γ 射线光子数（照射量率）衰减一半（50%）所需的屏蔽厚度，用 *HVL* 表示。

1.5.2.2 什值层（TVL）

什值层为将入射的 X 射线或 γ 射线光子数（照射量率）衰减到 1/10（10%）所需的屏蔽厚度，用 *TVL* 表示。

1.5.2.3 HVL 和 TVL 的关系

$$HVL = 0.301TVL \quad (式 1-3)$$

$$TVL = 3.32HVL \quad (式 1-4)$$

宽束 X 射线或 γ 射线在屏蔽介质中的衰减不是简单的指数衰减规律，所以对于给定辐射在介质中的 *HVL* 和 *TVL* 值并不是一个常数，而是随着衰减倍数 *K* 的增加而略有变化。但当辐射穿过一定厚度的屏蔽层后，存在着一个平衡的 *HVL* 和 *TVL* 值。

表 1-17 和表 1-18 分别给出不同 X 射线源产生的宽束 X 射线、不同 γ 放射源产生的 γ 射线的半值层和什值层。

表 1-17 多种 X 射线源产生的宽束 X 射线的半值层和什值层

X 射线源	半值层 HVL（cm）		什值层 TVL（cm）	
	铅	混凝土	铅	混凝土
50kV	0.005	0.4	0.018	1.3
70kV	0.01	1.0	（0.033 2）	3.6

（续表）

X 射线源	半值层 *HVL*（cm）		什值层 *TVL*（cm）	
	铅	混凝土	铅	混凝土
75kV	0.015	—	0.050	—
100kV	0.025	1.6	0.084	5.5
125kV	0.027	1.9	(0.09)	6.4
150kV	0.029	2.2	0.096	7.0
200kV	0.042	2.6	0.14	8.6
250kV	0.086	2.8	0.29	9.0
300kV	0.170	3.0	0.57	10.0
400kV	0.250	3.0	0.82	10.0
0.5MV	0.310	3.6	1.03	11.9
1MV	0.760	4.6	2.52	15.0
2MV	1.150	6.1	3.90	20.1
3MV	—	6.9	—	22.6
4MV	1.480	8.4	4.90	27.4
6MV	1.540	10.2	5.10	33.8
8MV	1.620	—	5.40	—
10MV	1.690	11.7	5.60	38.6
15MV	1.660	—	(5.51)	—
20MV	1.630	13.7	5.40	45.7
25MV	1.600	—	5.30	—
30MV	1.570	13.7	5.20	45.7
38MV	—	13.7	—	45.7
40MV	1.500	—	(4.98)	—
50MV	1.430	—	(4.75)	—

注：①本表主要取自 ICRP33。

②部分数据取自 Handbook of Health Physics and Radiological Health，第 6～15 页。

③括号内的数值是根据 *HVL* 和 *TVL* 二者的关系，由 *HVL* 值乘以 3.32 所得。

表 1-18　几种γ放射源产生的γ射线的半值层和什值层

放射性核素	原子序数	半衰期	γ射线能量（MeV）	半值层 *HVL*（mm）			什值层 *TVL*（mm）		
				混凝土	钢（铁）	铅	混凝土	钢（铁）	铅
铯-137（^{137}Cs）	55	30.0a	0.662	48	16	6.5	175	53	22
钴-60（^{60}Co）	27	5.27a	1.25	62	21	12	218	71	41
金-198（^{198}Au）	79	64.7h	0.42	41	—	3.3	142	—	11
铱-192（^{192}Ir）	77	74.0d	0.37	43	13	6	152	43	16
镭-226（^{226}Ra）	88	1600a	0.78	69	22	16.6	240	76	45

注：本表取自 IAEA Report No.47，第 108～109 页。

因为是平衡的 *HVL* 和 *TVL*，所以通常不用于初级 X 射线或 γ 射线的屏蔽厚度（主屏蔽或称主防护厚度）计算，但可用于经过相当程度衰减的射线束的屏蔽厚度计算。如计算来自 X 射线管罩或 γ 射线源罩的泄露辐射所需的屏蔽厚度，也可以用于评价防护材料对辐射的屏蔽能力和屏蔽厚度的近似估算。

在实际应用中，若漏射辐射与散射辐射混在一起，则应分别计算出漏射辐射屏蔽厚度与散射辐射屏蔽厚度。当两个厚度相差一个 *TVL* 值或更大时，应采用较厚的屏蔽厚度，即使相差不到一个 *TVL* 值，也应该出于安全考虑增加一个 *HVL* 值。

1.5.3 半值层、什值层与衰减倍数、透射比、透射系数间的关系

$$n = \lg K = \lg(1/\eta) \quad \text{（式 1-5）}$$

或

$$N = \frac{\lg K}{\lg 2} = \frac{\lg(1/\eta)}{\lg 2} \quad \text{（式 1-6）}$$

$$dn = n \cdot TVL \quad \text{（式 1-7）}$$

或

$$dn = N \cdot HVL \quad \text{（式 1-8）}$$

式中：n 为 *TVL* 的个数。

N 为 *HVL* 的个数。

η 为透射比。

dn 为用 *TVL* 计算出来的屏蔽厚度，单位与 *TVL* 同。

dN 为用 *HVL* 计算出来的屏蔽厚度，单位与 *HVL* 同。

只要求出 *HVL* 和 *TVL* 的个数，从表 1-17 和表 1-18 中查出 *HVL* 和 *TVL* 的值，二者乘积即为所需的屏蔽厚度。如果从表中查不到所需数据，那么可以从图 1-1 和图 1-2 中查找出。

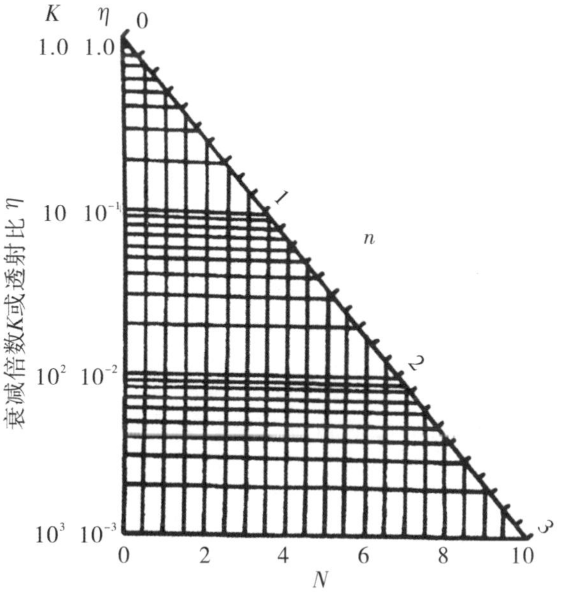

图 1-1　衰减倍数 K 和透射比 η 与什值层和半值层的个数 n、N 的关系

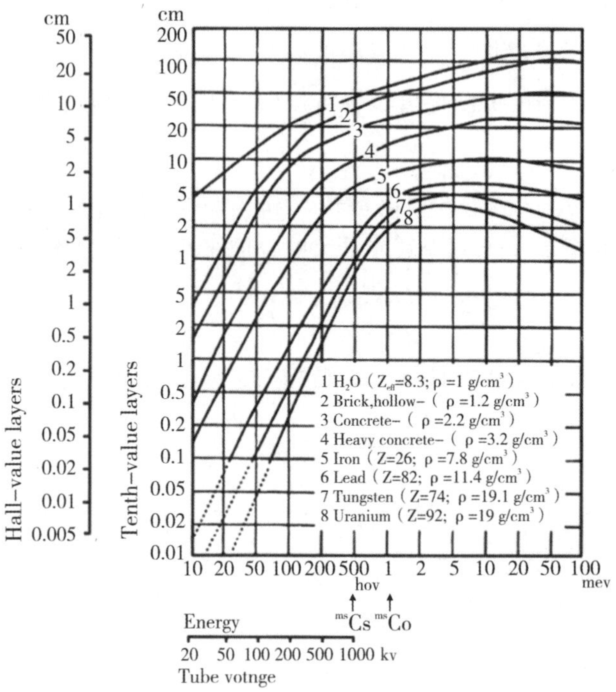

图 1-2　几种屏蔽材料对宽束光子的 *HTL* 和 *TVL* 值

注：此图取自 NCRP Report No. 151，第 158 页。

1.5.4　对核技术利用项目辐射防护屏蔽计算的几点说明

（1）辐射源应用辐射场往往不是点源场。但当辐射室外关注点与辐射源的距离大于辐射源最大线度的 7 倍时，可以把辐射源看作点源。辐射源的源体和包壳往往都带有“自吸收”功能，而辐射源体外的辐射场取决于辐射源壳实际射出的辐射，称为有效辐射源。本文所讨论的辐射源均视为点状有效辐射源，且不考虑辐射源的自吸收问题。

（2）辐射屏蔽设计具有高度的政策性，同时还具有安全性和实用性。依照 GB 18871—2002 辐射防护要求中实践的正当性及防护与安全的最优化，考虑到屏蔽防护的所有代价与利益，以及经济和社会因素之后，对各种复杂程度不同的实践，应采用统一、偏保守的原则，在辐射源屏蔽设计与计算中都留有一个安全系数（一般设定为 2）。但在屏蔽设计中，选取的参数（如应用辐射源的方向、人员在辐射场所的驻留时间、辐射源的自身参数和辐射屏蔽参数）一般都带有较大的安全系数，所以在屏蔽计算式中一般不再附加这个安全系数，只在有必要说明时再附加 2 倍安全系数。

（3）辐射屏蔽防护所确定的剂量控制目标，应以辐射防护基本标准为依据，即应该按照 GB 18871—2002 的辐射防护要求（即实践的正当性、剂量限值和防护、安全的最优化与剂量约束）来决定工作人员与公众受到的正常照射剂量。在辐射源屏蔽防护建筑物外，在全身均匀照射条件下设计屏蔽时，不仅要低于年剂量限值（工作人员小于 20 mSv/a，公众关键人群组成员小于 1 mSv/a），而且要按最优化原则把辐射水平降低到年剂量限值的 1/10～1/4。本书把各职能部门达成共识的“低于年剂量限值的 1/4”作为项目辐射源室屏蔽防护设计与评价的年剂量约束值，即工作人员小于 5 mSv/a，公众关键人群组成员小于 0. 25 mSv/a。

（4）在屏蔽设计与计算中，辐射源输出量是基本参数。对于 X 射线、γ 射线辐射源，其定义为距离源 1m 处的空气比释动能率，常以 Gy · m^2/min 或 Gy · m^2/h 或 Gy · m^2/（mA · min）为单位；对于中子辐射源，首先根据源的中子发射率计算出距离源 1m 处的中子注量率［n/（cm^2 · s）］，再将其转换为空气比释动能率，并乘以辐射权重因数 W_r，得到距源 1m 处的剂量当量率（Sv · m^2/min 或 Sv · m^2/h）。用周围剂量当量刻度的剂量仪表检测 X-γ 辐射穿过屏蔽体后的辐射水平时，在理论上需将其转换成有效剂量来评价对人员的辐射照射。为统一不同辐射源以便于辐射屏蔽计算，避免因单位不同带来的麻烦，本文用“Sv”代替 X 射线、γ 射线辐射源输出量中的“Gy”，并保守地将周围剂量当量直接作为“有效剂量”设计。显然这不符合真实的物理意义，仅是为简化计算而采用的方法。

第 2 章　X 射线、γ 射线辐射屏蔽防护厚度计算

2.1　X 射线、γ 射线的屏蔽防护厚度计算

计算的目的是得到能使辐射场某考查点的剂量当量指数率降低 K 倍的屏蔽防护厚度，当 X 射线或 γ 射线穿过该厚度的物质层时，该考查点的剂量当量指数率不大于事先拟定的屏蔽设计限值。

2.1.1　初级射线的屏蔽防护厚度计算

通常将通过“窗口”或准直装置直接从放射源射出的，用于诊断、治疗或其他用途的射线称为初级射线或有用射线（有用线束）。将通过 X 射线管或 γ 放射源（如 ^{60}Co 的治疗机机头）的屏蔽材料泄露出来的泄露射线，以及初级射线照射在患者或其他物体上产生的散射线统称为次级射线。对初级射线的防护又称为初级屏蔽防护或主防护。

（1）最大允许透射参数 B，见式 2-1。

$$B = \frac{Pr^2}{WUT} \qquad (式 2-1)$$

式中：WUT 为有效工作负荷。其中，W 为工作负荷，U 为使用因子，T 为居留因子。对有电流表的 X 射线机，单位是 mA · min/wk；对无电流表的 X 射线机或 γ 射线治疗机，单位是 $Sv \cdot m^2/wk$。

B 为屏蔽材料的透射参数。当有效工作负荷以 mA · min/wk 为单位时，B 表示透射系数 δ；当有效工作负荷以 $Sv \cdot m^2/wk$ 为单位时，B 表示透射比 η。

P 为屏蔽设计用的每周的剂量设计限值（mSv/wk）。

r 为参考点与放射源之间的距离（m）。

（2）利用透射曲线求出屏蔽厚度。先用式 2-1 求出相应的透射参数 B，再从射线穿过不同材质的透射曲线图（图 2-1 至图 2-21）中，查出 X 射线、γ 射线穿过钢（铁）、混凝土、铅、有机玻璃、铀等屏蔽材料时所需的屏蔽厚度。

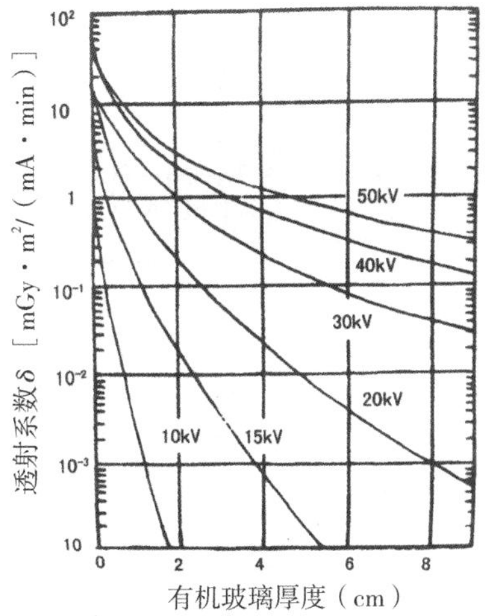

图 2-1　10～50kV 的宽束 X 射线穿过有机玻璃的透射曲线

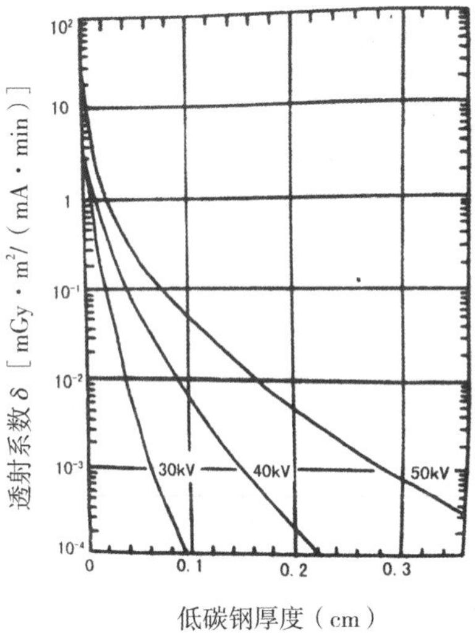

图 2-2　30～50kV 的宽束 X 射线穿过低碳钢的透射曲线

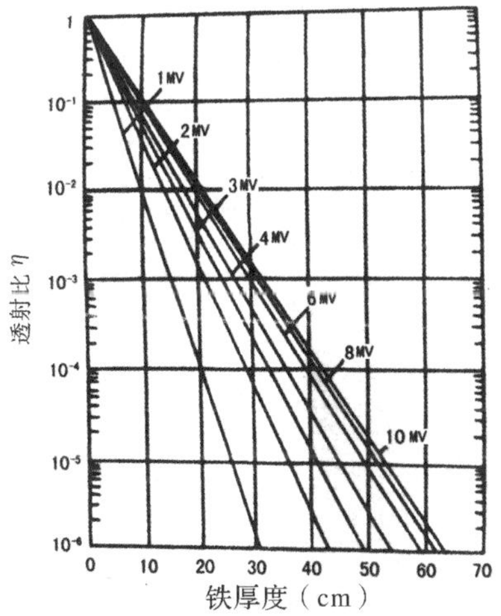

图 2-3　1～10MV 的宽束 X 射线穿过铁的透射曲线

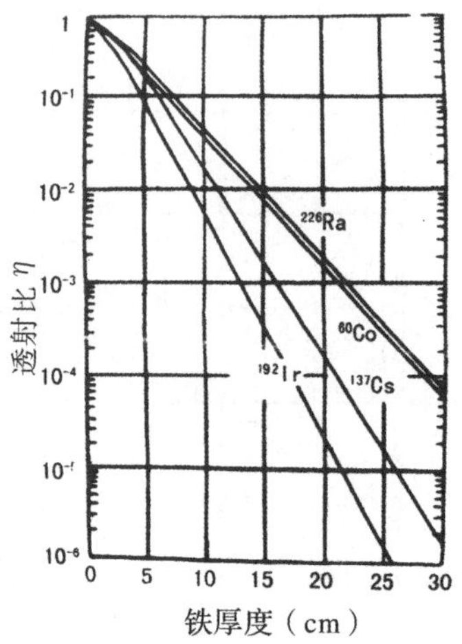

图 2-4　放射性核素的宽束 γ 射线穿过铁的透射曲线

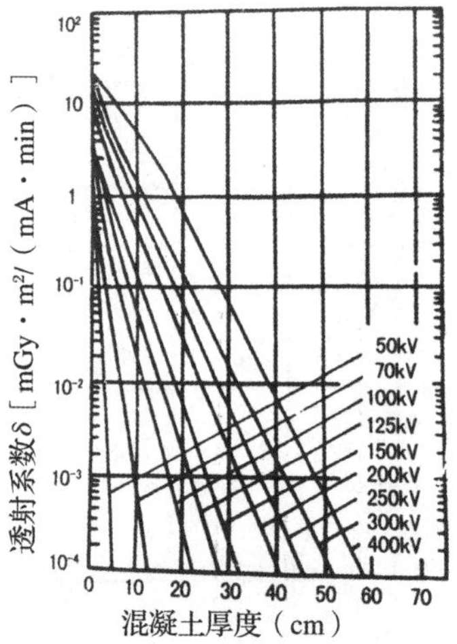

图 2-5　50～400kV 的宽束 X 射线穿过混凝土的透射曲线

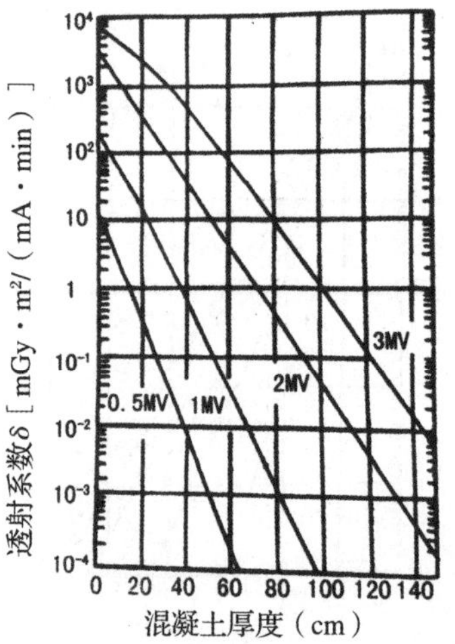

图 2-6　0.5～3MV 的宽束 X 射线穿过混凝土的透射曲线

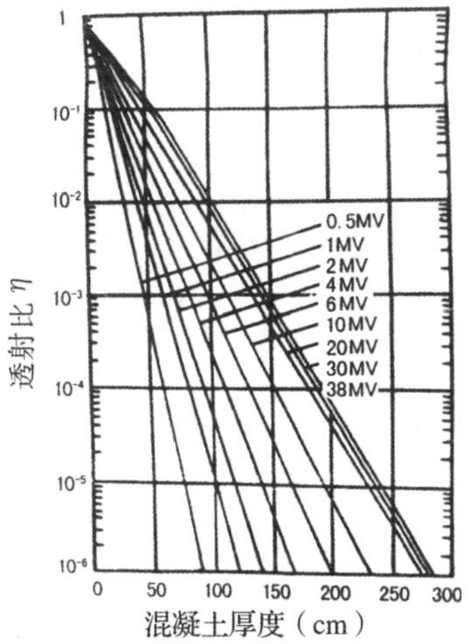

图 2-7　0.5～38MV 的宽束 X 射线穿过混凝土的透射曲线

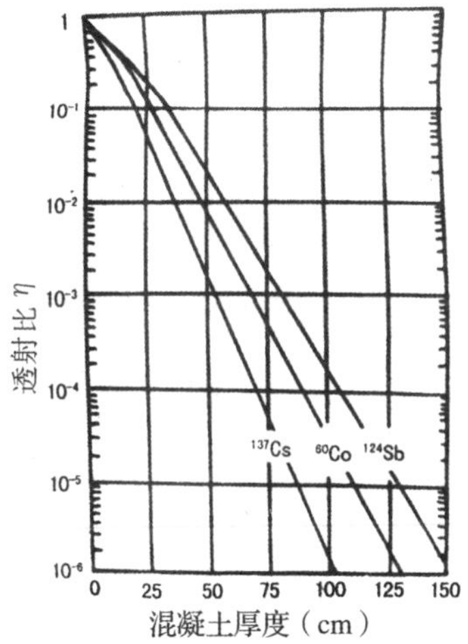

图 2-8　放射性核素的宽束 γ 射线穿过混凝土的透射曲线（1）

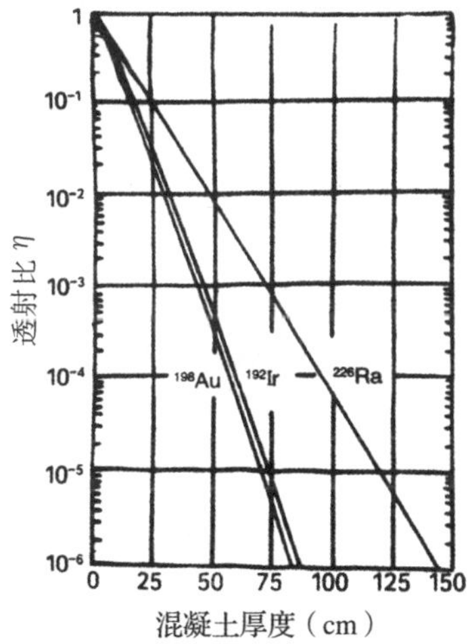

图 2-9　放射性核素的宽束 γ 射线穿过混凝土的透射曲线（2）

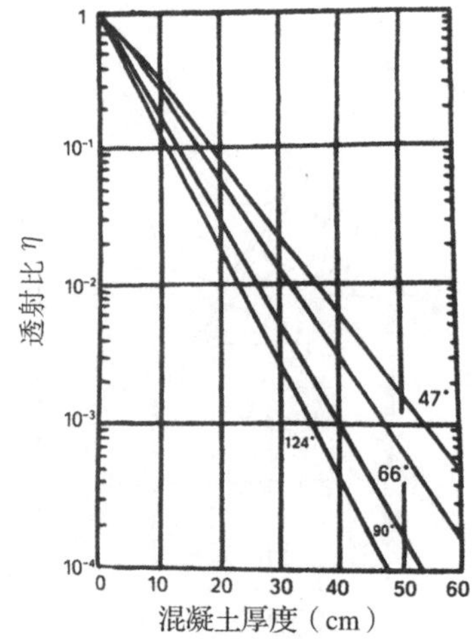

图 2-10　^{60}Co γ 射线的散射线穿过混凝土的透射曲线

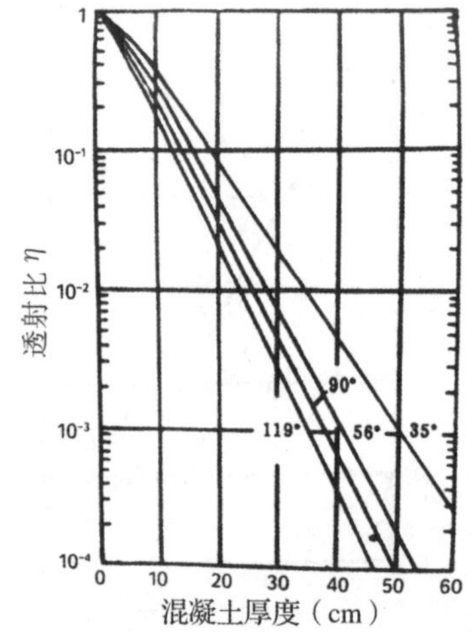

图 2-11　^{137}Cs γ 射线的散射线穿过混凝土的透射曲线

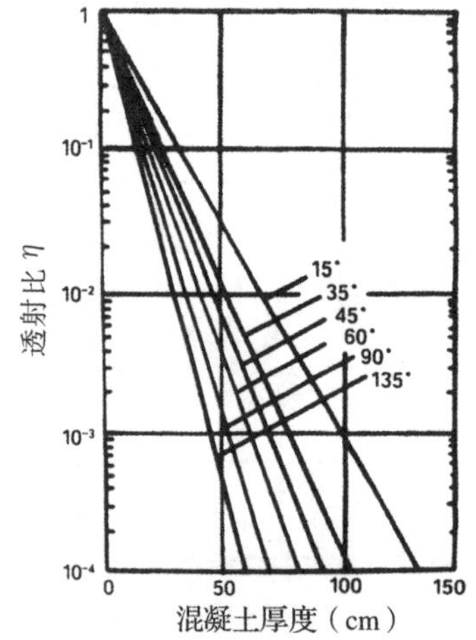

图 2-12　6MV X 射线的散射线穿过混凝土的透射曲线

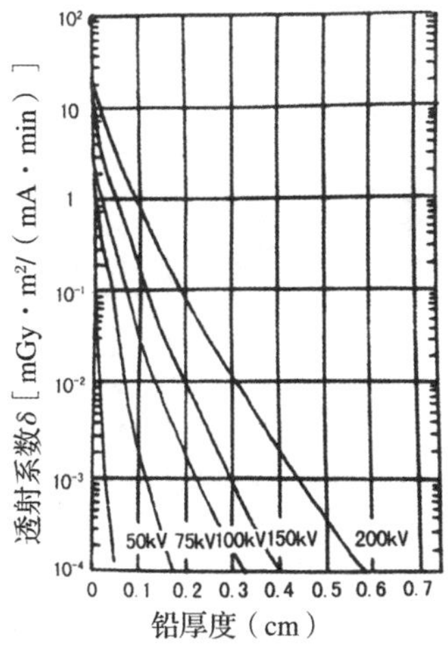

图 2-13　50 ～ 200kV 的宽束 X 射线穿过铅的透射曲线

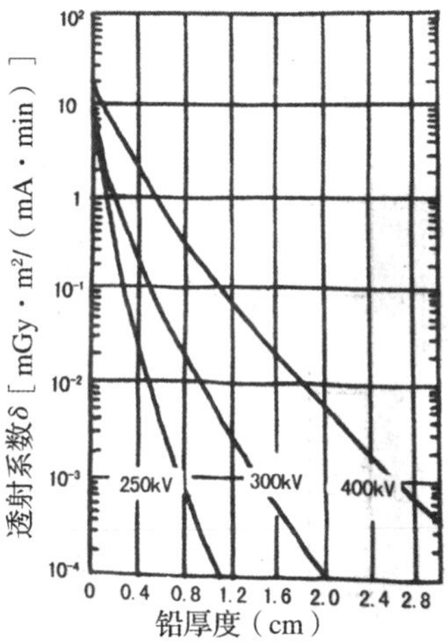

图 2-14　250 ～ 400kV 的宽束 X 射线穿过铅的透射曲线

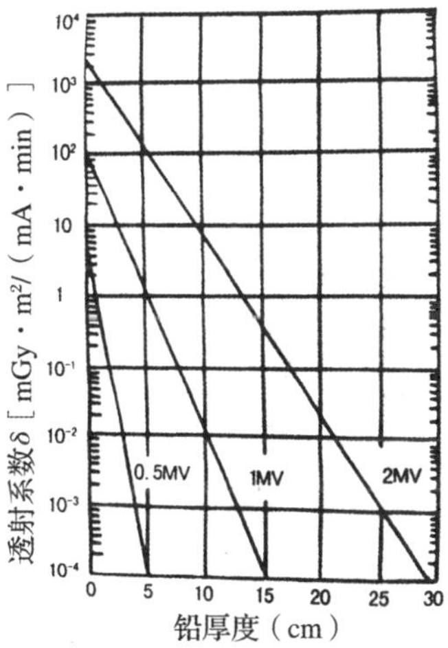

图 2-15　0.5 ～ 2MV 宽束 X 射线穿过铅的透射曲线

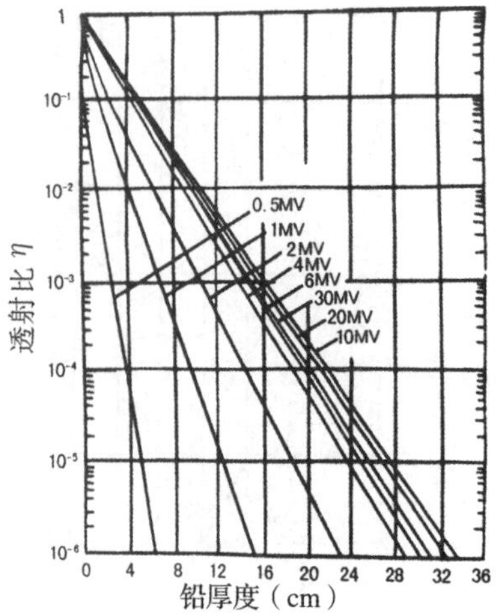

图 2-16　0.5～30MV 宽束 X 射线穿过铅的透射曲线

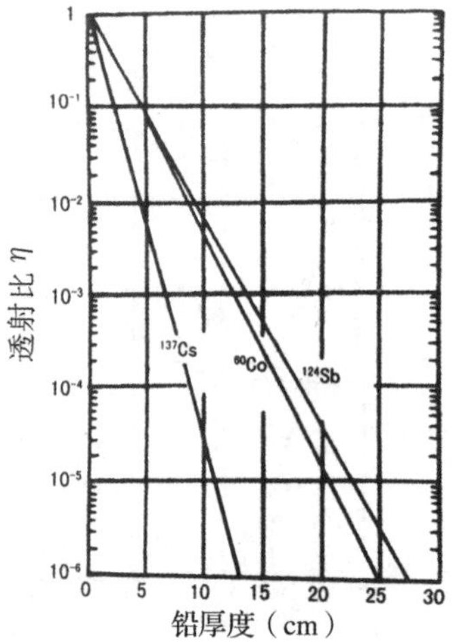

图 2-17　放射性核素的宽束 γ 射线穿过铅的透射曲线（1）

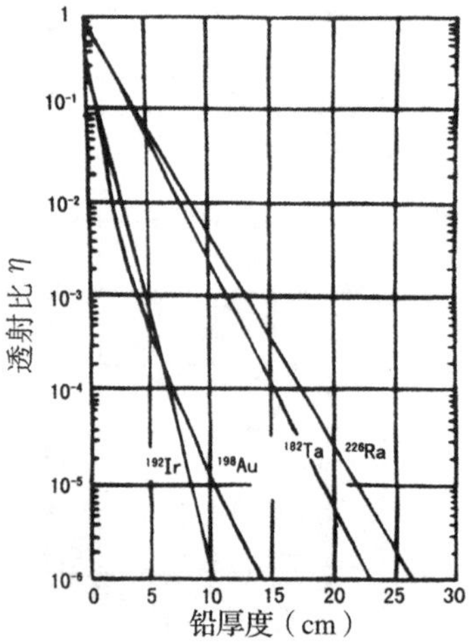

图 2-18　放射性核素的宽束 γ 射线穿过铅的透射曲线（2）

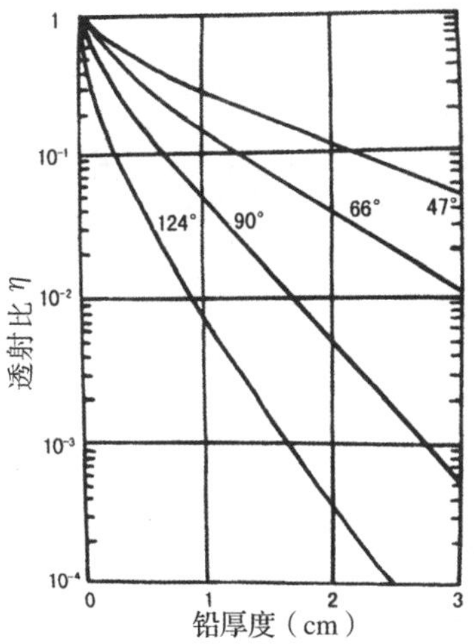

图 2-19　^{60}Co γ 射线的散射线穿过铅的透射曲线

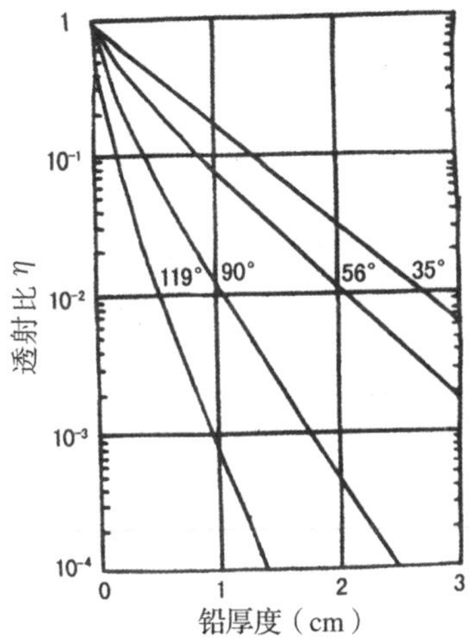

图 2-20　^{137}Cs γ 射线的散射线穿过铅的透射曲线

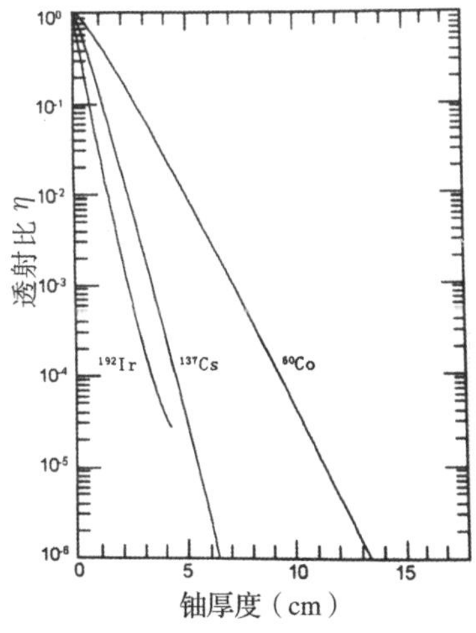

图 2-21　^{60}Co、^{137}Cs 和 ^{192}Ir 宽束 γ 射线对铀的透射比 η

【例题 2.1】

一台 250kV 的 X 射线治疗机，假设工作负荷为 40000mA · min/wk，所关心的参考点的控制区距 X 射线机焦点 2m，$T=1$，$U=1/4$，P 值取 1mSv/wk，试计算所需屏蔽厚度。

解：

按题意知参考点在控制区内，对治疗机装置的 $T=1$，其工作有效负荷 $WUT=4\times10^4\times1/4\times1=1\times10^4$mA · min/wk。

因工作负荷单位是 mA · min/wk，故透射参数以透射系数 δ 表示，即：

$$\delta=\frac{P\cdot r^2}{WUT}=\frac{1\times2^2}{1\times10^4}=4\times10^{-4}\ [\mathrm{mSv}\cdot\mathrm{m}^2/(\mathrm{mA}\cdot\mathrm{min})]$$

查阅图 2-5 和图 2-14，对于 250kV 的 X 射线，与 $\delta=4\times10^{-4}$ [mSv · m²/（mA · min）] 透射系数对应的混凝土及铅的屏蔽厚度分别是 41cm 和 0.9cm，即该台 X 射线治疗机初级射线屏蔽防护用 41cm 混凝土或用 0.9cm 铅。

【例题 2.2】

一台 ^{60}Co 治疗机，每周的有效工作负荷为 600Sv · m²/wk。工作人员操作位离 ^{60}Co 源 3m，参考点设计限制为 1mSv/wk，试求用混凝土或铅做初级防护的屏蔽厚度各为多少。

解：

据题意，有效工作负荷 $WUT=600$Sv · m²/wk，$r=3$m，$P=1$mSv/wk $=1\times10^{-3}$Sv/wk。

由于 WUT 的单位是 Sv · m²/wk，所以透射参数应为透射比 η。查阅图 2-8 和图 2-17，得出对应于透射比 1.5×10^{-5} 的混凝土和铅的屏蔽厚度分别为 106cm 和 20cm。

【例题 2.3】

一台 100kV、200mA 的固定式立位透视 X 射线机，每周的有效工作负荷为 1000mA · min/wk。工作人员在隔室操作，操作位置距 X 射线管焦点的平均距离为 80cm，设计限值为 1mSv/wk。试求初级防护屏蔽厚度。

解：

按题意，$WUT=1000$mA · min/wk，$r=0.8$m，$P=1$mSv/wk。WUT 单位是 mA · min/wk，所以透射参数应为透射系数 δ。

$$\delta=\frac{P\cdot r^2}{WUT}=6.4\times10^{-4}\ [\mathrm{mSv}\cdot\mathrm{m}^2/(\mathrm{mA}\cdot\mathrm{min})]$$

查阅图 2-13，对应透射系数 6.4×10^{-4} [mSv · m²/（mA · min）] 的屏蔽需用 2.3mm 厚的铅。也就是说，在 100kV 及有效工作负荷为 1000mA · min/wk 的条件下，透视 X 射线诊断机正对 X 射线球管一面所用防护材料如用铅，厚度应为 2.3mm。

如果实际使用时管电压不是 100kV 而是 75kV，同样查阅图 2-13，得到铅的屏蔽厚度仅为 1.3mm。

在屏蔽计算中，还可以利用衰减倍数 K 和 HVL 或 TVL 来求出所需屏蔽材料的厚度。在例题 2.2 中，求出的透射比 $\eta=1.5\times10^{-5}$，查阅放射性核素的宽束 γ 射线穿过混凝土或铅时的透射曲线，得到混凝土和铅的屏蔽厚度分别为 106cm 和 20cm。

若改用衰减倍数 K 计算：

$$n = \lg K = \lg(1/\eta)$$

则 $K = 1/\eta = 1/1.5\times10^{-5} = 66666$

TVL 的个数 $n = \lg K = \lg 66666 = 4.824$

查阅表 1-18，得到混凝土和铅对 ^{60}Co γ 射线的 TVL 值分别为 21.8cm 和 4.1cm，再分别乘以 TVL 的个数 4.824，求出混凝土和铅的屏蔽厚度分别为：

混凝土：21.8×4.824 = 105.2（cm）

铅：4.1×4.824 = 19.8（cm）

以上两种方法计算出的混凝土屏蔽厚度相差甚微，从防护角度来讲是可行的。

2.1.2 次级射线的屏蔽防护厚度计算

2.1.2.1 漏射线的屏蔽防护厚度计算

漏射线是指穿过 X 射线或 γ 射线辐射源的防护外壳泄漏出来的射线。X 射线管头组装体和 γ 治疗机机头漏射线的空气比释动能率和透射参数的计算公式列于表 2-1。

表 2-1 医用 X 射线和 γ 治疗机泄漏辐射的限制量及相应的透射参数的计算公式

装置类型（管电压 V 或 γ 放射性活度 A）	泄漏辐射的限制量		透射参数的计算公式
	距焦点（源）1m 处	距管头组装体（机头）表面 5cm 处	
治疗用 X 射线机 $V\leqslant150$kV	<1mGy/h	—	$\eta \leqslant \frac{6\times10^4 P\cdot r^2\cdot I}{W\cdot T}$
治疗用 X 射线机 $V>150$kV	<10mGy/h	<300mGy/h	$\eta \leqslant \frac{6\times10^3 P\cdot r^2\cdot I}{W\cdot T}$
γ 治疗机 $A<185$TBq（5000Ci）	距放射源 1m 处，泄漏辐射不得超过辐射束轴上距放射源 1m 处，不得超过最大空气比释动能率的 0.5%	—	$\eta \leqslant \frac{10^3 P\cdot r^2}{W_R\cdot T}$
γ 治疗机 $A>185$TBq（5000Ci）	距放射源 1m 处，泄漏辐射不得超过辐射束轴上距放射源 1m 处，不得超过最大空气比释动能率的 0.5%	—	$\eta \leqslant \frac{2\times10^3 P\cdot r^2}{W_R\cdot T}$

注：①本表中的计算公式引自章仲侯主编的《放射卫生学》，原子能出版社，1985 年版，第 184 页，仅符号有改变。

②公式内符号的意义：P 为参考点的周剂量设计限值（Sv/wk）；r 为参考点与源的距离（m）；I 为管电流（mA）；W 为工作负荷（mA·min/wk）；W_R 为以 Sv·m^2/wk 为单位的工作负荷；T 为居留因子；Δ 为 X 射线源的发射率常数。

无论是 X 射线装置还是 γ 辐射源的诊疗装置，由于在将辐射源组装于机头时，已按国家相关防护标准对机头的辐射源进行了相应的屏蔽，所以机头的泄漏辐射已经有一定程度的衰减。因此，按上述公式计算出相应的透射参数之后，再按 $n = \lg K = \lg(1/\eta)$ 计算出所需屏蔽物质的 TVL 个数 n，然后通过表 1-17 查出 TVL 值，最后用公式 $dn = n \cdot TVL$ 计算出对泄漏辐射所需的屏蔽厚度。

【例题 2.4】

一台 250kV 的 X 射线治疗机，工作负荷 W=10000mA·min/wk，管电流 I=20mA，参考点在控制区，居留因子 T=1，参考点与 X 射线源的距离 r=2m，参考点上的周剂量当量率的屏蔽设计限值 P=1mSv/wk。求该情况下漏射线防护的屏蔽厚度。

解：

按 250kV 的 X 射线相应的公式计算透射比 η 与透射比相应的 TVL 个数。

$$\eta \leqslant \frac{6\times10^3 P\cdot r^2\cdot I}{W\cdot T}$$

$$\frac{6\times10^3 P\cdot r^2\cdot I}{W\cdot T}=\frac{6\times10^3\times1\times10^{-3}\times2^2\times20}{1\times10^4\times1}=0.048$$

$$n=\lg K=\lg(1/\eta)=\lg(1/0.048)=1.32$$

由表 1-17 查出：

$$TVL_{\text{Pb}}=2.9\text{mm}$$

$$TVL_{\text{砼}}=9.0\text{cm}$$

屏蔽漏射线的防护厚度为：

铅：1.32×2.9=3.83（mm）

混凝土：1.32×9.0=11.9（cm）

2.1.2.2 散射线的屏蔽防护厚度计算

散射线是指初级射线和漏射线照射物体时产生的散乱线。在对患者进行医疗照射时，来自患者身上的散射线通常比来自初级射线防护屏蔽的散射线强得多，这就是关注发生在患者身上的散射线的原因。

散射辐射通常用散射比 α 表示，其定义为：入射辐射在距离放射源 1m 处，照射在面积为 400cm^2 的患者身体表面并沿指定方向散射到 1m 处的照射量率，与没有患者时，在距放射源 1m 处的入射辐射束照射野中心点上的照射量率之比。

初级辐射在患者身体表面的散射比见表 2-2。

表 2-2　初级辐射在患者身体表面的散射比

辐射源	散射角（从入射辐射束的中心轴量起）					
	30°	45°	60°	90°	120°	135°
X 射线						
50kV	0. 0005	0. 0002	0. 00025	0. 00035	0. 0008	0. 0010
70kV	0. 00065	0. 00035	0. 00035	0. 0005	0. 0010	0. 0013
100kV	0. 0015	0. 0012	0. 0012	0. 0013	0. 0020	0. 0020
125kV	0. 0018	0. 0015	0. 0015	0. 0015	0. 0023	0. 0025
150kV	0. 0020	0. 0016	0. 0016	0. 0016	0. 0024	0. 0026
200kV	0. 0024	0. 0020	0. 0019	0. 0019	0. 0027	0. 0028
250kV	0. 0025	0. 0021	0. 0019	0. 0019	0. 0027	0. 0028
300kV	0. 0026	0. 0022	0. 0020	0. 0019	0. 0026	0. 0028
4MV	—	0. 0027	—	—	—	—
6MV	0. 007	0. 0018	0. 0011	0. 0006	—	0. 0004
γ 射线						
^{137}Cs	0. 0065	0. 0050	0. 0041	0. 0028	—	0. 0019
^{60}Co	0. 0060	0. 0036	0. 0009	—	—	0. 0006

注：本表引自章仲侯主编的《放射卫生学》，原子能出版社，1985 年版，第 185 页。

对于不同的 X 射线管电压和 γ 放射性核素，在计算其散射线的屏蔽防护时，需根据不同公式求出透射参数并确定相对应的决定屏蔽厚度的透射曲线。可参照表 2-3。

表 2-3　在患者身体表面产生的散射线的屏蔽计算公式及确定屏蔽厚度时所依据的透射曲线

管电压	透射参数的计算公式	确定屏蔽厚度依据的透射曲线
<500kV	$\delta \leqslant \frac{P \cdot r^2 \cdot R^2}{\alpha \cdot W \cdot T} \times \frac{400}{A}$ <table><tr><td>U/MV</td><td>0. 5</td><td>1</td><td>2</td><td>3</td></tr><tr><td>k</td><td>1</td><td>20</td><td>300</td><td>700</td></tr></table>	与入射辐射相同的曲线
4～10MV	$\delta \leqslant \frac{P \cdot r^2 \cdot R^2}{\alpha \cdot W \cdot T} \times \frac{400}{A}$	6MV 的散射线，90°方向散射曲线
^{137}Cs，^{60}Co	$\delta \leqslant \frac{P \cdot r^2 \cdot R^2}{\alpha \cdot W_R \cdot T} \times \frac{400}{A}$	^{137}Cs，^{60}Co γ 射线散射曲线

注：①本表引自章仲侯主编的《放射卫生学》，原子能出版社，1985 年版，第 186 页。

②公式中符号的意义：P 为参考点的周剂量设计限值（Sv/wk）；r 为源到患者受照表面的距离（源皮距，m）；R 为散射体（患者）受照表面中心到参考点的垂直距离（m）；α 为散射比；A 为患者体表的照射野面积

（cm^2）；W 为工作负荷（mA·min/wk）；W_R 为以 Sv·m^2/wk 为单位的工作负荷；T 为居留因子；Δ 为 X 射线源的发射率常数。

③射线穿透不同物质时的透射曲线可参阅图 2-6、图 2-7、图 2-10、图 2-11、图 2-12、图 2-16、图 2-19、图 2-20。

【例题 2.5】

一台 250kV 的 X 射线治疗机，工作负荷为 1000mA·min/wk，管电流 $I=20$mA，源到患者受照表面的距离为 0.5m，散射体（患者）受照表面中心到参考点的垂直距离为 2m，患者体表照射面积为 400cm^2，设参考点位于控制区，居留因子 $T=1$，参考点的周剂量设计限值 $P=1$mSv/wk。求屏蔽散射线所需次级防护的屏蔽厚度。

解：

我们通常关心的是 90°方向的散射线，查阅表 2-2 可知，250kV 的 X 射线机 90°方向的散射比 $\alpha=0.0019$；又从表 2-3 查得 250kV X 射线装置散射线的透射参数计算公式为：

$$\delta \leqslant \frac{P \cdot r^2 \cdot R^2}{\alpha \cdot W \cdot T} \times \frac{400}{A} = \frac{1 \times 10^{-3} \times 0.5^2 \times 2^2}{0.0019 \times 10^4 \times 1} \times \frac{400}{400}$$
$$= 5.26 \times 10^{-5} \text{Sv} \cdot \text{m}^2 / (\text{mA} \cdot \text{min})$$
$$= 5.26 \times 10^{-2} \text{mSv} \cdot \text{m}^2 / (\text{mA} \cdot \text{min})$$

从图 2-5 和图 2-14 查得与透射系数 $\delta=5.26\times10^{-2}$mSv·m^2/（mA·min）相应的混凝土和铅的屏蔽厚度分别为 21cm 和 3.21mm。

2.1.2.3　次级防护屏蔽厚度的确定

次级防护屏蔽是用来屏蔽漏射线和散射线的。从上述 250kV 的 X 射线机漏射线和散射线的屏蔽结果可以看出，两者是不一致的。若两者相差大于一个 *TVL*，则选择其中数值较大的那个厚度作为总的次级防护的屏蔽厚度。若两者之差不到一个 *TVL*，这时应在其中数值较大的那个厚度上再加上一个 *HVL* 作为总的次级防护屏蔽厚度。

将例题 2.5 中的 250kV 的 X 射线机漏射线和散射线的屏蔽厚度进行比较，结果见表 2-4。

表 2-4　250kV 的 X 射线机漏射线、散射线的屏蔽厚度计算结果

	铅（mm）	混凝土（cm）
漏射线的屏蔽厚度 $d_{漏}$	3.83	12
散射线的屏蔽厚度 $d_{散}$	3.21	21
屏蔽厚度之差（$d_{漏}-d_{散}$）	0.62	-9
TVL 值	2.9	9.0
HVL 值	0.86	2.8

以上结果表明：漏射线和散射线的屏蔽厚度之差小于一个 *TVL*。据此，该台 250kV 的 X 射线机在工作条件下的次级屏蔽防护厚度应为：

铅：3.83+0.86=4.69（mm），实际可取 5mm

混凝土：21.0+2.8=23.8（cm），实际可取 24cm

2.1.3 医用 X 射线诊断机房辐射屏蔽防护厚度

2.1.3.1 不同类型 X 射线设备的屏蔽防护铅当量厚度要求

GBZ 130—2013 规定，医用诊断放射学、牙科放射学和介入放射学实践所用 X 射线设备机房的屏蔽防护应满足表 2-5 的要求。

表 2-5 不同类型 X 射线设备的屏蔽防护铅当量厚度要求

机房类型	有用线束方向铅当量（mm）	非有用线束方向铅当量（mm）
标称 125kV 以上的摄影机房	3	2
标称 125kV 及以下的摄影机房、口腔 CT 、牙科全景机房（有头颅摄影）	2	1
透射机房、全身骨密度仪机房、口内牙片机房、牙科全景机房（无头颅摄影）、乳腺机房	1	1
介入 X 射线设备机房	2	2
CT 机房	2（一般工作量） 2.5（较大工作量）	

注：CT 机房的数据按 GBZ/T 180—2006 的要求。

2.1.3.2 不同屏蔽物质的密度

通常用作屏蔽材料的铅、混凝土、铁、石膏板和砖的密度见表 2-6。

表 2-6 不同屏蔽物质的密度

屏蔽物质	密度（t/m^3）
铅	11.3
混凝土	2.35
铁	7.4
石膏板	0.705
砖	1.65

2.1.3.3 屏蔽物质的铅当量计算

（1）对给定的铅厚度，依据 NCRP Report No. 147 中给出的不同管电压 X 射线辐射在铅中衰减的 α、β、γ 拟合参数，按式 2-2 计算辐射透射因子 B：

$$B = \left[\left(1 + \frac{\beta}{\alpha}\right) e^{\alpha\gamma X} - \frac{\beta}{\alpha}\right]^{-\frac{1}{\gamma}} \qquad （式 2-2）$$

式中：B 为给定铅厚度的屏蔽透射因子。

X 为铅厚度。

α 为铅对不同管电压 X 射线辐射衰减的有关的拟合参数。

β 为铅对不同管电压 X 射线辐射衰减的有关的拟合参数。

γ 为铅对不同管电压 X 射线辐射衰减的有关的拟合参数。

（2）依据 NCRP Report No. 147 中给出的不同管电压 X 射线辐射在其他屏蔽物质中衰减的 α、β、γ 拟合参数和（1）中的 B 值，使用式 2-3 计算出各屏蔽物质的铅当量厚度 X。

$$X = \frac{1}{\alpha\gamma}\ln\left[\frac{B^{-\gamma} + \frac{\beta}{\alpha}}{1 + \frac{\beta}{\alpha}}\right] \qquad \text{（式 2-3）}$$

式中：B 为给定铅厚度的屏蔽透射因子。

X 为不同屏蔽物质的铅当量厚度。

α 为不同屏蔽物质对不同管电压 X 射线辐射衰减的有关的拟合参数。

β 为不同屏蔽物质对不同管电压 X 射线辐射衰减的有关的拟合参数。

γ 为不同屏蔽物质对不同管电压 X 射线辐射衰减的有关的拟合参数。

α、β、γ 的取值参见表 2-7、表 2-8。按式 2-2 先计算出给定屏蔽物质厚度条件下的透射因子 B，再计算出屏蔽物质的铅当量厚度 X。

表 2-7　铅、铁、混凝土对不同管电压 X 射线辐射衰减有关的 3 个拟合参数

管电压（kV）	铅			混凝土			铁		
	α	β	γ	α	β	γ	α	β	γ
30	38.80	178.0	0.3473	0.3173	1.698	0.3593	7.406	41.93	0.3959
70	5.369	23.49	0.5881	0.05087	0.1696	0.3847	0.7149	3.798	0.5378
90	3.067	18.83	0.72726	0.04228	0.1137	0.4690	0.3971	2.913	0.7204
100（主束）	2.500	15.28	0.7557	0.03925	0.08567	0.4273	0.3415	2.420	0.7645
100（散射）	2.507	15.33	0.9124	0.03950	0.08440	0.5191	0.3424	2.456	0.9388
125（主束）	2.219	7.923	0.5386	0.03502	0.07113	0.6974	0.2130	1.677	0.8217
125（散射）	2.233	7.888	0.7295	0.03510	0.06600	0.7832	0.2138	1.690	1.086
120（CT）	2.246	5.730	0.5470	0.03830	0.01420	0.6580	0.2796	1.519	1.236
140（CT）	2.009	3.990	0.3420	0.03360	0.01220	0.5190	0.1922	0.9519	0.9649
150（主束）	1.757	5.177	0.3156	0.03243	0.08599	1.467	0.1501	1.132	0.8566
150（散射）	1.791	5.478	0.5678	0.03240	0.07750	1.566	0.1511	1.124	1.151

注：引自 NCRP Report No. 147 和 BIR/IPEM Radiation Shielding for Diagnostic X-rays。

表 2-8　石膏板、砖对不同管电压 X 射线辐射衰减有关的 3 个拟合参数

管电压（kV）	石膏板			砖		
	α	β	γ	α	β	γ
30	0.1208	0.7043	0.3613	—	—	—

（续表）

管电压（kV）	石膏板			砖		
	α	β	γ	α	β	γ
70	0.02302	0.07163	0.7299	0.05060	0.1370	0.7150
90	0.01633	0.05039	0.8585	0.03750	0.08200	0.8920
100（有用线束）	0.01466	0.04171	0.8939	0.03520	0.0880	1.149
100（90°非有用线束）	0.01470	0.04000	0.9752	—	—	—
125（有用线束）	0.01192	0.02863	0.9684	0.02870	0.06700	1.346
125（90°非有用线束）	0.01200	0.02670	1.079	—	—	—
120（CT）	—	—	—	—	—	—
140（CT）	—	—	—	—	—	—
150（有用线束）	0.01030	0.02198	1.013	—	—	—
150（90°非有用线束）	0.01040	0.02020	1.135	—	—	—

注：引自 NCRP Report No. 147 和 BIR/IPEM Radiation Shielding for Diagnostic X-rays。

（3）表2-8中的有用线束是指通过"窗口"或准直装置直接从放射源射出，供诊疗的初级射线；非有用线束应该理解为X射线管或γ射线源机头屏蔽材料泄漏出来的漏射线，以及初级射线照射在患者或其他物体上产生的散射线的统称。而在实际的应用防护中，来自患者身上的散射线通常比来自初级防护屏蔽的散射线强得多，因此我们更关心的是发生在患者身上的散射，且是90°方向的散射，所以表中所列的非有用线束以90°非有用线束为准。

（4）可以利用式2-3计算出给定的不同的屏蔽物质的铅当量厚度。GBZ 130—2013已按此方法计算出不同屏蔽物质（混凝土、铁、石膏板、砖）1mm铅当量厚度、2mm铅当量厚度、2.5mm铅当量厚度、3mm铅当量厚度，可直接查阅。见表2-9至表2-12。

表2-9　不同屏蔽物质1mm铅当量厚度

管电压（kV）	*X*（mm）			
	混凝土	铁	石膏板	砖
30	122	5.3	318	—
70	93	6.8	271	125
90	74	6.9	239	113
100（有用线束）	70	7.0	234	109
100（90°非有用线束）	69	7.1	221	—
125（有用线束）	87	9.8	278	127
125（90°非有用线束）	80	10.0	251	—
120（CT）	96	9.5	—	—
140（CT）	104	11.8	—	—

（续表）

管电压（kV）	X（mm）			
	混凝土	铁	石膏板	砖
150（有用线束）	106	13.5	314	—
150（90°非有用线束）	90	12.8	267	—

表 2-10　不同屏蔽物质 2mm 铅当量厚度

管电压（kV）	X（mm）			
	混凝土	铁	石膏板	砖
100（有用线束）	129	14.2	413	184
100（90°非有用线束）	128	14.4	395	—
125（有用线束）	158	21.1	492	217
125（90°非有用线束）	147	21.0	451	—
120（CT）	162	18.7	—	—
140（CT）	182	25.0	—	—
150（有用线束）	188	29.9	567	—
150（90°非有用线束）	157	26.6	473	—

表 2-11　不同屏蔽物质 2.5mm 铅当量厚度

管电压（kV）	X（mm）			
	混凝土	铁	石膏板	砖
100（有用线束）	159	17.9	499	220
100（90°非有用线束）	159	18.0	481	-
125（有用线束）	191	26.5	591	258
125（90°非有用线束）	179	26.3	546	—
120（CT）	193	22.8	—	—
140（CT）	216	31.2	—	—
150（有用线束）	222	37.3	676	—
150（90°非有用线束）	187	33.0	566	—

表 2-12　不同屏蔽物质 3mm 铅当量厚度

管电压（kV）	X（mm）			
	混凝土	铁	石膏板	砖
100（有用线束）	190	21.5	584	256

（续表）

管电压（kV）	X（mm）			
	混凝土	铁	石膏板	砖
100（90°非有用线束）	190	21.7	566	—
125（有用线束）	223	31.9	687	298
125（90°非有用线束）	221	31.6	640	—
120（CT）	223	26.9	—	—
140（CT）	249	37.0	—	—
150（有用线束）	255	44.2	778	—
150（90°非有用线束）	216	39.2	656	—

（5）两种屏蔽物质组合的屏蔽。对于给定的两种屏蔽物质的厚度，要计算其铅当量，可通过表2-9、表2-10、表2-11、表2-12得到内层屏蔽物质相当于外部屏蔽物质的当量厚度，加上外部屏蔽物质厚度，得到总的外部屏蔽物质的总当量厚度，再查表得到铅当量。

计算在已有外层屏蔽的情况下所需的附加内层屏蔽的铅当量：计算所需外层屏蔽物质的总厚度，扣除已有外层屏蔽厚度，获得所需的附加内层的外层物质的当量厚度，再查表得到所需附加内层屏蔽的铅当量或内层屏蔽物质的厚度。

【例题2.6】

（1）标称125kV以上的摄影机房，有用线束方向的铅当量厚度为3mm，非有用线束方向的铅当量厚度为2.5mm，用混凝土作屏蔽物质，求混凝土屏蔽厚度。

查表2-11、表2-12，有用线束方向的混凝土厚度为223mm，非有用线束方向的混凝土厚度为179mm。

（2）如介入X射线设备机房，6个方向均同有用线束方向，对一般工作量为2mm铅当量厚度，对较大工作量为2.5mm铅当量厚度，那么混凝土屏蔽厚度为：

对一般工作量机房，120kV管电压对应的混凝土厚度为162mm；140kV管电压对应的混凝土厚度为182mm。

对较大工作量机房，120kV管电压对应的混凝土厚度为193mm；140kV管电压对应的混凝土厚度为216mm。

（3）标称125kV以下的摄影机房、口腔CT、牙科全景机房（有头颅摄影），有用线束方向铅当量厚度为2mm，非有用线束方向铅当量厚度为1mm，用砖作屏蔽物质，求砖的屏蔽厚度。

查表2-9、表2-10，得到砖的屏蔽厚度：有用线束方向为217mm，非有用线束方向为不小于127mm即可。（注：表中未给出1mm铅当量厚度、125kV非有用线束条件下的砖的屏蔽厚度，仅保守地采用1mm铅当量厚度、125kV的有用线束条件下的砖厚度127mm。）

2.2 γ射线点状源的屏蔽防护厚度计算

2.2.1 衰减倍数法

对于由γ射线点状源发射出来的初级γ射线，衰减倍数计算公式为：

$$K=\frac{k_0 \cdot r_0^2}{k_1 \cdot r_1^2} \qquad \text{（式 2-4）}$$

式中：K 为衰减倍数。

k_0 为无屏蔽防护时，在距源 r_0 处的空气比释动能率（mGy/h）。

k_1 为增加一定屏蔽防护厚度后，在距源 r_1 处最高允许的空气比释动能率（mGy/h）。

r_0 为距源的某一点的距离（m）。

如果将屏蔽体设置在 r_0 的距离内，则 $r_0=r_1$，两者可相消，上式简化为：$K=\frac{k_0}{k_1}$。

如果将屏蔽体设置在 r_0 距离之外，则 r_1 成为放射源至屏蔽体外表面之间的距离，k_0 值的计算公式变为：

$$k_0=\frac{A\Gamma_\delta}{r_0^2} \qquad \text{（式 2-5）}$$

式中：A 为放射源的预期最大放射性活度（GBq）。

Γ_δ 为放射源 γ 射线的比释动能率常数［mGy·m²/（h·GBq）］。

r_0 为参考点与放射源之间距离（m），可通过直接测量得到。

几种常用放射性核素的照射量率常数和比释动能率常数 Γ_δ 见表 2-13。

表 2-13　几种常用放射性核素的照射量率常数和比释动能率常数 Γ_δ

核素	γ 射线能量（MeV）	照射量率常数 Γ［R·cm²/（h·mC）i］	比释动能率常数 Γ_δ［mGy·m²/（h·GBq）］
^{59}Fe	1.099	6.209	0.162
^{60}Co	1.250	12.920	0.311
^{86}Rb	1.079	0.5026	0.012
^{131}I	0.365	2.167	0.052
^{137}Cs	0.662	3.259	0.076
^{192}Ir	0.317	4.629	0.113
^{198}Au	0.412	2.317	0.054
^{226}Ra	0.186	9.078	0.221
^{241}Am	0.060	0.186	0.015

注：①γ 射线能量引自范深根、娄云编著的《放射性和辐射的安全使用》，中国科学技术出版社，2001 年版，第 316～326 页。

②照射量率常数引自中国计量测试学会电离辐射专业委员会编的《辐射剂量学常用数据》，中国计量出版社，1987 年版，第 158 页。

③比释动能率常数引自中国计量测试学会电离辐射专业委员会编的《辐射剂量学常用数据》，中国计量出版社，1987 年版，第 172 页，单位经换算而得。

④^{226}Ra 的数据是 ^{226}Ra 与子核 Ra（C+C′+C″）平衡条件下的数据。

按上述公式计算出衰减倍数 K 后，可用以下两种方法求出屏蔽材料的屏蔽厚度。

（1）用查表法求屏蔽厚度。宽束 γ 射线在不同衰减倍数 K 时所需铅（混凝土、铁、水层、铅玻璃）的防护厚度见表 2-14 至表 2-24。表 2-14 至表 2-24 亦称为“万用表”。

表 2-14　宽束 γ 射线在不同的衰减倍数 K 时所需铅的防护厚度表（上）

（厚度以 cm 为单位，铅的密度 $\rho=11.340g/cm^3$）

衰减倍数 K	γ 射线的能量（MeV）										
	0.1	0.2	0.3	0.4	0.5	0.6	0.662 ^{137}Cs	0.7	0.8	0.9	1.0
1.5	0.05	0.1	0.15	0.2	0.2	0.3	0.47	0.4	0.6	0.7	0.8
2	0.1	0.2	0.3	0.4	0.5	0.7	0.78	0.8	1.0	1.15	1.3
5	0.2	0.4	0.6	0.9	1.1	1.5	1.68	1.9	2.2	2.5	2.8
8	0.2	0.5	0.8	1.1	1.5	1.95	2.13	2.35	2.8	3.2	3.5
10	0.3	0.55	0.9	1.3	1.6	2.1	2.34	2.6	3.05	3.5	3.8
20	0.3	0.6	1.1	1.5	2.0	2.6	2.98	3.25	3.85	4.4	4.9
30	0.35	0.7	1.15	1.7	2.3	3.0	3.25	3.65	4.3	4.95	5.5
40	0.4	0.8	1.3	1.8	2.4	3.1	3.61	3.8	4.5	5.2	5.8
50	0.4	0.85	1.4	1.95	2.6	3.25	3.81	3.95	4.6	5.3	6.0
60	0.45	0.9	1.45	2.05	2.7	3.45	3.98	4.2	4.95	5.6	6.3
80	0.45	1.0	1.55	2.15	2.8	3.7	4.23	4.5	5.3	6.0	6.7
100	0.5	1.0	1.6	2.3	3.0	3.85	4.43	4.7	5.5	6.3	7.0
2×10^{2}	0.6	1.25	1.9	2.6	3.4	4.4	5.05	5.3	6.3	7.2	8.0
5×10^{2}	0.65	1.4	2.2	3.1	4.0	5.1	5.86	6.1	7.2	8.2	9.2
1×10^{3}	0.7	1.5	2.4	3.3	4.4	5.7	6.48	6.95	8.1	9.2	10.2
2×10^{3}	0.85	1.7	2.7	3.8	5.0	6.3	7.08	7.6	8.8	10.0	11.1
5×10^{3}	0.9	1.9	3.0	4.2	5.5	7.0	7.88	8.5	9.9	11.2	12.4
1×10^{4}	1.05	2.1	3.3	4.55	5.9	7.5	8.49	9.1	10.6	12.0	13.3
2×10^{4}	1.1	2.2	3.5	4.85	6.3	8.0	9.09	9.7	11.3	12.8	14.2
5×10^{4}	1.15	2.35	3.7	5.2	6.9	8.7	9.88	10.5	12.3	14.1	15.6
1×10^{5}	1.15	2.4	3.8	5.4	7.2	9.2	10.5	11.1	13.0	14.8	16.5
2×10^{5}	1.3	2.6	4.1	5.7	7.6	9.6	11.1	11.6	13.6	15.5	17.4
5×10^{5}	1.4	2.8	4.4	6.1	8.2	10.2	11.9	12.3	14.4	16.5	18.5
1×10^{6}	1.45	3.0	4.7	6.5	8.7	10.9	12.5	13.1	15.3	17.5	19.5
2×10^{6}	1.65	3.2	5.0	7.0	9.1	11.5	13.1	14.0	16.3	18.6	20.4
5×10^{6}	1.65	3.3	5.3	7.3	9.6	12.1	13.8	14.7	17.2	19.5	21.6
1×10^{7}	1.7	3.4	5.4	7.6	10.1	12.6	14.4	15.2	17.8	20.3	22.7

表 2-15　宽束γ射线在不同的衰减倍数 K 时所需铅的防护厚度表（下）

（厚度以 cm 为单位，铅的密度 $\rho=11.340g/cm^3$）

衰减倍数 K	γ射线的能量（MeV）												
	1.25（^{60}Co）	1.5	1.75	2.0	2.2	3	4	6	8	10	^{198}Au	^{192}Ir	^{226}Ra
1.5	0.95	1.1	1.2	1.2	1.2	1.3	1.2	1.0	0.9	0.9	0.2	0.2	0.8
2	1.5	1.7	1.85	2.0	2.0	2.1	2.0	1.6	1.5	1.35	0.3	0.3	1.3
5	3.4	3.8	4.1	4.3	4.4	4.6	4.5	3.8	3.3	3.0	0.7	0.8	3.1
8	4.2	4.8	5.25	5.5	5.7	5.9	5.8	5.0	4.3	3.8	0.8	1.2	3.8
10	4.5	5.1	5.6	5.9	6.1	6.5	6.4	5.5	4.9	4.2	1.0	1.4	4.4
20	5.8	6.6	7.2	7.6	7.8	8.3	8.2	7.1	6.3	5.6	1.3	1.8	5.8
30	6.5	7.3	8.0	8.5	8.8	9.3	9.2	8.0	7.2	6.3	1.5	2.1	6.7
40	6.85	7.8	8.6	9.1	9.4	10.0	9.9	8.7	7.8	6.8	1.6	2.3	7.3
50	7.2	8.2	9.0	9.6	10.0	10.6	10.5	9.2	8.3	7.3	1.7	2.5	7.6
60	7.5	8.6	9.5	10.1	10.4	11.0	10.9	9.7	8.7	7.7	1.8	2.6	8.0
80	8.0	9.2	10.1	10.7	11.1	11.7	11.6	10.4	9.4	8.2	2.0	2.8	8.5
100	8.45	9.65	10.6	11.3	11.7	12.2	12.1	10.9	9.9	8.7	2.1	3.0	9.0
2×10^2	9.65	11.1	12.2	12.9	13.4	14.0	13.8	12.6	11.4	10.2	2.5	3.5	10.3
5×10^2	11.3	12.9	14.2	15.0	15.4	16.3	16.1	14.9	13.3	11.9	3.2	4.0	12.1
1×10^3	12.3	14.1	15.6	16.5	17.0	18.0	17.8	16.5	15.1	13.3	3.8	4.5	13.5
2×10^3	13.5	15.4	16.8	17.9	18.5	19.7	19.5	18.1	16.6	14.8	4.5	5.0	14.8
5×10^3	14.9	17.0	18.6	19.8	20.5	21.9	21.7	20.3	18.5	16.6	5.5	5.5	16.5
1×10^4	16.1	18.3	20.1	21.3	22.1	23.5	23.4	22.0	20.1	18.0	6.5	6.0	18.0
2×10^4	17.2	19.5	21.4	22.7	23.5	25.1	25.0	23.6	21.7	19.5	7.7	—	21.1
5×10^4	18.8	21.4	23.3	24.7	25.5	27.3	27.2	25.8	23.7	21.5	9.5	—	22.5
1×10^5	20.1	22.7	24.7	26.2	27.0	28.9	28.9	27.5	25.3	22.9	—	—	—
2×10^5	21.3	24.1	26.1	27.6	28.5	30.5	30.5	29.2	25.9	24.3	—	—	—
5×10^5	22.3	25.4	27.8	29.5	30.4	32.7	32.7	31.4	28.0	26.3	—	—	—
1×10^6	23.5	26.8	29.2	31.0	32.0	34.3	34.4	33.0	30.4	27.7	—	—	—
2×10^6	24.4	27.8	30.5	32.4	33.5	36.0	36.1	34.6	32.0	29.2	—	—	—
5×10^6	26.2	29.7	32.3	34.3	35.5	38.1	38.3	34.8	34.0	31.3	—	—	—
1×10^7	27.5	31.2	33.9	35.8	37.0	39.7	39.9	38.4	35.5	32.5	—	—	—

表 2-16　宽束 γ 射线在不同的衰减倍数 *K* 时所需铁的防护厚度表（上）

（厚度以 cm 为单位，铁的密度 ρ =7.89g/cm^3）

衰减倍数 *K*	γ射线的能量（MeV）										
	0.1	0.2	0.3	0.4	0.5	0.6	0.662 ^{137}Cs	0.7	0.8	0.9	1.0
1.5	0.5	0.9	1.2	1.4	1.6	1.7	2.0	1.85	2.0	2.05	2.1
2	0.7	1.2	1.7	2.2	2.5	2.7	2.94	2.9	3.1	3.2	3.3
5	1.4	2.5	3.4	4.1	4.8	5.1	5.46	5.5	5.7	6.1	6.4
8	1.7	3.1	4.2	5.1	5.8	6.3	6.64	6.7	7.1	7.5	7.8
10	1.9	3.5	4.6	5.6	6.3	6.8	7.18	7.3	7.7	8.1	8.5
20	2.3	4.3	5.7	6.8	7.7	8.3	8.80	8.8	9.4	9.8	10.3
30	2.4	4.5	6.2	7.5	8.5	9.2	9.72	9.8	10.4	10.9	11.4
40	2.5	4.8	6.6	8.0	9.1	9.8	10.4	10.5	11.1	11.7	12.2
50	2.9	5.2	7.1	8.4	9.5	10.3	10.9	11.0	11.6	12.2	12.7
60	3.1	5.6	7.5	8.8	9.8	10.7	11.3	11.4	12.1	12.7	13.2
80	3.2	5.9	7.7	9.2	10.4	11.2	11.9	12.0	12.7	13.4	14.0
100	3.4	6.1	8.1	9.6	10.8	11.7	12.4	12.5	13.2	13.9	15.5
2×10^2	4.2	7.0	9.1	10.7	12.0	13.1	13.8	14.0	14.8	15.6	16.3
5×10^2	4.4	7.7	10.1	12.0	13.7	14.9	15.8	16.0	17.0	17.9	18.7
1×10^3	4.5	8.2	11.0	13.2	15.0	16.3	17.2	17.5	18.6	19.6	20.5
2×10^3	4.9	9.0	11.1	14.4	16.2	17.7	19.6	19.0	20.2	21.2	22.2
5×10^3	5.6	10.1	13.4	15.8	17.7	19.3	20.4	20.7	22.0	23.2	24.3
1×10^4	6.8	11.5	14.7	17.1	19.0	20.7	21.8	22.3	23.6	24.9	26.0
2×10^4	8.0	12.9	16.0	18.3	20.2	21.9	23.2	23.4	24.8	26.3	27.6
5×10^4	8.6	13.8	17.0	19.6	21.8	23.6	25.0	25.2	26.9	28.4	29.9
1×10^5	10.0	15.8	18.2	20.8	23.0	24.9	26.3	26.7	28.4	30.0	31.5
2×10^5	11.3	15.9	19.3	21.8	24.1	26.1	27.7	28.1	29.9	31.6	33.3
5×10^5	12.0	16.9	20.4	23.2	25.6	27.8	29.5	29.9	31.8	33.6	35.4
1×10^6	12.8	17.9	21.4	24.2	26.7	28.9	30.8	31.2	33.3	35.2	37.0
2×10^6	13.5	18.9	22.1	25.0	27.7	30.3	32.1	32.7	34.8	36.8	38.7
5×10^6	14.5	19.4	23.2	26.5	29.3	32.3	33.9	34.6	36.7	38.8	40.9
1×10^7	15.0	20.3	24.3	27.6	30.5	33.2	35.2	35.8	38.1	42.2	42.4

表 2-17　宽束γ射线在不同的衰减倍数 K 时所需铁的防护厚度表（下）

（厚度以 cm 为单位，铁的密度 ρ =7.89g/cm^3）

衰减倍数 K	γ射线的能量（MeV）											
	1.25 (^{60}Co)	1.5	1.75	2.0	2.2	3	4	6	8	10	^{198}Ir	^{226}Ra
1.5	2.15	2.2	2.3	2.4	2.5	2.7	2.8	2.9	2.4	2.0	1.5	2.0
2	3.45	3.6	3.8	3.9	4.4	4.4	4.5	4.6	4.0	3.4	2.0	3.2
5	6.9	7.4	7.8	8.1	8.3	8.9	9.4	9.6	9.0	8.0	3.5	6.5
8	8.5	9.1	9.6	10.1	10.3	11.2	11.6	12.1	11.2	10.4	4.5	8.0
10	9.3	10.0	10.6	11.0	11.4	12.2	12.6	13.2	12.4	11.4	5.0	8.7
20	11.3	12.2	13.0	13.6	14.1	15.3	15.9	16.6	16.0	15.0	6.2	11.0
30	12.6	13.6	14.4	15.1	15.6	17.0	17.7	18.8	18.0	17.0	7.0	12.0
40	13.3	14.4	15.3	16.1	16.6	18.2	19.1	20.4	19.4	18.4	7.5	13.2
50	13.9	15.1	16.1	16.9	17.5	19.1	20.0	21.5	20.6	19.6	8.5	13.8
60	14.5	15.7	16.7	17.6	18.2	19.9	21.0	22.4	21.4	20.6	8.2	14.3
80	15.5	16.3	17.8	18.7	19.4	21.2	22.2	24.0	23.0	22.0	8.5	15.2
100	16.1	17.3	18.5	19.5	20.2	22.1	23.3	25.0	24.0	23.1	9.2	16.0
2×10^2	18.0	19.6	20.8	22.0	22.8	25.0	26.6	28.4	27.4	26.6	10.5	18.3
5×10^2	20.6	22.3	23.7	25.0	25.9	28.8	31.6	32.7	32.0	31.2	12.2	21.2
1×10^3	22.6	24.4	26.1	27.5	28.6	31.7	33.7	36.0	35.4	34.6	13.5	23.5
2×10^3	24.5	26.5	28.3	30.0	31.2	34.6	36.8	39.2	38.7	37.9	14.8	25.6
5×10^3	27.0	29.4	31.4	33.3	34.3	38.2	40.7	43.2	43.0	42.2	16.5	27.6
1×10^4	28.8	31.3	33.6	35.5	36.9	40.9	43.7	46.5	46.3	45.2	17.8	30.8
2×10^4	30.6	33.2	35.6	37.8	39.2	43.4	46.5	50.8	49.6	48.6	19.0	33.0
5×10^4	33.0	35.9	38.4	40.8	42.3	47.2	50.4	55.0	54.0	53.0	20.8	36.0
1×10^5	34.9	38.0	40.7	43.2	44.7	50.0	53.4	58.3	57.2	56.1	22.0	38.0
2×10^5	36.8	40.1	43.0	45.4	47.1	52.6	56.4	61.8	60.8	59.8	23.5	40.5
5×10^5	39.1	42.5	45.5	48.3	49.9	56.1	60.2	66.0	65.0	64.0	25.0	43.5
1×10^6	41.1	44.7	47.8	50.6	52.3	58.8	63.3	69.0	68.3	67.0	26.5	45.5
2×10^6	42.9	46.6	49.9	52.8	54.7	61.4	66.2	72.3	71.2	70.3	—	—
5×10^6	45.5	49.4	52.7	55.7	57.7	64.9	70.3	76.5	75.5	74.8	—	—
1×10^7	47.1	51.3	54.8	57.9	61.0	67.5	73.1	79.4	78.8	78.0	—	—

表 2-18 宽束γ射线在不同的衰减倍数 K 时所需混凝土的防护厚度表（上）

（厚度以 cm 为单位，混凝土的密度 ρ =2.3g/cm³）

衰减倍数 K	γ射线的能量（MeV）										
	0.1	0.2	0.3	0.4	0.5	0.6	0.662（^{137}Cs）	0.7	0.8	0.9	1.0
1.5	2.6	4.7	6.3	7.5	8.2	8.2	8.3	8.2	8.3	8.3	8.5
2	4.7	7.6	9.9	11.3	12.3	12.4	11.7	2.4	12.6	12.7	12.9
5	5.6	11.0	15.5	18.8	21.1	21.8	20.6	22.3	22.6	23.0	23.5
8	7.0	12.9	17.8	22.0	24.6	25.6	24.7	26.4	27.2	27.9	28.8
10	8.2	14.6	19.7	23.7	25.8	26.8	26.5	27.6	28.4	29.1	29.9
20	8.2	15.3	21.4	25.8	29.9	31.9	32.1	33.6	35.0	36.2	37.0
30	8.5	16.4	22.8	27.7	32.9	34.8	35.2	36.4	37.8	39.2	40.5
40	8.5	17.6	24.2	29.6	34.0	36.2	37.4	37.9	39.6	41.3	42.8
50	9.9	18.8	25.1	30.8	35.0	37.6	39.1	39.4	41.2	42.8	44.6
60	11.0	20.0	26.1	31.7	36.4	38.5	40.5	40.5	42.5	44.1	45.8
80	11.5	20.4	27.7	33.6	38.7	41.1	42.6	43.0	44.8	46.5	48.1
100	11.5	21.1	28.9	35.2	39.9	43.0	44.3	45.3	47.2	48.8	50.5
2×10^{2}	12.7	23.5	32.4	39.2	44.6	47.9	49.3	50.5	52.6	54.6	56.4
5×10^{2}	13.8	24.6	35.2	43.9	50.5	54.5	55.8	57.3	58.8	62.5	64.6
1×10^{3}	15.5	28.2	39.2	48.1	55.2	59.2	60.7	62.5	65.3	67.8	70.4
2×10^{3}	17.6	30.5	42.3	52.4	59.9	64.1	65.5	67.4	70.4	73.2	75.7
5×10^{3}	18.8	33.1	45.6	56.4	65.7	70.0	71.7	74.0	77.0	80.2	82.8
1×10^{4}	18.8	35.2	48.5	60.3	69.3	74.7	76.4	79.1	82.9	86.2	89.2
2×10^{4}	21.1	38.4	51.9	63.4	72.8	78.2	81.1	83.1	87.3	91.1	94.5
5×10^{4}	23.3	42.3	56.4	68.6	78.1	83.4	87.2	88.7	93.4	97.9	102.1
1×10^{5}	30.5	50.5	64.6	75.1	82.8	88.3	91.8	93.5	98.1	102.5	106.8
2×10^{5}	38.3	56.7	69.8	79.4	86.9	92.4	96.3	97.7	102.8	108.0	112.7
5×10^{5}	44.8	61.5	73.7	83.7	91.6	98.1	102.3	103.9	109.5	114.8	119.7
1×10^{6}	49.3	66.4	79.8	89.8	97.4	103.7	106.8	109.2	114.1	119.5	124.4
2×10^{6}	57.6	73.1	84.5	93.3	101.0	107.4	111.3	113.6	119.7	125.6	131.5
5×10^{6}	59.4	79.9	91.6	100.6	108.0	114.1	117.2	120.2	126.0	131.7	133.8
1×10^{7}	64.0	84.9	95.7	130.7	110.3	117.4	—	123.6	130.0	136.2	142.0

表 2-19　宽束γ射线在不同的衰减倍数 K 时所需混凝土的防护厚度表（下）

（厚度以 cm 为单位，混凝土的密度 ρ =2.3g/cm^3）

衰减倍数 K	γ射线的能量（MeV）											
	1.25（^{60}Co）	1.5	1.75	2.0	2.2	3	4	6	8	10	^{198}Au	^{192}Ir	^{226}Ra
1.5	8.6	8.7	8.7	8.8	8.9	9.4	10.0	11.7	11.7	11.7	3	3	5
2	13.3	13.6	13.8	14.1	14.3	15.3	16.4	18.8	18.8	18.8	4	7	8
5	24.6	26.8	27.0	28.2	29.4	32.9	35.2	38.7	39.3	39.9	10	10	17
8	30.5	32.2	33.8	35.2	36.4	39.9	43.4	48.1	48.7	49.3	13	13	12
10	31.9	34.0	35.9	37.6	39.0	43.4	47.5	51.6	52.8	54.0	14	16	24
20	39.9	42.5	44.8	47.0	48.6	54.0	58.7	64.6	65.7	69.3	19	20	32
30	43.7	46.5	49.3	51.6	53.5	59.9	65.7	71.6	72.8	78.1	21	23	35
40	45.3	49.8	52.8	55.2	57.3	64.0	69.8	77.5	79.2	74.5	23	24	35
50	48.5	52.1	55.2	58.1	60.1	66.9	72.8	81.6	83.9	89.8	24	26	41
60	50.1	54.0	57.5	60.5	62.7	69.8	74.0	85.1	88.0	93.9	25	27	42
80	52.4	56.4	59.9	63.4	65.7	74.0	81.0	90.4	93.9	100.4	27	29	45
100	54.5	58.3	62.2	65.7	68.6	77.5	84.5	95.1	98.0	105.1	28	30	48
2×10^2	60.8	65.3	69.7	74.0	77.2	88.0	95.7	108.0	112.1	120.9	33	35	55
5×10^2	69.8	74.8	79.8	84.5	88.5	101.0	110.4	124.4	129.7	139.7	38	41	65
1×10^3	76.1	81.7	87.6	92.7	97.0	110.9	120.9	137.9	143.2	155.0	43	45	72
2×10^3	82.2	88.5	94.6	100.4	104.0	120.9	132.1	150.3	156.1	168.5	47	50	79
5×10^3	90.2	97.4	104.2	110.9	115.5	132.7	146.8	166.7	173.8	186.7	52	56	88
1×10^4	97.2	104.5	111.5	118.6	124.7	143.2	156.7	179.0	187.8	201.3	56	60	95
2×10^4	102.7	110.8	118.6	126.2	131.7	152.6	167.3	190.8	201.9	216.0	61	65	102
5×10^4	111.5	120.4	128.4	136.2	142.0	164.9	181.4	206.6	218.4	233.6	66	71	112
1×10^5	116.9	126.6	135.7	144.4	150.7	173.8	191.4	218.4	231.3	248.9	71	76	119
2×10^5	125.1	135.6	145.1	153.8	160.2	177.3	201.9	231.3	245.4	263	75	80	126
5×10^5	133.8	142.5	152.6	162.0	169.2	196.0	214.8	247.1	261.8	281.2	80	86	136
1×10^6	140.2	149.8	160.6	171.4	178.6	205.4	225.4	260.6	274.7	295.8	85	91	143
2×10^6	148.4	157.8	169.2	179.6	187.2	213.7	237.1	272.4	287.6	308.8	—	—	—
5×10^6	154.7	165.8	178.0	189.0	197.8	227.8	250.1	287.6	302.9	327.5	—	—	—
1×10^7	160.0	170.8	183.6	194.9	203.4	236.0	259.4	299.4	314.6	340.5	—	—	—

表 2-20　宽束 γ 射线在不同的衰减倍数 K 时所需水层的防护厚度表（上）

（厚度以 cm 为单位，水的密度 $\rho=1.0g/cm^3$）

衰减倍数 K	γ 射线的能量（MeV）										
	0.1	0.2	0.3	0.4	0.5	0.6	0.662 (^{137}Cs)	0.7	0.8	0.9	1.0
1.5	14	20	25	24	22	22	19.3	21	19	19	18
2	18	27	30	30	29	28	26.7	27	27	26	26
5	27	37	42	44	46	46	45.3	47	47	48	48
8	32	44	49	51	54	55	53.6	57	58	59	59
10	35	47	52	55	57	58	57.3	60	61	62	63
20	41	54	60	64	68	71	68.5	72	73	74	75
30	45	58	65	69	73	75	74.9	77	79	81	82
40	48	62	68	72	76	78	79.3	81	83	85	87
50	48	63	71	76	79	81	82.7	84	86	89	92
60	50	65	73	78	82	84	85.4	87	89	92	95
80	53	68	76	81	85	88	89.7	91	94	97	100
100	53	70	79	84	88	92	93.0	95	98	101	104
2×10^2	60	77	87	93	98	102	103.2	105	109	113	116
5×10^2	66	85	96	104	110	116	116.5	120	124	128	132
1×10^3	72	92	104	113	118	124	125.7	129	134	138	143
2×10^3	78	98	111	119	126	134	135.3	140	146	151	155
5×10^3	81	105	120	130	138	147	147.8	154	160	165	170
1×10^4	91	114	128	139	147	155	157.4	162	168	175	181
2×10^4	95	120	135	146	156	164	166.5	172	179	186	192
5×10^4	103	128	144	156	167	175	178.3	183	190	196	205
1×10^5	110	135	152	164	175	184	187.8	192	201	209	216
2×10^5	118	144	161	174	185	194	196.8	203	211	219	228
5×10^5	121	152	170	185	197	205	208.8	214	223	232	241
1×10^6	128	156	176	192	205	215	217.7	224	233	243	253
2×10^6	135	164	184	200	213	223	226.7	232	242	252	263
5×10^6	143	173	194	210	224	234	238.4	245	256	267	278
1×10^7	150	178	200	217	232	243	247.3	255	265	277	288

表 2-21　宽束 γ 射线在不同的衰减倍数 K 时所需水层的防护厚度表（下）

（厚度以 cm 为单位，水的密度 $\rho=1.0g/cm^3$）

衰减倍数 K	γ 射线的能量（MeV）									
	1. 25 (^{60}Co)	1. 5	1. 75	2. 0	2. 2	3	4	6	8	10
1. 5	18	19	21	2. 3	23	24	25	25	26	26
2	27	28	30	3. 3	35	37	38	40	45	45
5	51	53	56	59	61	69	74	85	93	98
8	62	65	69	73	76	85	93	106	117	123
10	67	71	75	79	82	92	101	116	127	135
20	81	87	92	97	100	112	126	146	161	175
30	89	96	102	107	111	124	140	163	180	192
40	93	100	107	114	118	132	150	175	193	206
50	99	106	113	120	124	138	158	184	204	217
60	102	110	117	124	128	144	165	191	212	226
80	108	116	123	131	136	152	175	204	226	242
100	112	120	128	136	141	160	182	212	236	253
2×10^2	126	135	144	153	158	180	206	241	270	289
5×10^2	143	153	163	173	181	206	234	277	310	334
1×10^3	155	167	178	189	197	226	257	306	342	368
2×10^3	168	181	193	205	214	246	280	333	373	402
5×10^3	184	198	212	225	235	271	309	368	414	446
1×10^4	197	212	227	241	252	290	331	396	446	480
2×10^4	209	225	247	256	267	310	354	425	477	510
5×10^4	224	241	259	276	288	334	383	460	515	554
1×10^5	236	255	274	292	305	353	404	487	545	587
2×10^5	249	269	288	306	320	370	427	510	575	621
5×10^5	264	286	307	327	342	397	456	545	614	665
1×10^6	277	299	320	342	358	415	479	571	643	695
2×10^6	289	314	336	358	374	435	502	598	674	730
5×10^6	305	331	355	378	396	460	530	632	713	772
1×10^7	317	344	370	393	412	478	554	657	714	807

表 2-22　宽束 γ 射线在不同的衰减倍数 *K* 时所需铅玻璃的防护厚度表（上）

（厚度以 cm 为单位，铅玻璃的密度 ρ =3.86g/cm^3）

衰减倍数 *K*	γ 射线的能量（MeV）						
	0.1	0.2	0.3	0.4	0.5	0.6	0.7
1.5	0.4	0.6	0.9	1.2	1.5	1.8	2.1
2	0.5	0.8	1.4	1.9	2.4	2.9	3.4
5	1.0	1.6	2.9	4.0	5.1	6.2	7.3
8	1.1	2.0	3.6	5.0	6.4	7.9	9.2
10	1.2	2.2	4.0	5.4	7.1	8.6	10.2
20	1.6	2.7	4.8	6.7	8.9	10.8	12.6
30	1.7	2.0	5.5	7.4	9.9	12.1	14.0
40	1.8	3.2	5.9	8.0	10.6	13.1	15.0
50	1.9	3.4	6.2	8.4	11.2	13.7	15.8
60	2	3.6	6.5	8.8	11.6	14.3	16.4
80	2.1	3.8	6.9	9.3	12.4	15.2	17.4
100	2.2	4.0	7.2	9.7	12.9	15.8	18.2
2×10^2	2.4	4.7	8.2	11.1	14.7	17.8	20.5
5×10^2	2.8	5.4	9.4	12.8	16.8	20.4	23.6
1×10^3	3.0	6.0	10.4	14.2	18.5	22.5	26.0
2×10^3	3.2	6.7	11.4	15.6	20.3	24.4	28.3
5×10^3	3.6	7.4	12.6	17.3	22.4	27.0	31.4
1×10^4	4.0	8.0	13.6	18.6	24.0	29.0	33.8
2×10^4	4.2	8.7	14.6	20.0	25.8	31.3	36.1
5×10^4	4.4	9.4	15.8	21.7	27.9	33.7	39.2
1×10^5	4.6	10.0	16.8	23.0	29.4	35.6	41.6
2×10^5	5.0	10.7	17.8	24.4	31.2	37.8	43.9
5×10^5	5.2	11.4	19.0	26.1	33.3	40.2	47.0
1×10^6	5.4	12.0	20.0	27.4	35.0	42.2	49.2
2×10^6	5.8	12.7	21.0	28.8	36.8	44.4	51.9
5×10^6	6.0	13.4	22.2	30.5	38.9	46.8	55.0
1×10^7	6.2	14.0	23.2	31.9	40.6	48.8	57.2

表 2-23　宽束γ射线在不同的衰减倍数 *K* 时所需铅玻璃的防护厚度表（下）

（厚度以 cm 为单位，铅玻璃的密度 ρ =3.86g/cm^3）

衰减倍数 *K*	γ射线的能量（MeV）								
	0.8	0.9	1.0	1.25	1.5	1.75	2.0	2.2	3
1.5	2.3	2.5	2.7	3.1	3.5	3.8	4.0	4.2	4.6
2	3.8	4.3	4.6	5.1	5.8	6.3	6.0	7.0	7.5
5	8.2	9.1	9.7	11.2	12.5	13.4	14.2	14.8	16.0
8	10.2	11.3	12.3	14.0	15.7	16.9	17.9	18.7	20.3
10	11.2	12.4	13.4	15.4	17.1	18.4	19.4	20.3	22.2
20	14.1	15.7	16.9	19.3	21.4	23.2	24.5	25.5	28.0
30	15.8	17.4	18.8	21.6	24.0	25.8	27.3	28.4	31.3
40	16.9	18.7	20.2	23.2	25.6	27.6	29.2	30.4	33.3
50	17.8	19.7	21.2	24.3	26.9	29.0	30.8	32.0	35.0
60	18.5	20.4	22.0	25.3	28.0	30.2	32.8	33.2	36.2
80	19.7	21.7	23.4	26.8	29.6	32.0	34.0	35.2	38.4
100	20.5	22.6	24.4	27.9	30.9	33.3	35.4	36.6	40.0
2×10^2	23.1	25.4	27.4	31.4	35.0	37.6	40.0	41.4	45.3
5×10^2	26.5	29.2	31.4	36.1	40.2	43.3	46.1	47.7	52.4
1×10^3	29.2	32.2	34.5	39.7	44.3	47.9	50.6	52.4	57.7
2×10^3	31.8	35.0	37.5	43.2	48.2	51.9	55.3	57.3	63.2
5×10^3	35.2	38.7	40.5	48.0	53.4	57.6	61.4	63.6	70.2
1×10^4	37.8	—	—	—	—	—	—	—	—
2×10^4	40.5	—	—	—	—	—	—	—	—
5×10^4	43.9	—	—	—	—	—	—	—	—
1×10^5	46.4								
2×10^5	49.0								
5×10^5	52.5								
1×10^6	56.0								
2×10^6	58.8								
5×10^6	62.3								
1×10^7	65.8								

备注：

1. 国产铅玻璃密度为4.2g/cm^3，本表可供参考或按密度换算后使用。
2. 铅玻璃价格甚贵，过厚很不经济，且有多层重叠、明晰度较差的缺点，故本表将过厚部分删去。

表2-24 各向同性点源γ射线衰减倍数K时所需铅玻璃（ZF_6）的防护厚度表

（厚度以cm为单位，铅玻璃的密度ρ =4.77g/cm^3）

衰减倍数 K	γ射线的能量（MeV）							
	0.5	0.662 (^{137}Cs)	1.0	1.25	1.5	2.0	2.5	3.0
1.5	0.98	1.42	21.7	2.57	2.88	3.22	3.33	3.38
2.0	1.59	2.29	3.45	4.09	4.59	5.17	5.29	5.50
5.0	3.41	4.85	7.24	8.57	9.65	11.0	11.6	12.0
8.0	4.61	6.10	9.07	10.7	12.1	13.8	14.7	15.2
10	4.73	6.68	9.91	11.7	13.2	15.1	16.1	1637
20	6.01	8.45	12.5	14.8	16.6	19.1	20.4	21.2
30	6.74	9.46	14.0	16.5	18.6	21.3	22.8	23.7
40	7.26	10.2	15.0	17.7	19.9	22.9	24.5	25.5
50	7.66	10.7	15.8	18.6	21.0	24.1	25.8	26.9
60	7.98	11.2	16.4	19.4	21.8	25.1	26.9	28.1
80	8.49	11.9	17.5	20.6	23.2	26.7	28.6	29.9
1.0×10^2	8.89	12.4	18.2	21.5	24.2	27.9	29.9	31.2
2.0×10^2	10.1	14.1	20.7	2.4.4	27.5	31.6	34.0	35.5
5.0×10^2	11.7	16.3	23.9	28.2	31.7	36.5	39.3	41.1
1.0×10^3	12.9	18.0	26.3	31.0	34.8	40.2	43.3	45.3
2.0×10^3	14.1	19.6	28.6	33.8	38.0	43.8	47.2	49.4
5.0×10^3	15.7	21.8	31.7	37.4	42.5	48.5	52.0	54.8
1.0×10^4	16.9	23.4	34.1	40.1	45.1	52.1	56.2	58.9
2.0×10^4	18.1	25.0	36.4	42.9	48.2	55.6	60.0	63.0
5.0×10^4	19.7	27.2	39.5	46.5	52.2	60.3	65.1	68.3
1.0×10^5	20.9	28.8	41.8	49.2	55.3	63.8	68.9	72.3
2.0×10^5	22.1	30.5	44.1	51.9	58.3	67.3	72.7	76.3
5.0×10^5	23.7	32.6	47.2	55.5	62.3	71.9	77.7	81.6
1.0×10^6	24.9	34.3	49.5	58.2	65.3	75.4	81.4	85.6
2.0×10^6	26.1	35.9	51.8	60.9	68.3	78.9	85.2	89.5
5.0×10^6	27.7	38.1	54.9	64.5	72.4	83.5	90.2	94.8
1.0×10^7	28.9	39.7	57.2	67.2	75.4	87.1	94.0	98.8
2.0×10^7	30.2	41.4	59.5	70.0	78.4	90.5	97.8	102.8
5.0×10^7	31.8	43.6	62.5	73.4	82.3	94.8	102.4	107.7

注：本表引自赵兰才、张丹枫主编的《放射防护实用手册》，济南出版社，2009年版，附表2.3。

（2）用内插法求屏蔽厚度。在使用查表法时，若衰减倍数 K 和 γ 射线的能量与“万用表”中所列数值有差异时，常使用内插法。内插法是数学计算方法的一种，即用比例法推算数值之间的中间值。

【例题 2.7】

现有能量为 1.25MeV 的 ^{60}Co γ 射线，其衰减倍数 K 为 9.2×10^5，试求其屏蔽厚度。

解：

查阅表 2-15，查到 ^{60}Co γ 射线能量为 1.25MeV 时的衰减倍数只有 5×10^5 和 1×10^6。

K 值为 5×10^5 时，相应的铅厚度为 22.3cm。

K 值为 1×10^6 时，相应的铅厚度为 23.5cm。

二者的差值为：$23.5-22.3=1.2$（cm）

K 值相差：$1\times10^6-5\times10^5=5\times10^5$

$9.2\times10^5-5\times10^5=4.2\times10^5$

按比例计算：$5\times10^5\div4.2\times10^5=1.2\div X$

$X=1.0$（cm）

由此得出 K 值为 9.2×10^5 时所需的铅厚度为：$22.3+1.0=23.3$（cm）。

2.2.2 半值层法

在实际应用中，当遇到手中暂无较精确的图表资料可查阅时，可利用半值层 HVL 的个数与衰减倍数 K 的关系，求出所需的屏蔽厚度。

衰减倍数 K 与半值层 HVL 个数 N 的关系见表 2-25。

表 2-25 衰减倍数 K 与半值层 HVL 个数 N 的关系

HVL 的个数 N	1	2	3	4	5	6	7	8	9	10
衰减倍数 K	2	4	8	16	32	64	128	256	512	1024

注：HVL 的个数 N 亦可用计算器直接求出，即 $N=\lg K/\lg2=\lg K/0.3$；也可直接计算 TVL 的个数 $n=\lg K$。

计算方法：首先利用式 2-4 求出衰减倍数 K，再由表 2-25 查出衰减倍数 K 对应的 HVL 个数 N，再由表 1-17 查出 HVL 值，二者的乘积即为该屏蔽材料的屏蔽厚度：

$$d_N=N\times HVL$$

【例题 2.8】

欲将放射性浓度为 3.7×10^{14}Bq 的 ^{60}Co 辐射源置于一铅容器中，要求容器表面空气比释动能率 $k_1<2$mGy/h，距源容器表面 1m 处的空气比释动能率 $k_2<0.1$mGy/h。设容器表面到源的距离 $r_0=$ 25cm，求铅容器的屏蔽厚度。

（1）用查表法。

查表 2-13 得知：

$\Gamma_\delta=0.311$mGy · m^2/h · GBq

而 $A=3.7\times10^{14}$Bq$=3.7\times10^5$GBq

从题意知 $r_0=25\text{cm}=0.25\text{m}$，$k_1=2\text{mGy/h}$，

则 $k_0=A\Gamma_\delta/r_0{}^2=3.7\times10^5\times0.311/0.25^2=1.84\times10^6$（mGy/h）

衰减倍数 $K_1=k_0/k_1=1.84\times10^6/2=9.2\times10^5$

同样计算距源容器表面 1m 处的衰减倍数 K_2：

$r_1=0.25+1=1.25$（m）

$k_0=3.7\times10^5\times0.311\div(1.25)^2=7.364\times10^4$（mGy/h）

已知 $k_2=0.1\text{mGy/h}$，

则衰减倍数 $K_2=k_0/k_2=7.364\times10^4/0.1=7.364\times10^5$

现可由较大的 K_1 值 9.2×10^5 来确定屏蔽厚度。

查表 2-15，在 $K_1=9.2\times10^5$ 条件下，通过内插法求得铅屏蔽厚度为 23.3cm。

（2）用半值层法。

求出衰减倍数 $K=9.2\times10^5$ 所需的屏蔽材料铅的 *HVL* 个数 $N=\lg K/\lg2=\lg9.2\times10^5/0.3=19.88$。查表 1-18，对应的铅的 *HVL* 为 1.2cm，故铅屏蔽厚度为：$19.88\times1.2=23.9$（cm）。

以上采用了两种方法求解，查表法求出的铅屏蔽厚度为 23.3cm，半值层法求出的铅屏蔽厚度为 23.9cm，两者仅相差 0.6cm。比较而言，查表法相对繁琐，因求出的衰减倍数 K 以及光子能量极少能与所查表中的 K 值和能量相对应，必须通过内插法才能求出屏蔽厚度的近似值。

第3章　β射线屏蔽防护厚度计算

β粒子和单能电子束的屏蔽防护厚度的计算方法，有最大射程计算法、衰减倍数与半值层计算法和β粒子所致韧致辐射的屏蔽计算法三种。

3.1　最大射程计算法

β粒子的最大射程有两种表达方式：一是用质量厚度表示的质量射程，单位是 g/cm^2。对于那些电荷数相近的屏蔽物质（如空气、铝、有机玻璃和塑料等），尽管它们的密度相差很大，但以 g/cm^2 为单位的质量射程在数值上相近。二是直线距离（即屏蔽物质的厚度），单位是 cm 或 mm。

据此，屏蔽物质的厚度 d（cm）为：

$$d = \frac{R}{\rho} \qquad \text{（式 3-1）}$$

式中：R 为已知屏蔽物质的质量射程（g/cm^2）。

ρ 为屏蔽物质的密度（g/cm^3）。

【例题 3.1】

^{32}P β粒子的最大能量为 1.711MeV，在铝中的质量射程 $R_{Al} = 0.794 g/cm^2$，铝的密度 $\rho = 2.754 g/cm^3$，计算在铝中的最大直线射程（铝的厚度）。

解：

$$d = \frac{R}{\rho} = \frac{0.794}{2.754} = 0.288\ (cm) = 2.88\ (mm)。$$

3.1.1　单能电子束的质量射程

能量为 E 的单能电子束，在低 Z 物质中的质量射程 R 由式 3-2 计算：

$$R = 0.412E^{(1.265-0.0954\ln E)} \qquad (0.01MeV<E<2.50MeV)$$

$$R = 0.53E^{-10.6} \qquad (2.5MeV \leqslant E<20.0MeV) \qquad \text{（式 3-2）}$$

式中：R 是电子在低 Z 物质中的质量射程（g/cm^2）。

3.1.2　β粒子的质量射程

β粒子在铝中的质量射程（g/cm^2）可近似地表示为式 3-3：

$$R_{Al} = 0.542E_{\beta}^{-0.133} \qquad 0.8\text{MeV} \leqslant E_{\beta} < 3.0\text{MeV}$$
$$R_{Al} = 0.407E_{\beta}^{1.38} \qquad 0.2\text{MeV} \leqslant E_{\beta} < 0.8\text{MeV} \qquad （式 3-3）$$
$$R_{Al} = 0.685E_{\beta}^{1.68} \qquad E_{\beta} < 0.2\text{MeV}$$

式中：E_{β} 是 β 粒子的最大能量。

其他物质的质量射程可以用式 3-4 近似得到：

$$R = 0.482R_{Al} \cdot A/Z \qquad （式 3-4）$$

式中：A 和 Z 分别表示在这种物质中的相对原子质量和原子序数。

另外，β 粒子在低 Z 物质中的质量射程（g/cm^2）还可以用式 3-5 计算：

$$R = \frac{1}{2E_{\beta max}} \qquad （式 3-5）$$

式中：$E_{\beta max}$ 为 β 粒子的最大能量。

3.1.3 屏蔽厚度计算

（1）利用式 3-2 至式 3-5 计算屏蔽材料的质量射程 R。

（2）查阅屏蔽材料的密度 ρ（表 1-9）。

（3）利用式 3-1 求出屏蔽材料的厚度。

（4）对有机玻璃、橡胶板的屏蔽厚度进行计算。

在实际应用中，有机玻璃是常用于屏蔽 β 射线的屏蔽材料，密度为 $1.18g/cm^3$。β 粒子在有机玻璃中的质量射程与在铝中的质量射程（$R_{Al}=0.794$）相近，因此，可以采用计算 β 粒子在铝中的质量射程的公式来计算在有机玻璃中的质量射程，再除以其密度，即可求出所需有机玻璃的屏蔽厚度。

【例题 3.2】

^{32}P β 粒子的最大能量为 1.71MeV，计算所需有机玻璃的屏蔽厚度。

解：

能量范围为 $0.8\text{MeV} \leqslant E_{\beta} < 3\text{MeV}$ 的 R_{Al} 计算公式为：

$R_{Al}=0.542E_{\beta}^{-0.133}=0.542\times1.71^{-0.133}=0.505g/cm^2$

故有：$d=\frac{R}{\rho}=\frac{0.505}{1.18}=0.43（cm）=4.3（mm）$

即所需有机玻璃的屏蔽厚度为 4.3mm。

【例题 3.3】

在用 β 射线进行皮肤敷贴治疗时，常需橡胶板来屏蔽 β 射线，保护周围正常皮肤。计算所需橡胶板的厚度。

解：

橡胶板的密度为 $0.91 \sim 0.93g/cm^3$，其质量射程与铝近似。

橡胶板厚度：$d=\frac{R}{\rho}=\frac{0.794}{0.91}=0.87（cm）=8.7（mm）$

不同 β 粒子能量（0.01MeV～20MeV）在铝、组织或水、空气中的最大射程见表 1-7；常用核素 β 粒子最高能量相对应的在铝、有机玻璃、组织或水、空气中的最大射程，分别用文献值、内插值和公式值计算，所得结果见第一章表 1-8。

【例题 3.4】

^{32}P β 放射源，拟用铝或铁做一屏蔽箱，求所需铝或铁的屏蔽厚度（此处暂不考虑对 β 射线产生的轫致辐射的屏蔽）。

解：

已知 ^{32}P β 粒子的最大能量为 1.71MeV。

查表 1-9 知，铝的密度为 2.754g/cm³，铁的密度为 7.89g/cm³。

$0.8MeV \leqslant E_\beta < 3MeV$ 的 β 粒子在铝中的质量射程公式为：

$R_{Al}=0.542E_\beta^{-0.133}=0.542\times1.71^{-0.133}=0.505g/cm^2$

铁的质量射程，可用两种方法计算：

（1）利用式 3-4。

铁的 $A=55.84$，$Z=26$，代入式 3-4 得：

$R_{Fe}=0.482\times0.505\times55.84/26=0.523\ (g/cm^2)$

（2）利用式 3-5 和式 3-1。

$R=1/(2E_{\beta max})=1/(2\times1.71)=0.855g/cm^2$

$$d_{Al}=\frac{R}{\rho}=\frac{0.505}{2.754}=0.18\ (cm)=1.8\ (mm)$$

$$d_{Fe}=\frac{R}{\rho}=\frac{0.523}{7.8}=0.07\ (cm)=0.7\ (mm)$$

或 $d_{Fe}=\frac{R}{\rho}=\frac{0.855}{7.8}=0.11\ (cm)=1.1\ (mm)$

即在未考虑放射源的浓度与轫致辐射条件下，^{32}P 的放射源屏蔽箱需用 1.8mm 厚度的铝板，或用 1.1mm 厚的铁板。

在实际应用中，由于查表时往往遇到使用的数据在表中并没有直接列出的情况，此时需用内插法计算出内插法计算值（简称“内插值”）。常用核素不同能量的 β 射线在铝、有机玻璃、组织或水、空气 4 种物质中的最大射程参见表 1-8。对于大多数核素在铝中的最大射程，内插值与公式计算值非常接近。

3.2 衰减倍数与半值层计算法

当屏蔽厚度小于 β 粒子的最大射程时，可用半值层法来计算。

即取 β 粒子流强度在物质中降到初始一半的厚度，用 $\Delta_{1/2}$ 表示，单位是 mg/cm²，此时屏蔽层的衰减倍数 K 为：

$$K=e^{0.693d/\Delta_{1/2}} \qquad (式 3-6)$$

式中：d 为屏蔽厚度，单位与半值层一致。

β 粒子在铝中的半值层见表 3-1。

表 3-1　β粒子在铝中的半值层（mg/cm^2）

E_β（MeV）	$\Delta_{1/2}$	E_β（MeV）	$\Delta_{1/2}$	E_β（MeV）	$\Delta_{1/2}$
0. 05	0. 8	0. 6	24	1. 8	121
0. 07	1. 3	0. 7	30	2. 0	140
0. 10	1. 8	0. 8	37	2. 5	173
0. 15	2. 6	0. 9	45	3. 0	210
0. 20	3. 9	1. 0	53	3. 5	244
0. 30	7. 0	1. 2	70	4. 0	280
0. 40	11. 7	1. 4	87	4. 5	313
0. 50	17. 5	1. 6	107	5. 0	350

注：本表引自李德平、潘自强主编的《辐射防护手册·第一分册·辐射源与屏蔽》，原子能出版社，1987 年版，第 421 页。

其他物质的半值层可在式 3-4 中以半值层代替射程得到。

【例题 3. 5】

β 粒子的最大能量为 1. 6MeV，在铝中的半值层 $\Delta_{1/2}=107mg/cm^2$，求铁的半值层。

根据式 3-4：

$$\Delta_{1/2}(Fe)=0.482R_{A1}\cdot A/Z$$
$$=0.482\times107\times(55.84\div26)$$
$$=110.8\ (mg/cm^2)$$

此时若要将半值层的质量厚度换算成材料的屏蔽厚度，只需将 mg/cm^2 换算成 g/cm^2，再除以材料的密度 ρ（g/cm^3），即可得出。

将 β 粒子在铝中的半值层 $\Delta_{1/2}=107mg/cm^2$ 改写为质量厚度，且换算成以 g/cm^2 表示，即 $0.107g/cm^2$。则铝的屏蔽厚度为：

$$d_{Al}=\frac{R_{Al}}{\rho_{Al}}=\frac{0.107}{2.754}=0.039\ (cm)=0.39\ (mm)$$

同理，$d_{Fe}=\dfrac{R_{Fe}}{\rho_{Fe}}=\dfrac{0.1108}{7.8}=0.0142\ (cm)=0.142\ (mm)$。

【例题 3. 6】

有一 ^{76}As β 放射源，拟将其 β 粒子流强度衰减 100 倍，求所需铝板的厚度。

解：

已知 ^{76}As β 粒子最大能量为 3MeV，查表 3-1，对应 3MeV 能量的 β 粒子的铝的半值层为 $\Delta_{1/2}=210mg/cm^2$。现需衰减 100 倍，代入衰减倍数 K 公式（式 3-6），得：

$$K=e^{0.693d/\Delta_{1/2}}$$

$100=e^{0.693d/210}=e^{0.0033d}$

则：$d=\ln100/0.0033=1395.5$（mg/cm^2）

已知铝的密度 $\rho=2.754g/cm^3$，代入式 3-1 得：

$$d=\frac{R}{\rho}=\frac{1395.5mg/cm^2}{2.754g/cm^3}=\frac{1.3955g/cm^2}{2.754g/cm^3}=0.51\text{（cm）}=5.1\text{（mm）}$$

即需 5.1mm 厚的铝板才能使 ^{76}As β 射线衰减 100 倍。

此结果已接近 β 粒子在铝中的最大射程。

3.3 β粒子所致韧致辐射的屏蔽计算法

对于强 β 辐射源，还必须考虑韧致辐射。韧致辐射不仅会在屏蔽材料中产生，还会在源核内部（即内韧致辐射）和体积源内产生。所以，在屏蔽强 β 辐射源时，在轻质屏蔽材料外面必须加上足够厚度的屏蔽韧致辐射的重质材料。

韧致辐射具有连续能谱，但在屏蔽计算时，可以假定韧致辐射的平均能量 E_b 是入射 β 粒子最大能量的 1/3，即 $E_b=E_{max}/3$。

韧致辐射的屏蔽计算与 X 射线、γ 射线的屏蔽计算方法相似。可先求出射线衰减倍数 K，再按其平均能量查阅表 2-14、表 2-15，即可求出铅的屏蔽厚度。

对于 β 辐射源，韧致辐射透射比 η_β 用下式 3-7 计算：

$$\eta_\beta\leq\frac{\dot{H}_L r^2}{(1.71\times10^6\times AZE^2T)}\qquad\text{（式 3-7）}$$

式中：$\dot{H}_L$为供屏蔽设计用的剂量率控制参数值（Sv/h）。

r 为参考点至韧致辐射源的距离（m）。

A 为 β 放射源的放射性活度（Ci）。

Z 为吸收 β 粒子屏蔽材料的原子序数。

E 为 β 粒子的最大能量（MeV）。

T 为居留因子。

【例题 3.7】

设计一存放^{32}P 辐射源的容器，使距离辐射源 1m 处的剂量当量率低于 0.1mSv/h。^{32}P 放射性活度为 100Ci，用有机玻璃吸收 β 粒子，用铅屏蔽韧致辐射，求有机玻璃和铅各需多少屏蔽厚度。

解：

（1）先求有机玻璃的屏蔽厚度。

已知^{32}P β 粒子的最大能量为 1.71MeV，查阅表 1-8，知^{32}P β 粒子在有机玻璃中的最大射程为 6.73mm。

（2）再求韧致辐射的屏蔽厚度。

据（1）计算，用 6.73mm 厚的有机玻璃作母容器的内壁，β 粒子被有机玻璃吸收过程中产生韧致辐射。因此容器内壁即韧致辐射源。由于此容器的内壁仅 6.73mm 厚，与参考点的距离 1m 相比很小，可认为轫致辐射源的位置与 β 辐射源的位置是重合的，即参考点与轫致辐射源的距离也是 1m。所以，计算 β 粒子在有机玻璃中产生的轫致辐射须用式 3-7。

按题意：$A=100\text{Ci}$，$Z=5.85$，$E=1.71\text{MeV}$，$r=1\text{m}$，$H_L=0.1\text{mSv/h}$，$T=1$

代入式 3-7，有：

$$\eta_\beta=\frac{0.1\times10^{-3}\times1^2}{1.71\times10^6\times100\times5.85\times1.71^2\times1}=3.4\times10^{-2}$$

据透射比 η_X 与衰减倍数 K 互为倒数关系，得到相应的衰减倍数 K：

$$K=\frac{1}{\eta_\beta}=\frac{1}{3.4\times10^{-2}}=29.4$$

根据“轫致辐射的平均能量等于入射 β 粒子最大能量的 1/3”的关系，求得轫致辐射的平均能量 E_b：

$$E_b=\frac{E_{max}}{3}=\frac{1.71}{3}=0.57\ (\text{MeV})$$

应用内插法，从表 2-15 查得与衰减倍数 $K=29.4$ 相应的铅的厚度为 2.7cm。

即对 100Ci（3.7×10^{12}Bq）的 ^{32}P β 源，若用 6.7mm 厚有机玻璃吸收 β 粒子，再以 2.7cm 厚的铅屏蔽 β 粒子在有机玻璃中产生的轫致辐射，可保证在距源 1m 处的剂量当量指数率低于 0.1mSv/h。

第 4 章　同位素中子源辐射屏蔽防护厚度计算

对（α，n）反应的中子源及小型的自发裂变源的防护通常采用高含氢材料（氢原子质量分数>40%）作屏蔽层。

4.1　常用屏蔽材料的中子剂量衰减因子近似公式

水　$f=e^{-0.11t}$　（式 4-1）

普通混凝土　$f=e^{-0.083t}$　（式 4-2）

铁　$f=e^{-0.063t}$　（式 4-3）

铅　$f=e^{-0.042t}$　（式 4-4）

式中：f 为屏蔽材料的中子剂量衰减因子（或称透射率）。

t 为材料厚度（cm）。

对其他高含氢材料，可以用如下近似公式：

$$f=\exp\left[-0.01\frac{\rho_{H(材料)}}{\rho_{H(水)}}t\right] \qquad （式 4-5）$$

式中：exp 为以 e 为底数的指数函数（exponential function）的缩写，即相当于 e^x。

石蜡的氢原子密度为 8.15×10^{22} 个/cm³（有的资料为 7.87×10^{22} 个/cm³）。

聚乙烯的氢原子密度为 7.92×10^{22} 个/cm³（有的资料为 8.3×10^{22} 个/cm³）。

水的氢原子密度为 6.7×10^{22} 个/cm³。

可看出，石蜡、聚乙烯等高含氢材料的屏蔽厚度可以比水减少约 20%，原因是这些材料的氢原子密度比水高 20%左右。

4.2　中子剂量率计算

通常采用点状源公式：

$$\dot{H}=\frac{1.3\times10^{-3}Sf}{4\pi R^2}$$

式中：$\dot{H}$ 为中子剂量率（mSv/h）。

1.3×10^{-3} 为（α，n）源中子通量—剂量当量转换系数。

S 为源强（n/s）。

R 为距离（cm）。

f 为中子剂量衰减因子（或称透身摔）。

则：$f=\frac{4\pi R^2}{1.3\times10^{-3}S}\times\dot{H}$ （式 4-6）

【例题 4.1】

一个 3.7TBq（100Ci）的 ^{210}Po-Be 中子源运输容器，其源强 S 为 2.3×10^8 n/s，要求离容器 1m 处剂量率不超过 0.004mSv/h，容器表面剂量率不超过 0.1mSv/h，若采用石蜡作屏蔽，求屏蔽厚度。

解：

已知石蜡氢原子密度为 8.15×10^{22} 个/cm^3。

首先，按离容器 1m 处的剂量率不超过 0.004mSv/h 的要求，取 $R=1.5$m，剂量率取为 0.002mSv/h（安全系数取 2，即要求剂量率不超过 0.004mSv/h 的 1/2），再代入式 4-6 和式 4-5：

$$f=\frac{4\pi R^2}{1.3\times10^{-3}S}\times\dot{H}$$

$$=\frac{4\pi\times150^2}{1.3\times10^{-3}\times2.3\times10^8}\times0.002$$

$$=1.89\times10^{-3}$$

$$f=\exp\left[-0.11\times\frac{\rho_{H(材料)}}{\rho_{H(水)}}\times t\right]$$

$$=\exp\left[-0.11\times\left(\frac{8.15}{6.7}\right)\times t\right]=\exp^{-0.134t}$$

则：$f=\exp^{-0.134t}=1.89\times10^{-3}$

因指数函数是对数函数的反函数，所以：

$-0.134t=\ln1.89\times10^{-3}$

$-0.134t=-6.27$

则：$t=6.27/0.134=46.8$（cm）

其次，再按以上计算方法计算出容器表面剂量率不超过 0.1mSv/h 所需的石蜡屏蔽厚度。

此时，$R=0.5$m（50cm），剂量率取 0.05mSv/h（安全系数取 2，即要求不超过 0.1mSv/h 的 1/2），代入式 4-6：

$$f=\frac{4\pi R^2}{1.3\times10^{-3}S}\times\dot{H}$$

$$=\frac{4\pi\times50^2}{1.3\times10^{-3}\times2.3\times10^8}\times0.05$$

$$=5.25\times10^{-3}$$

$$f=\exp\left[-0.11\times\frac{\rho_{H(材料)}}{\rho_{H(水)}}\times t\right]=\exp\left[-0.11\times\left(\frac{8.15}{6.7}\right)\times t\right]=\exp^{-0.134t}$$

则：$\exp^{-0.134t}=5.25\times10^{-3}$

$-0.134t=\ln5.25\times10^{-3}$

$-0.134t=-5.25$

$0.134t=5.25$

则：$t=5.25/0.134=39.2$（cm）

上述计算结果表明，要使离容器 1m 处的剂量率不超过 0.004mSv/h，所需石蜡屏蔽厚度为 46.8cm；容器表面的剂量率不超过 0.1mSv/h，则需石蜡 39.2cm 厚。因此，取 46.8cm 厚度的石蜡作屏蔽是比较安全的。

4.3 其他（α，n）反应中子源的屏蔽计算

其他（α，n）反应中子源，如 Ra-Be 源，具有较强的 γ 放射性，此时就必须考虑对 γ 射线的屏蔽。

以 37GBq（1Ci）的 Ra-Be 源为例，中子产额（源强）大致为 1.5×10^7n/s，γ 放射性为 1g 镭当量。若要求源容器外剂量率限值为 0.025mSv/h，则中子剂量率需降低到约 1/2.5，而 γ 射线剂量率则需降到 1/1200。因此，首先应考虑 γ 射线屏蔽，然后才考虑中子屏蔽。所以，无论是从改善屏蔽效果考虑还是从提高屏蔽质量考虑，均应将重材料布置在内层，将高含氢材料布置在外层。通常的做法是用铅作为 γ 射线屏蔽材料，再在外面附加一定厚度的聚乙烯层。测量点距离按 $R=0.5$m 计算。

先估算 γ 射线屏蔽。对 2400 倍左右的衰减倍数，所需铅层厚度约为 16cm。再考虑屏蔽中子，还要在外层附加 20cm 厚的聚乙烯（密度为 0.92g/cm^3，氢原子密度约为 7.9×10^{22} 个/cm^3）。

如果是要屏蔽 37MBq（1mCi）以下的小型 Ra-Be 源，只要充分考虑了对 γ 射线的屏蔽，中子的屏蔽往往已经实现，此时不必再单独考虑对中子的屏蔽防护了。

第二篇　核技术利用项目的辐射屏蔽防护厚度计算

第5章 放射治疗机房辐射屏蔽防护计算的考虑

5.1 一般原则

（1）适用于外照射源治疗装置机房，包括30MeV以下加速器放射治疗机房。

（2）不适用于人体植入放射性核素粒子源治疗专用病房和放射性核素敷贴治疗的房间，也不适用于手术中加速器电子线治疗的机房。

5.2 术语和定义

（1）放射治疗机房外控制区：是指直接与放射治疗机房相连接的、与机房内治疗装置相关的放射工作人员工作区，如治疗装置控制室、治疗装置辅助机房等。

（2）放射治疗机房外非控制区：是指放射治疗机房外控制区以外的其他区域，包括放射肿瘤医师诊室、候诊室等。

（3）居留因子T：是指在辐射源开束时间内，在区域内最大受照射人员的平均驻留时间占开束时间的份额。

（4）使用因子U：是指初级辐射束（有用束）向某有用束屏蔽方向照射的时间占总照射时间的份额。

（5）工作负荷W：是指表示使用辐射源的工作量，用年（周）工作负荷表示。对X射线管装置常以年（周）累积出束“mA·min”描述；对于远距离治疗装置，常以装置距靶点1m处的有用束或泄露辐射的年（周）累积剂量“Gy”描述；对于近距离治疗装置，常以年（周）累积治疗照射时间“min”或“h”描述。

（6）源轴距（SAD）：沿着辐射束轴测量的源与机架旋转轴之间的距离。

（7）天空散射辐射；穿过辐射源屏蔽室顶的辐射与室顶上方空气作用产生的在辐射源屏蔽室外一定距离处地面附近人员驻留部位的散射辐射。

（8）侧散射辐射：是辐射源射入屏蔽室顶与屋顶屏蔽物质作用所产生并穿出屋顶的，在辐射源至屏蔽室顶所张立体角区域外的散射辐射。侧散射辐射所关心的位置为辐射源屏蔽室外一定距离处人员驻留的建筑物中高于屏蔽室屋顶的楼层。

（9）屏蔽透射因子：是屏蔽效果的一种度量，指在辐射源与某位置之间有屏蔽体和无屏蔽时，该位置的辐射水平的比值。

(10) 泄漏辐射比率：是指放射治疗装置在工作状态下，治疗装置机头有用束区至辐射源某距离处的泄漏辐射空气比释动能率与有用束中心轴上至辐射源相同距离处的空气比释动能率的比值。

(11) 周围剂量当量 $H^*(d)$：指辐射场中某点处的周围剂量当量 $H^*(d)$ 是该点相应的扩展齐向场在 ICRU 球内逆齐向场的半径上深度 d 处所产生的剂量当量。对于强贯穿辐射，推荐 $d=10\text{mm}$。

(12) 有用线束：对患者放射治疗用的辐射束，又称主射线束。治疗机房内有用线束可直接照射到的区域称为主屏蔽区，其他区域称为次屏蔽区。

(13) 等中心：放射治疗装置机架旋转轴和射线束参考轴的交点。等中心也处于治疗床旋转轴线上。

(14) 什值层 *TVL*：在 X、γ、n 等辐射束射入物质的路径中，将辐射剂量率减少至某处初始值 1/10 的物质厚度称为该物质的什值层，又称 1/10 值层。辐射束在射入物质的路径中，自入射表面起的第一个什值层常常不同于以后的什值层，称为第一什值层，记为 TVL_1。在指明 TVL_1 的场合，符号 *TVL* 指第一什值层以后的什值层；在没有指明 TVL_1 的场合，*TVL* 指辐射束在物质中任何深度下的什值层，或称为平衡什值层（也记为 TVL_e）。

(15) 调强放射治疗（IMRT）：是指在一定的照射方向上，通过多叶光栅等部件调整治疗野的形状、大小、位置以形成优化的适宜分布，实现患者所需的三维立体放射治疗计划。

(16) 调强放射治疗因子（调强因子）：是指在治疗装置有用线束中心轴上距靶 1m 处的剂量率相同的条件下，采用调强放射治疗和常规放射治疗时，平均每名患者治疗照射时间的比值，通常以符号 N 表示。

5.3 治疗机房辐射屏蔽的剂量参考控制水平

5.3.1 治疗机房墙和入口门外的周围剂量当量率参考控制水平

治疗机房墙和入口门外的周围剂量当量率应同时满足以下要求：

$$\dot{H}_c \leqslant H_c/(tUT) \qquad (T>1/4) \qquad \text{（式 5-1）}$$

$$\dot{H}_c \leqslant 2.5\mu\text{Sv/h} \qquad \text{（人员全居留，}T>1/2\text{）}$$

$$\dot{H}_c \leqslant 10\mu\text{Sv/h} \qquad \text{（人员部分和偶然居留，}T\leqslant 1/2\text{）}$$

式中：$\dot{H}_c$ 为周围剂量当量率参考控制水平（μSv/h）。

H_c 为周剂量控制水平（μSv/wk）。

放射治疗机房外控制区的工作人员 $H_c\leqslant 100\mu\text{Sv/wk}$。

放射治疗机房外非控制区的人员 $H_c\leqslant 5\mu\text{Sv/wk}$。

U 为治疗装置向关注位置方向照射的使用因子。

T 为人员在放射治疗机房外控制区和非控制区驻留的居留因子。

t 为治疗装置最大累积照射小时数（h/wk）。

不同场所的居留因子见表 5-1。

表 5-1　不同场所的居留因子

场　所	居留因子（T）		示　例
	典型值	范围	
全居留	1	1	管理人员或部分办公室、治疗计划区、治疗控制室、护士站、咨询台、有人护理的候诊室及周边建筑物中的驻留区
部分居留	1/4	1/5～1/2	1/2，相邻的治疗室，与屏蔽室相邻的患者检查室 1/5，走廊、雇员休息室、职员休息室
偶然居留	1/16	1/40～1/8	1/8，各治疗室房门 1/20，公厕、自助购物区、储藏室、设有座椅的户外区域、无人护理的候诊室、患者滞留区域、屋顶、门岗室 1/40，仅有行人和车辆来往的户外区域、无人看管的停车场、车辆自动卸货卸客区、楼梯、无人看管的电梯

与治疗装置周工作负荷 W 相关的参数，应由放射治疗单位给定的放射治疗工作量导出。

（1）^{192}Ir 后装放射治疗装置。若每日治疗 10 人，当额定装置源活度为 370GBq 时，每人治疗照射 2min，每周工作 5 天，周照射时间 t 为：

$t=10\times5\times2=100\ (\mathrm{min/wk})\approx1.7\ (\mathrm{h/wk})$

周工作负荷 W 也为 1.7h/wk。

（2）^{60}Co 放射治疗装置。治疗装置源活度为 185TBq，源轴距（SAD）为 0.8m，^{60}Co 源的 K_r 常数为 $3.11\times10^5\mu\mathrm{Gy\cdot m^2/(h\cdot TBq)}$。在等中心处的剂量率 $\dot{D}_0$：

$\dot{D}_0=185\times3.11\times10^5\times10^{-6}\times60^{-1}\times0.8^{-2}=1.5\ (\mathrm{Gy/min})$

在放射治疗中，治疗装置给出了等中心处的吸收剂量率，可以直接使用，在屏蔽计算中忽略了装置源活度的不确定度和治疗模体内参考点的吸收剂量率与空气比释动能的转换系数。

若每日治疗 40 人，每周工作 5 天，平均每人每野次治疗剂量 3Gy，每人治疗照射 1.5 野次，则周工作负荷：

$W=40\times5\times3\times1.5=900\ (\mathrm{Gy/wk})$

周照射时间：$t=\dfrac{W}{\dot{D}_0}=\dfrac{900\mathrm{Gy/wk}}{1.5\mathrm{Gy/min}}=600\ \mathrm{min/wk}=10\ \mathrm{h/wk}$

（3）加速器治疗装置。

①常规放射治疗。放射治疗工作量为 40 人/天，每周工作 5 天，平均每人每野次治疗剂量为 3Gy，平均每人治疗照射 1.5 野次，则周工作负荷：

$W=40\times5\times3\times1.5=900\ (\mathrm{Gy/wk})$

若加速器治疗束等中心处治疗模体内参考点的常用最高吸收剂量率 $\dot{D}_0$ 为 4Gy/min，周照射时间为 t，则：

$$t=\frac{W}{\dot{D}_0}=\frac{900\text{Gy/wk}}{4\text{Gy/min}}=225\ (\text{min/wk})\ =3.75\ (\text{h/wk})$$

②调强放射治疗。若治疗工作量同常规放射治疗，有用线束的屏蔽工作负荷 W 和周照射时间 t 同常规放射治疗，则调强放射治疗泄漏辐射的 W 和 t 约为常规放射治疗的 5 倍。

5.3.2　治疗机房顶屏蔽的辐射剂量率参考控制水平

（1）在治疗机房上方已建、拟建二层建筑物，或在治疗机房旁邻近建筑物的高度超过自辐射源点至机房顶内表面边缘所张立体角区域时，距治疗机房顶外表面 30cm 处和在该立体角区域内的高建筑物中人员驻留处的辐射剂量率参考控制水平应同时满足：

① $\dot{H}_c \leqslant \frac{H_c}{tUT}$　（$T>1/4$）

② $\dot{H}_c \leqslant 2.5\mu\text{Sv/h}$　（人员全居留，$T>1/2$）

$\dot{H}_c \leqslant 10\mu\text{Sv/h}$　（人员部分和偶然居留，$T \leqslant 1/2$）

（2）除此之外，考虑天空散射和侧散射对治疗机房外的地面附近和楼层中公众的照射，以及穿出治疗机房顶的辐射对偶然到达顶外人员的照射，使用 $\dot{H}_c \leqslant \frac{H_c}{tUT}$，并取 $H_c=5\mu\text{Sv/wk}$，$T=1/40$，将其确定的治疗机房外表面 30cm 处的周围剂量当量率 $\dot{H}_c$ 作为治疗机房顶的屏蔽辐射剂量率参考控制水平。

5.3.3　确定周围剂量当量率参考控制水平的程序

（1）治疗机房墙和入口门外表面 30cm 处周围剂量当量率参考控制水平确定方式：

①选定评估点并判明各评估点所在分区（控制区或非控制区）。

②按照放射治疗单位给定的治疗工作量，确定治疗的周工作负荷，并按本书 5.3.1 中治疗装置周最大累积照射小时数，估算出治疗装置周最大照射时间。

③按 $\dot{H}_c \leqslant \frac{H_c}{tUT}$ 计算出 $\dot{H}_c$，并与 $\dot{H}_c \leqslant 2.5\mu\text{Sv/h}$ 及 $\dot{H}_c \leqslant 10\mu\text{Sv/h}$ 计算值比较，取两者中较小值作为周围剂量当量率参考控制水平。

（2）邻近治疗机房的居留因子较大（$T>1/4$）处的周围剂量当量率参考控制水平确定方式：

①按 $\dot{H}_c \leqslant \frac{H_c}{tUT}$ 估算关注点的 $\dot{H}_c$。

②按（1）的要求估算相应治疗机房外表面 30cm 处的剂量率，按距离平方反比规律推算出该关注点的 $\dot{H}_c$，再与（1）中①的结果比较，取两者中较小的值作为关注处的周围剂量当量率参考控制水平。

5.4 治疗机房一般屏蔽要求

5.4.1 屏蔽应考虑的环境条件

（1）治疗机房一般应设于单独的建筑内或建筑物底层的一端，应考虑周围环境与场所的人员驻留条件及可能的改变，并根据相应条件确定所需要的屏蔽设施。

（2）在设计和评价治疗机房顶屏蔽时，应充分考虑天空散射和侧散射对治疗机房邻近场所驻留人员的照射。

5.4.2 治疗机房的布局要求

（1）治疗装置控制室与治疗机房分离。治疗装置辅助机械、电器、水冷设备等凡可能与治疗装置分离的，应尽可能设置在治疗机房外。

（2）直接与治疗机房相连的宽束治疗装置的控制室和其他居留因子较大的用室，应尽可能避开有用线束直接照射的区域。

（3）X 射线管治疗装置的治疗机房可不设迷路。γ 刀治疗装置机房可根据空间和环境条件确定是否设迷路。除此以外，其他治疗机房均应设迷路。

（4）应根据治疗要求确定治疗装置源点的位置（它可能偏离机房的对称中心），或后装治疗源可能应用源点的位置与范围。

5.4.3 需要屏蔽的辐射源项

（1）治疗机房屏蔽的辐射源项包括：初级辐射（有用线束）、次级辐射（包括泄漏辐射和散射辐射）、天空散射和侧散射辐射。

（2）有用线束可以是 4π 发射的点源或具有一定立体角范围的宽束辐射。有用线束屏蔽相关的基本参量有：辐射类型、辐射质和辐射输出量。

（3）宽束辐射的有用线束对应的机房屏蔽为主屏蔽区，其范围应略大于有用线束在机房屏蔽墙（或顶）的投影区，计算式为：

$$Y_P = 2[(a + SAD)/\tan\theta + 0.3] \qquad (式 5\text{-}2)$$

式中：Y_P 为机房有用线束主屏蔽区的宽度（m）。

SAD 为源轴距（m）。

θ 为治疗束的最大张角（相对束中轴线）。

a 为等中心至“墙”的距离（m）。

当主屏蔽区的机房内凹时，“墙”指与主屏蔽相连的次屏蔽墙（或顶）的内表面；当主屏蔽向机房外凸时，“墙”指主屏蔽区墙（或顶）的外表面。

（4）在宽束辐射的有用线束区外，应有相应泄漏辐射屏蔽。治疗装置泄漏辐射的量，由距离源 1m 处的泄漏辐射剂量率直接给出，或给出相对有用线束的泄漏辐射比率。

（5）对于散射辐射：机房墙、顶（或其部分区域）的屏蔽可能需要考虑有用线束的一次散射辐射，具有迷路的机房入口门的屏蔽可能需要考虑有用线束的二次散射辐射及泄漏辐射的一次散射辐射。散射辐射屏蔽应考虑散射辐射剂量和辐射质。

（6）次级辐射屏蔽可能包含泄漏辐射和散射辐射的复合作用。通常分别估计泄漏辐射和各项散射辐射，当它们的屏蔽厚度相差一个 *TVL* 或更大时，采用其中较厚的屏蔽；相差不足一个 *TVL* 时，则在较厚的屏蔽上增加一个 *HVL*（半值层）厚度。

5.4.4 治疗机房屏蔽的考虑因素

（1）在放射治疗装置可选择的治疗条件中，应以贯穿能力相对较强的辐射质和常用的最高治疗输出量为辐射源参考量，并考虑在各屏蔽位置的所有初级、次级辐射因素。

（2）治疗机房屏蔽的辐射剂量参考控制水平。

（3）治疗装置应用的周最大工作负荷和周治疗照射时间。

（4）使用宽束治疗装置时，可能的有用线束照射方向的使用因子（U）。

（5）治疗机房外围不同场所中的人员区域居留因子（T）。治疗机房外围与治疗装置直接相邻场所的人员是主要考虑对象。当直接与治疗机房相连的某个处所的居留因子较小（如 $T<1/8$）时，还应考虑在较远处居留因子较大场所的公众成员。

5.4.5 带迷路的治疗机房屏蔽考虑因素

（1）带迷路的治疗机房及剂量关注点如图 5-1 所示。

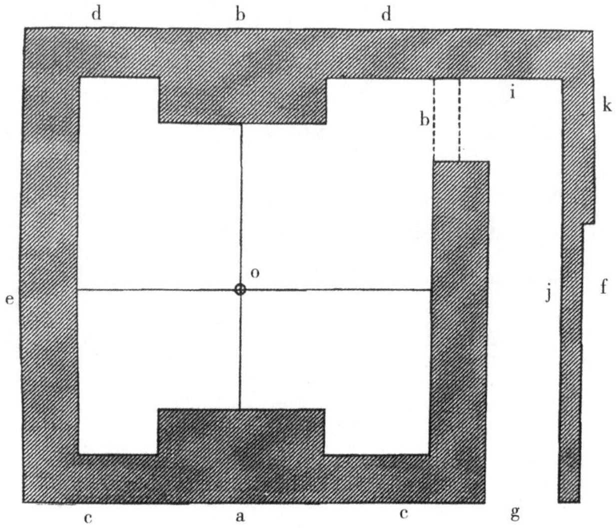

图 5-1 带有迷路的治疗机房及关注点示意图

注：图中“o”为辐射源点，其余为机房外围的剂量关注点。

（2）在迷路内口处，应避免宽束有用线束直接照射迷路外墙（图 5-1 中位置 k），并尽可能避免 4π 有用线束和泄漏辐射直接照射迷路外墙。

（3）在满足有用线束不直接照射迷路外墙时，图 5-1 中位置 k 应考虑可能受到的有用线束和（或）泄漏辐射的一次散射辐射照射。若不能满足有用线束不直接照射迷路外墙时，图 5-1 中位置 k 应考虑 4π 有用线束和（或）泄漏辐射的斜射照射。

（4）应考虑治疗机房内辐射源至迷路内口相应墙区（图 5-1 中位置 i）的照射，以及至迷路入口的散射辐射剂量（图 5-1 中路径 o-i-g）。

（5）迷路内墙应有足够的屏蔽厚度，使得经过辐射源点穿过迷路内墙直接射向迷路入口（图 5-1 中路径 o-g）的辐射剂量仅占入口处控制剂量的一个分数（如 1/4）。

（6）迷路内、外墙总的屏蔽应满足对外墙外部场所（图 5-1 中位置 f）中驻留人员的防护。迷路内、外屏蔽墙应适当分配防护厚度，使经过辐射源垂直射向迷路内墙的辐射，经内墙屏蔽衰减后达到迷路外墙内表面（图 5-1 中位置 j），并经其散射至迷路入口（图 5-1 中路径 o-j-g）的辐射剂量仅占迷路入口散射辐射剂量的 1/4。通常，迷路外墙内表面散射中心处（图 5-1 中位置 j）的辐射剂量率应小于迷路入口处（图 5-1 中位置 g）剂量率的 100 倍，迷路外墙的屏蔽透射因子应小于 10^{-2}。

（7）迷路入口门的辐射屏蔽应综合考虑（4）、（5）、（6）辐射的总和及各项所占的剂量份额和辐射质。

（8）治疗机房迷路应有足够长度，迷路的宽度应适合待安装设备和患者（病床）通过。应注意过宽的迷路会增加迷路入口的散射辐射剂量。在迷路内口（图 5-1h 虚线处）设置过梁（即迷路内口上部的横截墙），有利于减小迷路入口处的散射辐射剂量。

5.4.6 缝隙、管孔和可能的薄弱环节的屏蔽考虑因素

（1）治疗机房以混凝土为屏蔽体时，应一次性整体浇注并有充分的振捣，以防止出现裂缝和过大的气孔。

（2）当治疗机房预留治疗装置安装口或主、次屏蔽墙采用不同密度的混凝土时，交接处应采用阶梯式衔接。

（3）当 X 射线管治疗机房设有观察窗时，带有屏蔽的观察窗应略大于窗口并镶嵌在所衔接的屏蔽墙内。

（4）在治疗机房内，外墙上有电器部件（如配电箱、激光定位灯等）的部位，应与同侧墙具有同等的屏蔽装置和效果。对嵌入式安装造成局部屏蔽减弱的地方，应当进行屏蔽补偿。

（5）穿过治疗机房墙的管线孔（如通风孔、电器孔、水管孔等）应避开控制台等人员高驻留区，并采用多折曲路，有效控制管线孔的辐射泄漏。

5.4.7 中子屏蔽的考虑因素

（1）在中子屏蔽的同时，应考虑对中子俘获 γ 射线的屏蔽。

（2）加速器治疗 X 射线大于 10MV 时，由于（γ，n）反应生成“杂散”中子，应根据治疗装置生产厂家给出的且不高于国家标准的指标，考虑机房的中子屏蔽。

（3）对于大于 10MV 的 X 射线治疗机房，当采用单一的混凝土屏蔽时，墙、顶的屏蔽仅需考虑对 X 射线的屏蔽，忽略对“杂散”中子的屏蔽。但当场地受限制或改建时，部分机房屏蔽可能采用铅、铁等材料，此时需要同时估算对 X 射线、中子和中子俘获 γ 射线的屏蔽。

（4）对于大于 10MV 的 X 射线治疗机房，迷路入口的防护门应同时考虑 X 射线和“杂散”中子的散射辐射及中子俘获 γ 射线的屏蔽。

（5）对于质子和重离子治疗机房，应考虑核反应生成的中子和轫致辐射的屏蔽。

5.4.8 其他与辐射相关的考虑因素

（1）X射线管治疗机房可能设有铅玻璃观察窗，其应与同侧防护墙有同样的屏蔽透射因子。除此之外，其他放射治疗机房不设观察窗和采光窗。

（2）在治疗机房屏蔽估算中，可以把4π束和宽束辐射源视为点状源。对于放射性同位素治疗源，以射出其表面的有效活度作为点源的活度。

（3）治疗机房辐射屏蔽涉及的物理量有：

①治疗装置有用线束给予患者治疗部位的剂量为吸收剂量（Gy）。

②治疗装置的泄漏辐射和可能产生的“杂散”中子及其散射辐射剂量为周围剂量当量或空气比释动能（Sv或Gy）。

③人员在治疗机房外的受照剂量为有效剂量（Sv）。

④在治疗机房外的辐射场的剂量仪表测量值为周围剂量当量（Sv）。

⑤为了治疗机房屏蔽剂量估算和评价的方便及统一，在辐射屏蔽及其设计范畴内，不进行诸物理量与GBZ/T 201.1—2007中的周围剂量当量之间的转换关系修正。

（4）在屏蔽估算与评价方法中，往往包含一定的安全因素，应予说明。包含工作负荷、居留因子、治疗装置的辐射防护剂量低于国家标准，使用辐射源的实际工作条件低于额定条件，人员实际驻留位置不同于治疗机房外表面30cm的估算位置，以及估算的量值和有效剂量之间不进行量值转换系数修正等。

（5）治疗机房选用屏蔽材料应考虑耐用性、承载强度，合理考虑建筑费用及所占空间等。通常适宜的材料为混凝土。若在改造治疗机房或使用空间有限制时，适当采用带有铅、铁、重晶石等材料或其与混凝土组成的分层复合屏蔽；当需要屏蔽中子时，采用聚乙烯与铅、混凝土组成的复合屏蔽；当所用屏蔽材料的密度与屏蔽资料给定值不同时，应按密度的比值进行修正。

（6）治疗机房的建筑屏蔽结构（包括防护门）应考虑结构的承载能力，应有可靠的建筑基础结构。

（7）辐射束不仅是垂直于屏蔽体入射，有时还存在斜射情况。此时应同时考虑辐射斜穿过屏蔽体行径的增长和辐射剂量累积因子的增大。

（8）迷路的防护门结构应考虑门因自重而发生变形、频繁开关门导致连接松动以及屏蔽体老化龟裂等问题。防护门应尽可能减小缝隙泄漏辐射，通常防护门宽于门洞部分应大于“门—墙”间隙的10倍。

（9）治疗机房屏蔽墙外评价位置为距机房外表面30cm处。关键评估点参见图5-1，包括：

①过辐射源点至各墙、顶的垂直线的相应位置，a、b、e、f点。

②主、次屏蔽的交界处c、d点。

③迷路入口处g点。

④迷路内口相应墙外k点。

⑤治疗装置控制室。

⑥还应包括：与治疗机房不直接相连的人员驻留时间长的场所，天空散射剂量可能相对高的区域（如距机房内辐射源点20m）；侧散射至机房近旁建筑物较高层室的剂量可能相对较高的区域。

5.5 治疗机房辐射屏蔽设计核查

5.5.1 屏蔽目标核查

核查设计的屏蔽目标是否符合 5.5.2 的要求。

5.5.2 屏蔽设计和屏蔽效果核查中的治疗装置参数与条件

不同治疗机房的屏蔽设计和屏蔽效果核查应根据机房内安装的放射治疗装置选取下列相应的参数与条件：

(1) 可调放射治疗野：最大野。

(2) 可选辐射能量：最高能量。

(3) 可选有用线束辐射输出量率：常用的最高输出量率。

(4) 可调有用线束照射方向：相应检测位置可能存在较高剂量的照射方向。

(5) 可移动的辐射源点：常用的距检测点最近的位置。

(6) 可选辐射类型：贯穿能力强的辐射。

(7) 活度随时间衰减的放射性同位素源：最大装源活度。

(8) 模体：针对散射辐射可能起主要作用的检测，放置合理模体。

第 6 章　医用电子加速器的辐射屏蔽防护厚度计算

医用电子加速器按 X 射线能量档来分，有 4MV、6MV、10MV、15MV、18MV、25MV、35MV 和 50MV8 种类型。可根据治疗时肿瘤所在部位的深度来选用不同能量档的电子束和 X 射线。

6.1　加速器产生的辐射

在加速器运行时，机房（治疗室）内有以下几种辐射：

（1）主射线。当光阑完全打开时，从辐射靶端射出的 X 射线是一个半角为 14°的锥形线束，其能量特性取决于所选择的 X 射线的能量级。主射线是唯一用于治疗目的的射线，又称为有用射线。辐射主要源于 X 射线，因为电子线的贯穿能力相对较弱。

（2）漏射线。由靶向外从各个方向上穿过辐射头泄漏出来的射线称为漏射线。为便于防护计算，通常假定在与靶心距离相同的地方，漏射线的最大强度不会超过主射线的 0.1%，其能量也通常假定与主射线相同。

（3）散射线。当主射线射入某种物质（如人体组织）时，会产生散布在各个方向上的次级辐射，称为散射线。其能量比主射线低得多。剂量率取决于被照射区域大小、散射角和初级射线能量。散射线能量比漏射线小，所以在屏蔽厚度计算中通常可以忽略不计（迷路、走廊外墙和屏蔽门外处除外）。

（4）中子辐射。X 射线在高能模式下运行时会产生一定数量的中子。在高于 10MV 的模式下，迷路内口和迷路外口防护门的屏蔽设计必须考虑对中子的防护。

（5）感生放射性。加速器工作的能量级在高于 8MeV 时会发生光核反应，在高于 12MeV 时反应更快，此时机房（治疗室）会产生少量放射性气体，如 ^{13}N（半衰期 10min）和 ^{15}O（半衰期 2min）等。有的气体既发射 β^+ 射线，又发射湮没辐射 γ 光子，如 ^{13}N 发射 1.2MeV 的 β^+ 粒子和 0.511MeV 的 γ 光子，^{15}O 发射 1.74MeV 的 β^+ 粒子和 0.511MeV 的 γ 光子。

（6）有害气体。主要是 O_3 和氮氧化合物。

6.2　加速器机房（治疗室）屏蔽防护厚度计算

由于电子束防护较光子（X 射线）防护容易得多，因此主要考虑对 X 射线的防护。X 射线能量在 10MV 以上时，还应考虑对中子和由中子产生的 γ 射线的防护。

6.2.1 治疗室墙体屏蔽防护厚度计算

（1）林氏法。林氏法是林道川、翁志根所提供的计算方法。

①主屏蔽厚度计算公式：

$$S_p = TVL\lg\frac{WUTn}{P \cdot d_{pri}^2} \quad （式 6-1）$$

②副屏蔽厚度计算公式：

$$S_s = TVL\lg\frac{0.001WTn}{P \cdot d_{sec}^2} \quad （式 6-2）$$

主屏蔽厚度计算公式、副屏蔽厚度计算公式中各参数的意义与取值见表6-1。不同X射线防护屏蔽材料对能量为6～25MeV的X射线的*TVL*值见表6-2，混凝土对不同能量的X射线的*TVL*值见表6-3。若使用钢或铅作为屏蔽材料，可利用混凝土对铅、钢的转换比（见表6-4），进而求出铅、钢的*TVL*值。

表6-1 式6-1、式6-2中各参数的意义与取值

参数	名称	意义	量纲	取值
S_p	主屏蔽厚度	指密度为2.35g/cm^{3}的普通混凝土	cm	—
S_s	副屏蔽厚度	同上	cm	—
TVL	什值层	指混凝土（ρ = 2.35g/cm^3）的*TVL*值	cm	根据X射线能量取值
W	工作负荷	距加速器靶1m处1周内照射的cSv（或cGy）数	cSv/wk	每天治疗50个患者时可取1×10^5cSv/wk；每天治疗100个患者时取值加倍，即取2×10^5cSv/wk
U	使用因子（束定向因子）	指有用线束射向某特定墙壁的时间比值	无	对主防护墙取$U=1/4$，对地板取$U=1$，对旋转治疗时才照到的方向取$U=1/10$，射线束固定时和计算散、漏辐射时不考虑使用因子对工作负荷的修正
T	居留因子	表示某区域人员居留的程度	无	职业照射人员工作区取$T=1$，非职业者经常停留区取$T=1$，部分居留区取$T=1/4$，偶尔停留区取$T=1/16$
d_{pri} d_{sec}	距离	加速器靶与防护计算点的距离	m	根据提供的机房平面布置图取值
P	设计目标值	参考点剂量控制值	cSv/wk	对放射工作人员可取0.04cSv/wk，对公众成员可取0.002cSv/wk。也可根据当地放射防护监督机构或用户要求取值
n	安全系数	通常在计算值上再追加一个半值层	无	取$n=2$

表 6-2　不同 X 射线防护屏蔽材料对能量为 6～25MeV 的 X 射线的 *TVL* 值

材料	密度（g/cm^3）	X 射线的 *TVL*（mm）					
		6MV	10MV	15MV	18MV	20MV	25MV
混凝土	1.8	445	500	540	560	575	600
标准混凝土	2.35	340	380	410	430	440	460
混凝土	2.5	325	360	390	410	420	440
混凝土	3.0	265	300	325	340	350	360
混凝土	3.2	250	280	305	315	325	340
重晶石混凝土	3.5	230	260	270	290	295	310
混凝土	4.2	190	215	235	245	250	255

注：①此表取自瑞典医科达公司《医用直线加速器机房设计参考手册》。

②若用高密度混凝土，需将所用高密度材料按混凝土成分之配比做小型实验，确定其实际容重（g/cm^3）。

表 6-3　混凝土对不同能量的 X 射线的 *TVL* 值（mm）

X 射线能量（MV）	4	6	10	15	18	20
主射线	290	343	389	432	445	457
次射线（90°）	254	279	305	330	330	343

注：①主射线指放射治疗的有用射线，次射线指主射线以外与主射线束成 90°角方向的次射线束。

②原文中 4MV 和 18MV 的主射线对应的数值分别为 240 和 455，是将 11.4 英寸和 17.5 英寸换算成毫米时有误，应分别为 290 和 445。

③混凝土密度 $\rho=2.355g/cm^3$。

④本表取自 varian 直线加速器安装资料包。

表 6-4　混凝土对铅、钢的转换比

X 射线能量（MV）		4	6	10	15	18	20
钢铁（$\rho=7.8g/cm^3$）	主屏蔽层	3.2	3.5	3.7	4.0	4.0	4.1
	副屏蔽层	3.2	3.5	3.6	3.8	3.8	3.9
铅（$\rho=11.3g/cm^3$）	主屏蔽层	5.4	6.2	7.0	7.6	8.0	8.3
	副屏蔽层	5.4	6.2	6.5	7.0	7.0	7.0

注：①表中数值为 1mm 铅或钢相当于混凝土（$\rho=2.355g/cm^3$）的毫米数。

②本表取自 varian 直线加速器安装资料包。

屏蔽计算中，欲求钢或铅的 *TVL* 值，可利用表 6-3 中某一能量的 X 射线主（或次）射线的混凝土的 *TVL* 值（mm），除以表 6-4 中与该能量 X 射线相对应的 1mm 钢（或 1mm 铅）主（或副）屏蔽层相当的混凝土厚度（mm）。如欲求屏蔽 6MV X 射线次射线钢或铅的 *TVL* 值，则：$TVL_{Fe}=279\div3.5=79.7$（mm），$TVL_{Pb}=279\div6.2=45$（mm）。

（2）衰减倍数法。先直接计算出衰减倍数 K，再查询相关表，求出屏蔽厚度。

①主屏蔽厚度计算公式：

$$K = \frac{WUTn}{Pd^2} \qquad （式 6-3）$$

②泄漏辐射屏蔽计算公式：

$$K_L = \frac{W_L Tn}{Pd^2} \qquad （式 6-4）$$

由于泄漏辐射不超过主射线束强度的 0.1%，所以 $W_L = W/1000$。

主屏蔽厚度计算公式（式 6-3）和泄漏辐射屏蔽计算公式（式 6-4）中各参数的意义与量纲见表 6-5。

按式 6-3 和式 6-4 将各参数代入，求出衰减倍数 K，再从 X 射线在不同衰减倍数下所需混凝土（ρ =2.355g/cm^3）厚度表中查出所需混凝土的厚度。X 射线能量为 6MV 时不同衰减倍数所需混凝土（ρ =2.355g/cm^3）厚度见表 6-6。8MV、10MV、15MV 和 18MV 等能量的 X 射线无法直接查出，可利用第十二章表 12-2 查出 6MV、10MV、20MV、30MV 和 38MV 能量的屏蔽厚度，再用内插法求出相应能量 X 射线的屏蔽厚度。

表 6-5　式 6-3、式 6-4 中各参数的意义与量纲

参数	名称	量纲
K	有用线束衰减倍数	无
K_L	泄漏辐射衰减倍数	无
W	工作负荷（有用射束）	Sv/wk
W_L	工作负荷（泄漏辐射）	Sv/wk
U	使用因子	无
T	居留因子	无
P	周剂量限值	Sv/wk
d	靶距防护计算点的距离	m
n	安全系数	无

表 6-6　6MV 的 X 射线在不同衰减倍数下所需混凝土（ρ =2.355g/cm^3）厚度

衰减倍数 K	厚度（cm）	衰减倍数 K	厚度（cm）
1.5	7	500	94
2	12	1×10^3	103
5	26	2×10^3	114
8	33	5×10^3	126
10	37	8×10^3	134

（续表）

衰减倍数 K	厚度（mm）	衰减倍数 K	厚度（cm）
20	47	1×10^4	138
30	53	2×10^4	148
40	58	5×10^4	161
50	60	1×10^5	171
60	63	2×10^5	181
80	67	5×10^5	194
100	70	8×10^5	203
200	80	1×10^6	205

注：此表引自《山东新华厂 XHA-600C 型医用电子直线加速器机房设计参考导则》。

表 6-6 的结果仅适用于 6MV X 射线加速器，对 8MV、10MV、15MV 的 X 射线加速器不适用，但可利用主屏蔽和泄露辐射防护计算公式先求出衰减倍数 K，再用什值层法计算屏蔽厚度。

（3）什值层法。衰减倍数 K 与什值层（TVL）的个数 n 有如下关系式：

$$n=\lg K \quad （式 6-5）$$

在计算得出衰减倍数 K 后，利用 $n=\lg K$，可求出 TVL 的个数 n，再由表 6-2 和表 6-3 查出 TVL 的值。TVL 的值乘上 TVL 的个数即屏蔽厚度。

表 6-7　三种常用防护材料的 *TVL* 值（mm）

X 射线能量（MV）	4	6	10	15	18	20
混凝土（ρ = 2.35g/cm^3）	290	343	389	432	445	457
钢铁（ρ = 7.8g/cm^3）	90	98	105	108	111	111
铅（ρ = 11.3g/cm^3）	54	55	56	57	56	55

注：此表取自赵兰才、张丹枫主编的《放射防护实用手册》，济南出版社，2009 年版，第 352 页。

表 6-7 中的 TVL 值均由表 6-3 和表 6-4 中主射线束的 TVL 值转换而得，四舍五入取整数。不同资料提供的 TVL 值不尽相同，但相差不大。

6.2.2　治疗室迷路墙厚度计算

迷路墙包括迷路内墙与迷路外墙。在计算屏蔽厚度时，只需要将其作为一面墙考虑。其厚度计算方法与 6.2.1 的治疗室墙体屏蔽防护厚度计算一样，只是将计算出的总厚度均分到内墙和外墙，且可适当加厚。

6.2.3　治疗室屋顶的屏蔽防护

治疗室屋顶的屏蔽防护计算方法与墙体的计算方法相同，只是须注意使用因子和居留因子的取值应考虑屋顶上的实际情况，还要考虑天空散射的影响，即便无人居留，也要有一定的防护。

【例题 6.1】

设计 6MV 医用加速器治疗机房，工作负荷 W 按每天治疗 50 个患者的 1×10^5cGy/wk 计，主、副防护墙离中心均为 5m。主、副防护墙外设计剂量限值为 0.04cGy/wk，试求 2 倍安全系数条件下主、副防护墙的屏蔽厚度。

解：

据题意知：工作负荷 $W=1\times10^5$cGy/wk=1000Gy/wk，使用因子 $U=1/4$（对主防护墙），居留因子 $T=1$，墙外剂量限值 $P=0.04$cGy/wk$=4\times10^{-4}$Gy/wk，加速器靶与防护点距离为 5m，安全系数 $n=2$。

查阅表 6-2 得：$TVL=34$cm，$HVL=10.2$cm。

（1）主防护墙屏蔽厚度。

①用林氏法。

$$S_p=TVL\cdot\lg\frac{WUT\cdot n}{P\cdot d^2}=34\times\lg\frac{10^5\times0.25\times1\times2}{0.04\times5^2}=34\times4.7=160\ (\text{cm})$$

②用衰减倍数法。

$$K=\frac{WUT\cdot n}{P\cdot d^2}=\frac{1000\times0.25\times1\times2}{4\times10^{-4}\times5^2}=5\times10^4$$

查表 6-6 可知，混凝土厚度为 161cm。

③用分层值法。

利用衰减倍数 K 与什值层（TVL）的关系式。

将 $K=5\times10^4$ 代入 $n=\lg K$，得 $n=4.7$。

查表 6-3 可知，对应的 TVL 值为 34.3cm。

所以混凝土屏蔽厚度为：$4.7\times34.3=161$（cm）

以上三种方法计算出的主防护墙混凝土厚度分别为 160cm、161cm 和 161cm。

（2）副防护墙屏蔽厚度。

①用林氏法。

$$S_s=TVL\cdot\lg\frac{0.001WUT\cdot n}{P\cdot d^2}=34\times\lg\frac{0.001\times10^5\times1\times2}{0.04\times5^2}=34\times2.3=78\ (\text{cm})$$

②用衰减倍数法。

$$K_L=\frac{W_L\cdot T\cdot n}{P\cdot d^2}=\frac{1000/1000\times1\times2}{4\times10^{-4}\times5^2}=200$$

查表 6-6 可知，衰减倍数 200 对应的混凝土厚度为 80cm。

③用什值层法。

利用衰减倍数 K 与什值层（TVL）的关系式：$n=\lg K=\lg200=2.3$

查表 6-3 可知，对应的 TVL 值为 34.3cm。

所以副防护墙混凝土屏蔽厚度为：$2.3\times34.3=78.89$cm$=79$（cm）

以上三种方法计算出的副防护墙混凝土厚度分别为 78cm、80cm 和 79cm。

6.2.4 治疗室防护门 X 射线屏蔽厚度计算

计算治疗室防护门 X 射线屏蔽厚度的步骤如下：首先了解治疗室迷路门口处 X 射线的空气比释动能率；然后估算治疗室迷路门口处散射 X 射线的平均能量；再依据国家标准导出治疗室防护门口的控制剂量水平，并求出衰减倍数 K；最后按已知的治疗室门口 X 射线的平均能量查阅相关防护厚度表，或用什值层法求出防护门的屏蔽厚度（铅当量）。

（1）门口散射 X 射线能量的估算。

据陈敬忠提供的加速器防护门屏蔽厚度简易估算法，对于单折 L 型迷路，门口 X 射线的平均能量用式 6-6 估算；对于多折（S 型或 U 型）迷路，用式 6-7 估算：

$$\overline{E}_X = 0.287\left(\frac{E_e}{10}\right)^{0.265} \quad \text{（式 6-6）}$$

$$\overline{E}_X = 0.203\left(\frac{E_e}{10}\right)^{0.254} \quad \text{（式 6-7）}$$

式中：$\overline{E}_X$ 为治疗室门口处 X 射线的平均能量（MV）。

E_e 为加速器电子的动能（MeV），实际采用 X 射线最高能量。

以上两式估算的治疗室门口处的 X 射线平均能量与实际相差 1%～2%，从防护角度看符合实际。

（2）治疗室门口 X 射线剂量的估算。

长度不小于 5m 的 L 型迷路一般称为常规型迷路，小于 5m 的称为短 L 型迷路。常规型迷路治疗室门口 X 射线剂量水平不高于等中心点 X 射线剂量的 10^{-6}；短 L 型迷路门口处剂量可比常规型迷路高 10 倍以上。为计算方便，对常规型迷路门口 X 射线剂量取等中心剂量的 5×10^{-7}，对短 L 型迷路治疗室门口 X 射线剂量取等中心剂量的 5×10^{-6}。而等中心剂量均是由加速器制造商提供的。如瑞典依科达公司提供的 10MV、15MV、18MV 和 25MV 加速器均按 4Gy/min 计算，而山东新华厂的 XHA-100C 型则按 2.5Gy/min 计算。

对常规型迷路，用式 6-8 计算；对短 L 型迷路，用式 6-9 计算：

$$D_{门} = 5\times10^{-7} D_{中} \quad \text{（式 6-8）}$$

$$D_{门} = 5\times10^{-6} D_{中} \quad \text{（式 6-9）}$$

式中：$D_{门}$ 为门口 X 射线剂量率（Gy/min）。

$D_{中}$ 为等中心 X 射线剂量率（Gy/min）。

（3）防护门屏蔽 X 射线铅当量的估算。

①已知门口处 X 射线剂量率 $D_{门}$，将单位由 Gy/min 换算成 μGy/h。

②将门口处 X 射线剂量率控制目标值 D_L 取小于 2.5μGy/h。

③求出门口处 X 射线的衰减倍数 $K=D_{门}/D_L$。

④求门口处 X 射线的平均能量 $\overline{E}_X$：

$$\overline{E}_X = 0.287\left(\frac{E_e}{10}\right)^{0.265} \quad \text{（单折 L 型迷路）}$$

或：$\bar{E}_X = 0.203(\frac{E_e}{10})^{0.254}$ （多折 S 型或 U 型迷路）

⑤求不同能量 X 射线的 TVL 值：

$$TVL_{Pb} = 62.5\bar{E}_X^{2.14} \quad \text{（式 6-10）}$$

式中：$\bar{E}_X$ 为门口 X 射线的平均能量（MeV）。

TVL_{Pb} 为铅的什值层（mm），也可以根据 X 射线能量表（见表 1-17）求出。

⑥利用衰减倍数 K 与什值层（TVL）个数 n 的关系式 $n = \lg K$，求出所需 TVL 的个数 n。

⑦什值层个数 n 乘上什值层厚度，即：$n \times TVL_{Pb}$ = 铅屏蔽厚度（mm）。

⑧也可以将上式和 $\bar{E}_X = 0.287(\frac{E_e}{10})^{0.265}$ 代入公式 $TVL_{Pb} = 62.5\bar{E}_X^{2.14}$ 中，得出公式：

$$\Delta_{Pb} = 4.3\left(\frac{E_e}{10}\right)^{0.57} \lg K \quad \text{（式 6-11）}$$

直接得出 Δ_{Pb}，即防护门的铅屏蔽厚度（mm）。

【例题 6.2】

一台医用加速器，电子能量为 6MeV，厂家给出的等中心 X 射线剂量率为 2.5Gy/min，治疗室设计为常规型迷路，求防护门外控制剂量不超过 2.5μGy/h 条件下防护门的屏蔽厚度。

解：

（1）因为是常规型迷路，即单折 L 型，可利用公式 $\bar{E}_x = 0.287(\frac{E_e}{10})^{0.265}$ 得：

$\bar{E}_x = 0.287(\frac{E_e}{10})^{0.265} = 0.25\text{MV}$

（2）门口处 X 射线剂量为：

$D_{门} = 5\times10^{-7} D_{中}$

$D_{中} = 2.5\text{Gy/min}$

$D_{门} = 5\times10^{-7}\times2.5 = 1.25\mu\text{Gy/min}$

（3）$K = D_{门} \div D_L = 1.25\times60\div2.5 = 30$（将单位转为 μGy/h）。

（4）利用什值层个数 n 与衰减倍数 k 的关系式得：

$n = \lg K = \lg 30 = 1.4771$

即所需什值层个数为 1.4771。

（5）用公式 $TVL_{Pb} = 62.5\bar{E}_X^{2.14}$ 求出 TVL_{Pb} 值，或查表 1-17 得到 0.25MV X 射线的 TVL_{Pb} 为 2.9mm。

（6）$\Delta_{Pb} = n \cdot TVL_{Pb} = 1.4771\times2.9 = 4.28$（mm）。

即加速器的防护门需用 4.28mm 厚的铅作屏蔽防护。

上述计算方法估算结果与 11 台医用加速器的防护门及门外实际监测结果列于表 6-8 与表 6-9。

表 6-8　不同能量医用加速器治疗室的防护门对 X 射线的屏蔽厚度（铅当量）估算值

X 射线能量（MeV）	等中心剂量率（Gy/min）	门口 X 射线剂量率（μGy/h）	门外 X 射线剂量控制目标值（μGy/h）	衰减倍数（K）	门口 X 射线平均能量（MeV）	TVL 个数（n）	TVL_{Pb} 值（mm）	防护门铅当量（mmPb）
4	2.5	75	2.5	30	0.23	1.48	2.69	4
6	2.5	75	2.5	30	0.25	1.48	3.22	5
8	3.0	90	2.5	36	0.27	1.56	3.79	6
10	3.0	90	2.5	36	0.29	1.56	4.42	7
15	4.0	120	2.5	48	0.32	1.68	5.46	9
18	4.0	120	2.5	48	0.34	1.68	6.2	10

注：①求出的铅当量四舍五入取整数。

②10MV 以上医用加速器的防护门不仅要防 X 射线，还要防中子和 γ 射线，不能直接应用此计算数据，要参照中子俘获 γ 射线的屏蔽厚度决定实际需要的铅当量。

③本表取自赵兰才、张丹枫编著的《放射防护实用手册》，济南出版社，2009 版，第 354 页。

表 6-9　11 台医用加速器的防护门铅当量及实测门外剂量率

序号	加速器型号	射线能量（MeV）	机房使用面积（m^2）	迷路结构 类型	迷路结构 长（m）	迷路结构 宽（m）	防护门铅当量（mmPb）	机房门外剂量率（μGy/h）
1	北京 BJ-4M	X 线：4	53.4	L	6.0	1.8	8	0.28～0.34
2	北京 BJ-6B	X 线：6	71.77	L	7.5	1.8	10	0.13～0.22
3	北京 BJ-6B	X 线：6	71.70	L	7.8	1.8	8	0.20～0.28
4	北京 BJ-6M	X 线：6	71.70	L	7.1	1.8	8	0.38～0.45
5	上海高科（反修瓦里安）	X 线：8	68.27	L	6.3	1.8	8	0.17～0.26
6	ELEKT Sli-15 型	X 线：6，10 电子线：4，6，8，10，15	68.23	L	8.0	1.8	10	一般低能时：0.22～0.28 15MeV 时：0.34～0.67
7	日本东芝 ML-15AL	X 线：6，10 电子线：10，12，14，15	56.37	L	6.0	1.8	8	0.42～0.68
8	西门子 MEVATRON	X 线：6，10 电子线：4，6，10，12	57.42	L	6.5	1.8	8	0.24～0.38
9	东芝 ML-15MⅡ	X 线：6，10 电子线：6，10，15	57.74	L	6.8	1.8	8	0.28～0.36

（续表）

序号	加速器型号	射线能量（MeV）	机房使用面积（m^2）	迷路结构			防护门铅当量（mmPb）	机房门外剂量率（μGy/h）
				类型	长（m）	宽（m）		
10	瓦里安 VD-HDR-18	X线：8，10 电子线：4，6，8，10，12，15，18	74.00	L	7.8	2.4	12	0.22～0.24
11	西门子 PRIMUS	X线：6，15 电子线：5，7，8，10，12，14	90.00	L	7.5	1.8	10	0.16～0.33

注：①除铅外，还有防中子材料。

②本表取自赵兰才、张丹枫编著的《放射防护实用手册》，济南出版社，2009版，第354页。

如将表6-8和表6-9中的门口X射线剂量率控制目标值降为11台加速器门口实测的0.25μGy/h，则衰减倍数需增加至原来的10倍，需再增加一个*TVL*，即4MeV、6MeV、8MeV、10MeV、15MeV、18MeV医用加速器的防护门的铅当量增加到7mmPb、8mmPb、10mmPb、11mmPb、13mmPb和16mmPb。这时需考虑是否真有必要这样过度防护。

6.2.5 治疗室门口中子屏蔽厚度估算

（1）治疗室门口中子剂量率估算。

据赵兰才、张丹枫的实测数据，粗略估算的治疗室门口中子剂量如下：

10MeV单折长L型迷路，取30μSv/h；

10MeV单折短L型迷路，取40μSv/h；

15MeV单折长L型迷路，取70μSv/h；

18MeV单折长L型迷路，取400μSv/h。

（2）治疗室门口散射中子的平均能量。

据赵兰才、张丹枫有关资料介绍，门口散射中子平均能量约为0.1MeV。含硼聚乙烯（或含硼石蜡）的*HVL*值约为1.5cm。

（3）用半值层法求防中子材料含硼聚乙烯的厚度。

可用以下经验公式粗略估算出治疗机房防护门屏蔽中子所需含硼聚乙烯的厚度：

$$K_n = \frac{\dot{H}_n}{P}$$

$$K_n = 2^n$$

$$\Delta_{pl} = n \cdot HVL_{pl}$$

式中：K_n 为衰减倍数。

$\dot{H}_n$ 为门口中子当量剂量率（μSv/h）。

P 为门外环境中子当量剂量率控制标准。

Δ_{pl} 为含硼聚乙烯的厚度（cm）。

n 为含硼聚乙烯的半值层个数。

HVL_{pl} 为含硼聚乙烯的半值层厚度（1.5cm）。

【例题 6.3】

有一台 15MeV X 射线医用加速器，治疗机房使用面积 $80m^2$，为单折 L 型迷路，长 7.5m，迷道宽 1.8m，迷道内口宽 2.5m，迷道内墙厚 1.2m，迷道外墙厚 1.6m。试估算防护门屏蔽中子用含硼聚乙烯的防护厚度。

解：

利用 6.2.5（1）中 15MeV 单折长 L 型迷路对应的估算值 $\dot{H}_n=70\mu Sv/h$，外环境中子当量剂量控制值 $P<2.5\mu Sv/h$，含硼聚乙烯的半值层 $HVL_{pl}=1.5cm$。

将上述数据带入公式，得：

$$K=\frac{70}{2.5}=28$$

而 $K=2^n$，

故 $n=\lg28/\lg2=4.8\approx5$。

防护门防中子的屏蔽厚度为：

$$\Delta_{pl}=n\cdot HVL_{pl}=5\times1.5=7.5\ (cm)$$

需要说明的是，由于石蜡与聚乙烯有相同 CH_2 基，两者的物质密度与氢原子密度相近，故也可以用同样厚度的含硼石蜡代替含硼聚乙烯。

（4）用半值层法求出的含硼聚乙烯厚度列于表 6-10，供参考。

表 6-10　医用加速器防护门含硼聚乙烯厚度估算

X 射线能量（MeV）	迷路类型	门口中子剂量率估计值（μSv/h）	门外中子剂量率控制目标值（μSv/h）	衰减倍数（K）	含硼聚乙烯 HVL 个数	含硼聚乙烯 HVL 值（cm）	含硼聚乙烯厚度（cm）
10	长 L	30	2.5	12	3.6	1.5	5.4
			0.25	120	6.9	1.5	10.4
	短 L	40	2.5	16	4.0	1.5	6.0
			0.25	160	7.3	1.5	11.0
15	长 L	70	2.5	28	4.8	1.5	7.2
			0.25	280	8.2	1.5	12.2
18	长 L	400	2.5	160	7.3	1.5	11.0
			0.25	1600	10.7	1.5	16

注：本表取自赵兰才、张丹枫编著的《放射防护实用手册》，济南出版社，2009 版，第 355 页。

据赵兰才、张丹枫对 1 台西门子 15MeV 加速器防护门的防中子屏蔽设计——加速器治疗室为 L 型迷路，迷路宽 1.8m，防护门外中子当量剂量率控制目标值为 2.5μSv/h，计算得出含硼石蜡厚度为 7.2cm；但实际使用 10cm 厚含硼石蜡、10mm 厚的铅防护门屏蔽中子、X 射线、γ 射线。后经监管部门现场监测，结果显示防护门口外未测出中子，而 X 射线、γ 射线剂量率为 0.16 ～ 0.33μSv/h，完全符合国家防护标准要求。

6.2.6　治疗室门口俘获 γ 射线屏蔽厚度计算

(1) 陈敬忠在分析有关治疗室门口俘获 γ 射线辐射水平的测量调查后，认为在没有防护门时，治疗室门口 γ 射线剂量率是门口中子剂量率的 15%。据此，根据治疗室门口中子剂量的估算值，对门口俘获 γ 射线的剂量估计为：

10MV 长 L 型迷路：$D_{ro}=30\times0.15=4.5$（μSv/h）；

10MV 短 L 型迷路：$D_{ro}=40\times0.15=6$（μSv/h）；

15MV 长 L 型迷路：$D_{ro}=70\times0.15=10.5$（μSv/h）；

18MV 短 L 型迷路：$D_{ro}=400\times0.15=60$（μSv/h）。

(2) 门口俘获 γ 射线的能量。据赵兰才、张丹枫介绍，门口 γ 射线的能量按硼俘获的 γ 射线的平均能量计，取 0.5MeV；铅的 *HVL* 约为 5mm。

(3) 用衰减倍数法计算 γ 射线的屏蔽厚度。用 γ 射线衰减倍数法求出衰减倍数 *K*，再利用衰减倍数与屏蔽厚度间的关系式求出 *HVL* 的个数，进而按 *HVL* 约为 5mm 计算出防护门俘获 γ 射线的屏蔽厚度。

表 6-11　医用加速器防护门 γ 射线屏蔽厚度估算值

X 射线能量（MV）	迷路类型	门口 γ 射线剂量（μSv/h）	门外 γ 剂量控制目标值（μSv/h）	衰减倍数 *K*	铅的 *HVL* 个数	铅的 *HVL* 值（mm）	屏蔽厚度（mm）
10	长 L	4.5	2.5	1.8	0.85	5	4.3
10	短 L	6.0	2.5	2.4	1.27	5	6.4
15	长 L	10.5	2.5	4.2	2.08	5	10.4
18	短 L	60	2.5	24	4.60	5	23

注：本表取自赵兰才、张丹枫主编的《放射防护实用手册》，济南出版社，2009 版，第 356 页。

应注意的是：对 10MV 以上加速器治疗室防护门，并不是单一防 X 射线或中子，实际上，在治疗室门口需要屏蔽 X 射线和中子二者混合辐射的剂量贡献。在相同控制目标值的条件下，屏蔽中子所需的铅当量高于屏蔽 X 射线所需的铅当量。所以，治疗室防护门的屏蔽防护设计应在屏蔽 X 射线的铅当量基础上，再酌情增加一些铅当量的屏蔽厚度。据实际经验，以在设计的 X 射线屏蔽基础上再增加 0.5 ～ 1.0 个 *HVL* 值（2.5 ～ 5mm）为宜。这样对 10MV 加速器可取 7 ～ 8mm 屏蔽厚度、对 15MV 加速器可取 13 ～ 15mm 屏蔽厚度，对 18MV 加速器可取 26 ～ 28mm 屏蔽厚度。

据实际现场监测，表 6-11 中实测的门外剂量率平均值远小于 2.5μSv/h 的控制目标值，为 0.16 ～ 0.33μSv/h。

这种简单的估算方法源于实测和实践经验，不需复杂的计算公式和难以准确提供的计算参数，但仅适合于初步屏蔽防护设计和监督管理部门使用。因上述方法仅考虑少数因素，没有考虑全面的中子和俘获中子所涉及的防护问题，故在使用时应根据治疗室的具体条件与情况适当加以修正。

表 6-12 列出了医用加速器治疗室防护门的最小典型屏蔽值，供有关部门和人员参考。

表 6-12　医用加速器治疗室防护门的最小典型屏蔽值（mm）

屏蔽材料	X 射线能量（MV）					
	4	6	10	15	18	20
铅板	3	3	6	—	—	—
钢板	—	—	—	3	3	3
铅板	—	—	—	6	19	19
5%含硼聚乙烯	—	—	—	76	102	127
钢板	—	—	—	3	3	3

注：本表引自 Varian 直线加速器安装资料包。

6.2.7　与医用加速器相关的放疗设备的防护

（1）X 刀。X 刀是利用直线加速器产生高能 X 射线，用立体定向技术确定颅内靶点，用直线加速器呈等中心做多个孤立面旋转，使高能 X 射线聚焦于靶点将病灶切除的放疗装置。它在防护上与医用加速器相同，可按医用加速器的屏蔽防护方法计算屏蔽厚度。

（2）诺力刀。诺力刀的主要部件是医用加速器，利用加速器产生的最高能量达 15MV 的 X 射线和 18MeV 的电子射线进行放射治疗，故其防护内容与方法参照 15MV 医用加速器。

（3）射波刀。射波刀的主要装置是一台轻巧的 6MV 医用电子加速器，只有 150kg 重。因此，在进行治疗室防护设计时，四周墙壁和地板按 6MV X 射线主屏蔽设计。按剂量率目标值小于 2.5μSv/h 的要求，距靶点 6～9m 范围内，墙体混凝土（$\rho=2.35g/cm^3$）的屏蔽厚度需达到 2～2.2m；治疗室屋顶为副屏蔽（主射线照射不到屋顶），约需 1.2m 厚；防护门的屏蔽厚度约需 11～13mmPb。

6.3　电子直线加速器放射治疗机房辐射屏蔽防护厚度计算

GBZ/T 201.2—2011 规定，直线加速器治疗机房应按如下方法进行辐射屏蔽计算。

6.3.1　治疗机房的剂量控制要求与屏蔽考虑

6.3.1.1　关注点的选取原则

通常把治疗机房外距机房外表面 30cm 处，人员受照周围剂量当量可能最大的位置作为关注点。

在离治疗机房一定距离处，公众成员居留因子大并可能受照剂量大的位置也是需要考虑的关注点。

6.3.1.2　剂量控制要求

（1）治疗机房墙和入口门外关注点的剂量率参考控制水平。

治疗机房墙和入口门外关注点的剂量率应不大于下述①、②、③所确定的剂量率控制水平 $\dot{H}_c$ 。

①使用放射治疗周工作负荷，关注点位置的使用因子和居留因子，可以依照《周工作负荷、周治疗照射时间和导出剂量率参考控制水平的示例》（以下简称示例）由以下周剂量参考控制水平（H_c）求得关注点的导出剂量率水平 $\dot{H}_{c,d}$（μSv/h）：

A. 放射治疗机房外控制区工作人员：$H_c \leqslant 100\mu Sv/wk$。

B. 放射治疗机房外非控制区人员：$H_c \leqslant 5\mu Sv/wk$。

首先需要熟悉周工作负荷（W）与周治疗照射时间（t）的计算方式。

示例：

A. 常规放射治疗。常规放射治疗为 1～4 个治疗野定向照射，使患者治疗区获得计划的治疗剂量。典型的放射治疗工作量为 60 人/天，每周工作 5 天，平均每人每野次治疗剂量为 1.5Gy，平均每人放射治疗 3 野次，周工作负荷 $W=60\times5\times1.5\times3=1350Gy/wk$。

在未获得放射治疗单位的工作负荷时，在屏蔽设计中取 $W=1500Gy/wk$。

设加速器等中心处治疗模体内参考点的常用最高吸收剂量率为 $\dot{D}_0$(Gy/min)，周治疗照射时间 $t=W/\dot{D}_0$。当 $\dot{D}_0=3Gy/min$ 时，平均每名患者放射治疗时间为 1.5min，周工作负荷 $W=1500Gy/wk$，周治疗时间 t 为 500min，即 8.3h。

B. 调强放射治疗。以手动控制（或治疗计划控制）分次定向照射实现的调强放射治疗为静态（或动态）调强放射治疗，平均每人照射野次约为常规放射治疗的 2 倍，调强因子 $N=2$。

在治疗装置旋转过程中，以治疗计划指引的断续或连续调强放射治疗称为拉弧调强治疗，调强因子 N 约为 4。在屏蔽设计中，通常取 $N=5$。

在调强放射治疗中，对有用线束和有用线束散射辐射，每周放射治疗人数与常规放射治疗人数相同时，周工作负荷与常规放射治疗周工作负荷相同；但对泄漏辐射，周工作负荷为常规放射治疗周工作负荷的 N 倍（当调强因子为 N 时）。

实际调强放射治疗中，周治疗患者数少于常规放射治疗患者数，满负荷下的周治疗装置出束时间少于 20h。

然后再进行导出剂量率参考控制水平 $\dot{H}_{c,d}$ 的计算。

A. 单一有用线束与单一泄漏辐射的导出剂量率参考控制水平 $\dot{H}_{c,d}$ 的计算。

a. 有用线束关注点的导出剂量率参考控制水平：

$$\dot{H}_{c,d}=\frac{H_c}{tUT}$$

H_c 为周剂量参考控制水平（μSv/wk）。

U 为有用线束关注位置方向照射的利用因子。

T 为人员在相应关注点驻留的居留因子。

t 为治疗装置周治疗时间（h）。

b. 单一泄漏辐射关注点的导出剂量率参考控制水平：

$$\dot{H}_{c,d}=\frac{H_c}{NtT}$$

H_c 为周剂量参考控制水平（μSv/wk）。

N 为调强治疗时用于泄漏辐射的调强因子，通常 $N=5$。

T 为人员在相应关注点驻留的居留因子。

t 为治疗装置周治疗时间（h）。

B. 复合辐射导出剂量率参考控制水平 $\dot{H}_{c,d}$ 的计算。与主屏蔽直接相连的次屏蔽区（参见图 6-1 至图 6-4）需要考虑加速器的泄漏辐射和有用线束水平照射的患者散射辐射的复合辐射。

a. 按照关注点人员居留因子的不同，分别确定关注点的最高剂量率参考控制水平 $\dot{H}_{c,max}$（μSv/h）。

a）人员居留因子 T≥1/2 的场所：$\dot{H}_{c,max}$ ≤2.5μSv/h。

b）人员居留因子 T<1/2 的场所：$\dot{H}_{c,max}$ ≤10μSv/h。

c）在治疗机房上方已建、拟建建筑物，或治疗机房旁邻近建筑物的高度超过自辐射源点到机房内顶表面边缘所张立体角区域时，距治疗机房顶外表面 30cm 处和（或）在该立体角区域内的高层建筑物中人员驻留处，可以根据机房外周剂量参考控制水平 H_c ≤5μSv/wk 和最高剂量率 $\dot{H}_{c,max}$ ≤2.5μSv/h，按照关注点位置的使用因子和居留因子确定的剂量率参考控制水平 H_c（μSv/h）加以控制。

d）以 a、b、c 中 $\dot{H}_{c,max}$ 的一半，作为关注点的导出剂量率控制水平 $\dot{H}_{c,d}$。穿出治疗机房顶的辐射对偶然到机房顶外的人员照射，以相当于机房外非控制区人员周剂量率控制指标的年剂量 250μSv 加以控制；对不需要人员到达并只有借助工具才能进入的机房顶，在考虑上述因素后，机房顶外表面 30cm 处的剂量率参考控制水平可按 100μSv/h 加以控制（可在相应处设置辐射告示牌）。

b. 单一泄漏辐射 $\dot{H}_{c,d}=\dfrac{H_c}{NtT}$式中的 H_c 以 $0.5H_c$ 代替，作为关注点的导出剂量率参考控制水平。

c. 在相应屏蔽下，泄漏辐射和有用线束患者散射辐射在关注点的剂量率之和为该处的剂量率控制值。

②按照关注点人员居留因子的不同，分别确定关注点的最高剂量率参考控制水平 $\dot{H}_{c,max}$（μSv/h）。

A. 人员居留因子 T≥1/2 的场所：$\dot{H}_{c,max}$ ≤2.5μSv/h。

B. 人员居留因子 T<1/2 的场所：$\dot{H}_{c,max}$ ≤10μSv/h。

③选择导出剂量率参考控制水平 $\dot{H}_{c,d}$ 和最高剂量率参考控制水平 $\dot{H}_{c,max}$ 中的较小者作为关注点的剂量率参考控制水平 $\dot{H}_c$（μSv/h）。

（2）治疗机房顶的剂量控制要求。

①在治疗机房正上方已建、拟建建筑物或治疗机房邻近建筑物的高度超过自辐射源点到机房顶内表面边缘所张立体角区域时，距治疗机房顶外表面 30cm 处和（或）在该立体角区域内的高层建筑物中人员驻留处，可以根据机房外周剂量参考控制水平 H_c ≤5μSv/wk 和最高剂量率 $\dot{H}_{c,max}$ ≤

2.5μSv/h 求得的关注点的剂量率参考控制水平 $\dot{H}_c$（μSv/h）加以控制。

②除①的条件外，还应考虑以下情况：

天空散射和侧散射是对治疗机房外的地面附近和楼层中公众的照射。该项辐射和穿出机房墙透射辐射在相应处的剂量率的总和应按①确定关注点的剂量率参考控制水平 $\dot{H}_c$（μSv/h）加以控制。

穿出治疗机房顶的辐射对偶然到达机房顶外的人员的照射，以机房外非控制区人员周剂量率控制指标的年剂量控制指标 250μSv 加以控制。

对不需要人员到达并只有借助工具才能进入的机房顶，在考虑人员居留因子之后，机房顶外表面 30cm 处的剂量率参考控制水平可按 100μSv/h 加以控制（可在相应处设置辐射告示牌）。

6.3.2 不同关注点应考虑的辐射

6.3.2.1 应考虑的辐射束

在对治疗机房屏蔽进行设计与评价时，应估算的辐射束为治疗装置在 X 射线治疗时可达到的最高能量条件下的有用线束、泄漏辐射和其产生的散射辐射。

6.3.2.2 治疗机房不同位置应考虑的辐射束

几种常用的有迷路的加速器治疗机房中，有用线束的照射方向、散射辐射和泄漏辐射的示意图见图 6-1 至图 6-4。

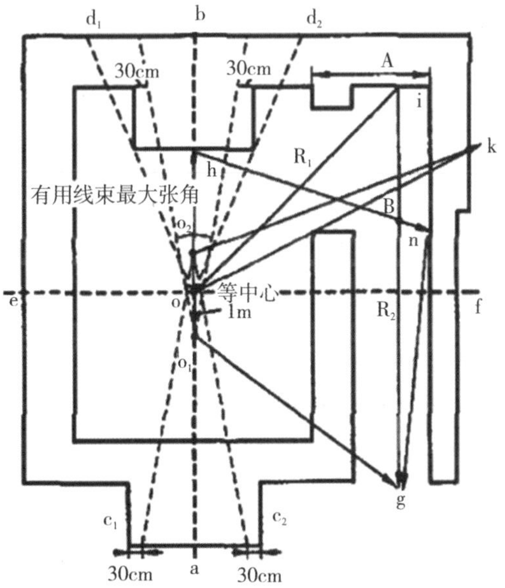

图 6-1 加速器机房的关注点和其主要照射路径示意图①

（直迷路，有用线束不向迷路照射）

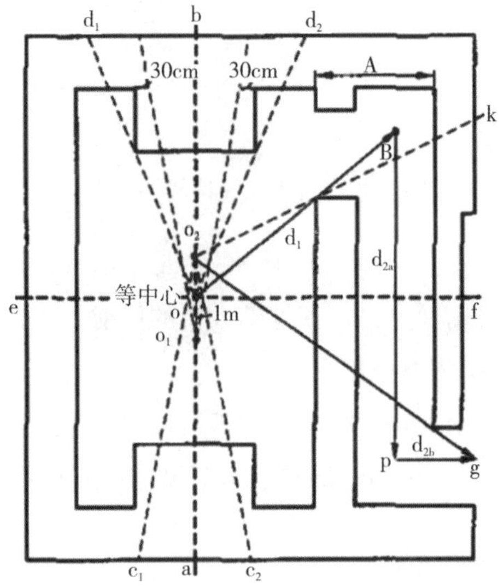

图 6-2　加速器机房的关注点和其主要照射路径示意图②

（L 型迷路，有用线束不向迷路照射）

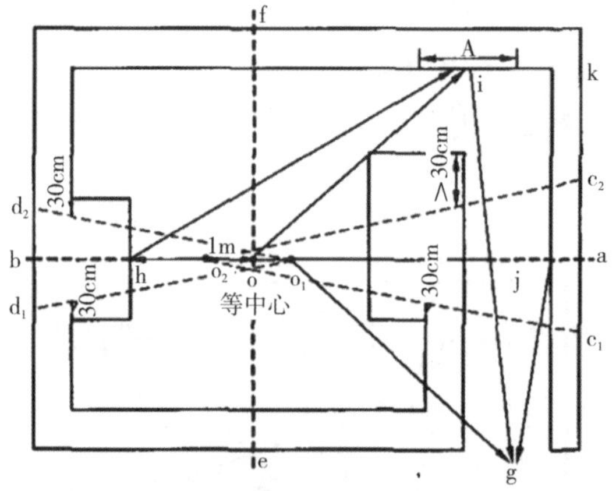

图 6-3　加速器机房迷路散射路径示意图

（直迷路，有用线束向迷路照射）

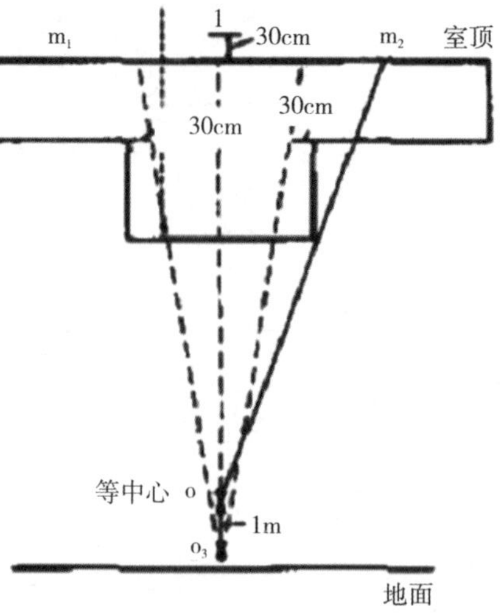

图 6-4　加速器机房顶的关注点局部纵剖面示意图

注：图 6-1 至 6-4 取自 GBZ/T 201.2—2011。

（1）主屏蔽区。

加速器机房中，有用线束照射方向如图 6-1 至图 6-4 所示，其中图 6-1、图 6-2、图 6-3 中的 a、b 点和图 6-4 的 l 点的屏蔽厚度应按主屏蔽区有用线束估算。

（2）与主屏蔽区直接相连的次屏蔽区。

图 6-1、图 6-2、图 6-3 中的 c_1、c_2、d_1、d_2 和图 6-4 中的 m_1、m_2 点所示区域为与主屏蔽区直接相连的次屏蔽区，其屏蔽厚度按下列辐射束估算：

①有用线束水平照射或向机房顶照射（使用因子 $U=0.25$）对人体的散射辐射，以等中心位置 o 点为散射体中心，散射角 θ 接近 30°，屏蔽墙的斜射角与散射角相同，如图 6-1 中"o_1—o—d_2"和图 6-4 中"o_3—o—m_2"路径。

②加速器的泄漏辐射，以位置 o 点为中心，使用因子 $U=1$，屏蔽墙的斜射角接近 30°，调强因子 $N=5$，如图 6-1 中的"o—d_2"路径。

（3）侧屏蔽墙。

图 6-1 和图 6-2 的 e 点和图 6-3 的 e、f 点所在区域的屏蔽厚度应按加速器的泄漏辐射估算，以位置 o 点为中心使用因子 $U=1$，调强因子 $N=5$（调强治疗时）。示意图路径在图 6-3 中为"o—e"和"o—f"。

（4）迷路外墙。

图 6-1、图 6-2、图 6-3 中的 k 点，其屏蔽应考虑：

①当有用线束不向迷路内墙照射时，图 6-1 和图 6-2 的 k 点的屏蔽厚度应考虑：

加速器靶点位于 o_2 点（偏离 o 点 1m）时，k 点的辐射剂量率最大，泄漏辐射起决定性作用。o_2 点至 k 点的泄漏辐射的斜射角较小，通常以 0°垂直入射进行保守估算；估算 k 点处的导出剂量率时，取调强因子 $N=5$（调强治疗时），使用因子 U 为：

当加速器靶点自位置 o 点至 k 点的泄漏辐射没有受到迷路内墙的屏蔽时，$U=1$；

当加速器靶点自位置 o 点至 k 点的泄漏辐射得到迷路内墙的屏蔽时，$U=0.25$。

②当有用线束向迷路内墙照射时，见图 6-3，迷路外墙在 k 点处的厚度同位置 a 点处厚度。

（5）加速器（≤10MV）机房迷路入口。

①有用线束不向迷路内墙照射时的迷路入口。

图 6-1 和图 6-2 相应迷路入口处的辐射剂量应考虑如下因素：

迷路入口 g 点的辐射包括：

A. 人体受有用线束照射时，散射至 i 点的辐射以及再次受墙的二次散射至 g 点处的辐射，散射路径为"o_1—o—i—g"。

B. 至 i 点的泄漏辐射受墙散射至 g 点处的辐射，散射路径为"o_1—i—g"。

C. 有用线束穿出人体达到位置 h，通过主屏蔽墙的散射至 n 点处迷路外墙再次散射，达到 g 点处的辐射，散射路径为"o_1—h—n—g"。

图 6-1 至图 6-3 的 g 点，还需核算加速器的泄漏辐射（以偏离 o 点的位置 o_1 点为中心）经迷路内墙屏蔽后在迷路入口 g 点的辐射剂量。示例路程见图 6-1 中"o_1—g"。

当屏蔽内墙为斜型时，还应以位置 o_2 点为中心，再次核算泄漏辐射在 g 点处的剂量，示例路径见图 6-2 中"o_2—g"。核算结果应为 g 点处参考控制水平的一个分数（应小于 1/4）。若此项辐射剂量值较高，应增加迷路内墙的屏蔽厚度。

当加速器主屏蔽区加厚屏蔽部分凸向屏蔽墙外表面或凸向屏蔽墙内表面时，o_1 点至 g 点的泄漏辐射射入迷路内墙的斜角会有所不同，通常以 30°斜射角进行保守估算。

（2）有用线束向迷路内墙照射时的迷路入口。

图 6-3 表示有用线束向迷路内墙照射时的情景，此时迷路入口处的辐射剂量应考虑：

①入射至 i 墙并散射至 g 点处的辐射中，i 墙的入射辐射可能来自泄漏辐射、患者散射和向 b 点处照射的有用线束穿过患者身体并射入屏蔽墙内表面 h 点处的散射辐射。

②应核算穿过迷路内墙的有用线束未受迷路外墙散射至 g 点处的辐射剂量，示例路径见图 6-3 中"o_2—j—g"。此值应是 g 点处参考控制水平的一个分数（一般小于 1/4），若此辐射剂量值较高，应增加迷路内墙的屏蔽厚度。

③g 点处也需核算泄漏辐射（以位置 o_1 点为中心）的剂量。示例路径见图 6-3 中的"o_1—g"。核算结果应为 g 点处的参考控制水平的一个分数（应小于 1/4）。若此辐射剂量值较高，应增加迷路内墙的屏蔽厚度。

（6）加速器（>10MV）机房迷路入口。

图 6-1 至图 6-3 的 g 点，应估算三项中子（加速器机头外的杂散中子、杂散中子在机房内壁的散射中子和相互作用中生成的热中子）在迷路内的散射中子和中子俘获 γ 射线在 g 点处的辐射剂量。示例路径见图 6-1 中的"o—B—g"和图 6-2 中的"o—B—P—g"。

6.3.3 辐射源点至关注点的距离

在加速器放射治疗中，辐射源点至关注点的距离按如下方法估算：

（1）直接与治疗机房连接的区域内，关注点为距治疗机房（包括治疗机房顶）外表面 30cm 的相应位置。

（2）对于患者散射辐射，以等中心位置为散射辐射源点。

（3）对主屏蔽区的关注点，辐射源点到关注点的距离为等中心位置至关注点的距离与源轴距（$SAD=1\text{m}$）之和。

（4）在辐射屏蔽设计时，辐射源点至关注点的距离参数中，屏蔽体的初始厚度按表 6-13 取值。

表 6-13 预设加速器机房屏蔽厚度

最高治疗 X 射线（MV）	不同屏蔽区的砼屏蔽厚度（cm）	
	主屏蔽区	次屏蔽区
≤10	200	100
>10	250	110

注：表中砼的密度为 2.35t/m^3，若采用其他密度的砼或材料时，应进行换算（表中值乘以 2.35/ρ）。本表取自 GBZ/T 201.2-2011。

6.4 屏蔽厚度估算方法

6.4.1 使用什值层的计算方法

(1) 有效屏蔽厚度。

当X射线束以 θ 角斜射入厚度为 X（cm）的屏蔽物质时，射线束在斜射路径上的有效屏蔽厚度 X_e 为：

$$X_e = X \cdot \sec\theta \quad \text{（式 6-12）}$$

即：

$$X = X_e \cdot \cos\theta \quad \text{（式 6-13）}$$

θ 为斜射角，即入射线与屏蔽物质平面的垂直线间的夹角。

(2) 屏蔽厚度与屏蔽透射因子的相应关系。

屏蔽厚度 X（cm）与屏蔽透射因子 B 的相互计算关系：

①对于给定的屏蔽物质的厚度 X（cm），按式 6-12 计算有效屏蔽厚度 X_e（cm），相应的辐射屏蔽透射因子 B 为

$$B = 10^{-(Xe+TVL-TVL_1)/TVL} \quad \text{（式 6-14）}$$

②对于估算出的屏蔽透射因子 B，按

$$X_e = TVL \cdot \lg B^{-1} + (TVL_1 - TVL) \quad \text{（式 6-15）}$$

估算所需的有效屏蔽厚度 X_e（mm），并按式 6-13 估算所需的屏蔽厚度 X（cm）。

注：TVL_1 和 TVL 为辐射在屏蔽物质中的第一个什值层厚度和平衡什值层厚度，当未指明 TVL_1 时，$TVL_1 = TVL$。

6.4.2 不同辐射的屏蔽估算方法

电子直线加速器治疗机房的辐射屏蔽估算中，应考虑的辐射屏蔽与剂量估算有：

(1) 有用线束和泄漏辐射的屏蔽与剂量估算。

(2) 患者一次散射辐射的屏蔽与剂量估算。

(3) 穿过患者或迷路内墙的有用线束在屏蔽墙上的一次散射辐射剂量估算。

(4) 泄漏辐射在屏蔽墙上的一次散射辐射剂量估算。

(5) 患者散射辐射和泄漏辐射的复合辐射的屏蔽与剂量估算。

(6) 加速器（≤10MV）机房的迷路散射辐射屏蔽与剂量估算，包括：

①有用线束不向迷路照射。

②有用线束向迷路照射。

(7) 加速器（>10MV）机房的迷路散射辐射剂量估算。

6.4.2.1 有用线束和泄漏辐射的屏蔽与剂量估算

(1) 关注点达到剂量率参考控制水平 $\dot{H}_c$ 时，设计所需要的屏蔽透射因子 B 按式 6-16 计算。

$$B = \frac{\dot{H}_c}{\dot{H}_o} \times \frac{R^2}{f} \quad \text{（式 6-16）}$$

先按式 $X_e = TVL \cdot \lg B^{-1} + (TVL_1 - TVL)$ 计算所需要的有效屏蔽厚度 X_e，再按 $X = X_e \cdot \cos\theta$ 计算屏蔽厚度 X（cm）。

式 6-16 中，$\dot{H}_c$ 为确定的剂量率参考控制水平（μSv/h）。R 为辐射源点（靶点）至关注点的距离（m）（参见 6.3.3）。f 对有用线束为 1，对泄漏辐射为泄漏辐射比率。$\dot{H}_o$ 为加速器有用线束中心轴上距产生治疗 X 射线束的靶（简称靶）1m 处的常用最高剂量率（$\mu Sv \cdot m^2/h$，即以 $Sv \cdot m^2/min$ 为单位的值乘以 6×10^7）。

（2）在给定屏蔽物质厚度 X（cm）时，首先应按 $X_e = X \cdot \sec\theta$ 计算出有效屏蔽厚度 X_e（cm），再按式 $B = 10^{-(X_e+TVL-TVL_1)/TVL}$ 计算屏蔽物质的屏蔽透射因子 B，再按式 6-17 计算出相应辐射在屏蔽体外关注点的剂量率 $\dot{H}$（μSv/h）。

$$\dot{H} = \frac{\dot{H}_o \cdot f}{R^2} \cdot B \qquad \text{（式 6-17）}$$

（3）加速器治疗装置屏蔽估算中使用的 TVL_1 和 TVL 与 X 射线的能量值有关，以混凝土为屏蔽物质时可参用表 6-14 中的数值。

表 6-14　有用线束和泄漏辐射在混凝土中的什值层

MV/MeV	有用线束		90°泄漏辐射	
	TVL_1（cm）	TVL（cm）	TVL_1（cm）	TVL（cm）
4MV	35	30	33	28
6MV	37	33	34	29
10MV	41	37	35	31
15MV	44	41	36	33
18MV	45	43	36	34
20MV	46	44	36	34
25MV	49	46	37	35
30MV	51	49	37	36
1.25MeV（^{60}Co）	21	21	21	21

注：①表中值取自 NCPR No.151。
②MV 指加速器的 X 射线末端能量，MeV 指 γ 射线能量或等放能量。
本表取自 GBZ/T 201.2-2011。

6.4.2.2　患者一次散射辐射的屏蔽与剂量估算

（1）关注点达到剂量率参考控制水平 $\dot{H}_c$ 时，设计所需要的屏蔽透射因子 B 按式 6-18 计算。

$$B = \frac{\dot{H}_c R_s^2}{\dot{H}_o \alpha_{ph} (F/400)} \qquad \text{（式 6-18）}$$

式中：$\dot{H}_c$ 为确定的剂量率参考控制水平（μSv/h）。

R_s 为患者（位于等中心点）至关注点的距离（m）。

$\dot{H}_o$ 为加速器有用线束中心轴上距靶 1m 处常用最高剂量率（$\mu Sv \cdot m^2/h$）。

α_{ph} 为患者 $400cm^2$ 面积上垂直入射的 X 射线散射至距其 1m（关注点方向）处的剂量比例，又称 $400cm^2$ 面积上的散射因子（见表 6-15）。

F 为治疗装置有用线束在等中心处的最大治疗野面积（cm^2）。

再按 $X_e = TVL \cdot \lg B^{-1} + (TVL_1 - TVL)$ 计算所需要的有效屏蔽厚度 X_e（cm），并按 $X = X_e \cdot \cos\theta$ 计算屏蔽厚度 X（cm）。

表 6-15　患者受照 $400cm^2$ 面积的散射因子

散射角	散射因子 α_{ph}			
	6MV	10MV	18MV	24MV
10°	1.04×10^{-2}	1.66×10^{-2}	1.42×10^{-2}	1.78×10^{-2}
20°	6.73×10^{-3}	5.79×10^{-3}	5.39×10^{-3}	6.32×10^{-3}
30°	2.77×10^{-3}	3.18×10^{-3}	2.53×10^{-3}	2.74×10^{-4}
45°	1.39×10^{-3}	1.35×10^{-3}	8.64×10^{-4}	8.30×10^{-4}
60°	8.24×10^{-4}	7.46×10^{-4}	4.24×10^{-4}	3.86×10^{-4}
90°	4.26×10^{-4}	3.81×10^{-4}	1.89×10^{-4}	1.74×10^{-4}
135°	3.00×10^{-4}	3.02×10^{-4}	1.24×10^{-4}	1.20×10^{-4}
150°	2.87×10^{-4}	2.74×10^{-4}	1.20×10^{-4}	1.13×10^{-4}

注：表中值取自 NCRP Report No. 151。本表取自 GBZ/T201. 2-2011。

（2）在给定屏蔽物质厚度 X（cm）的情况下，首先按 $X_e = X \cdot \sec\theta$ 计算有效屏蔽厚度 X_e（cm），再按 $B = 10^{-(X_e+TVL-TVL_1)/TVL}$ 计算屏蔽物质的屏蔽透射因子 B，并按式 6-19 计算相应辐射在屏蔽体外关注点的剂量率 $\dot{H}$（μSv/h）。

$$\dot{H} = \frac{\dot{H}_o \alpha_{ph}(F/400)}{R_s^2} \cdot B \qquad \text{（式 6-19）}$$

（3）α_{ph} 值与 X 射线的能量值及散射角（散射方向与入射方向的夹角）有关，随着散射角增大，散射辐射能量减小，见表 6-16。散射辐射在混凝土中的 TVL 值见表 6-17。

表 6-16　患者散射辐射的平均能量

散射角	患者散射辐射的平均能量 MeV			
	6MV	10MV	18MV	24MV
0°	1.6	2.7	5.0	5.6
10°	1.4	2.0	3.2	3.9

（续表）

散射角	患者散射辐射的平均能量 MeV			
	6MV	10MV	18MV	24MV
20°	1.2	1.3	2.1	2.7
30°	0.9	1.0	1.3	1.7
40°	0.7	0.7	0.9	1.1
50°	0.5	0.5	0.6	0.8
70°	0.4	0.4	0.4	0.5
90°	0.2	0.2	0.3	0.3

注：表中值取自 NCRP No. 151。本表取自 GBZ/T201.2-2011。

表 6-17　患者散射辐射在混凝土中的什值层

散射角	*TVL*/cm							
	1.25MeV（^{60}Co）	4MV	6MV	10MV	15MV	18MV	20MV	24MV
15°	22	30	34	39	42	44	46	49
30°	21	25	26	28	31	32	33	36
45°	20	22	23	25	26	27	27	29
60°	19	21	21	22	23	23	24	24
90°	15	17	17	18	18	19	19	19
135°	13	14	15	15	15	15	15	16

注：表中值取自 NCRP Report No. 151。本表取自 GBZ/T201.2-2011。

6.4.2.3　穿过患者或迷路内墙的有用线束在屏蔽墙上的一次散射辐射剂量估算

有用线束穿过患者或迷路内墙，垂直射入屏蔽墙并散射至计算点的辐射剂量按式 6-20 计算：

$$\dot{H} = \dot{H}_o \frac{(F/10^4)}{R^2} \cdot \alpha_w \cdot B_p \qquad (式 6-20)$$

式中：$\dot{H}$ 为计算点的辐射剂量率（μSv/h）。

$\dot{H}_o$ 为加速器有用线束中心轴上距靶 1m 处的常用最高剂量率（μSv · m^2/h）。

F 为治疗装置有用线束在等中心处的最大治疗野面积（cm^2）。

10^4 将为平方米面积转换为平方厘米的进率。

R 为散射体中心点（有用线束在屏蔽墙上的投影区）与计算点的距离（m）。

α_w 为散射因子，即单位面积（1m^2）散射体散射到距其 1m 处的散射辐射剂量率与该面积上的入射幅射剂量率的比。α_w 与入射角和散射角（入射方向和反散射方向对散射体垂直线的夹角）有关，0°、30°、45°、60°、75°入射辐射在混凝土散射体上的 α_w 见表 6-18。

B_p 为有用线束射入散射体（屏蔽墙）前的屏蔽透射因子。对患者取 0.34 或保守地取 1。

对于有用线束向迷路墙照射时的迷路内墙，屏蔽厚度按 $B = 10^{-(X_e+TVL-TVL_1)/TVL}$ 计算。

表 6-18 混凝土对 0°入射辐射的散射因子 α_w（散射面积 10^4cm^2）

MV/MeV	入射辐射的散射因子 α_w				
	0°	30°	45°	60°	75°
30MV	3.0×10^{-3}	2.7×10^{-3}	2.6×10^{-3}	2.2×10^{-3}	1.5×10^{-3}
24MV	3.2×10^{-3}	3.2×10^{-3}	2.8×10^{-3}	2.3×10^{-3}	1.5×10^{-3}
18MV	3.4×10^{-3}	3.4×10^{-3}	3.0×10^{-3}	2.5×10^{-3}	1.6×10^{-3}
10MV	4.3×10^{-3}	4.1×10^{-3}	3.8×10^{-3}	3.1×10^{-3}	2.1×10^{-3}
6MV	5.3×10^{-3}	5.2×10^{-3}	4.7×10^{-3}	4.0×10^{-3}	2.7×10^{-3}
4MV	6.7×10^{-3}	6.4×10^{-3}	5.8×10^{-3}	4.9×10^{-3}	3.1×10^{-3}
1.25MeV (^{60}Co)	7.0×10^{-3}	6.5×10^{-3}	6.0×10^{-3}	5.5×10^{-3}	3.8×10^{-3}
0.5MeV	19.0×10^{-3}	17.0×10^{-3}	15.0×10^{-3}	13.0×10^{-3}	8.0×10^{-3}
0.25MeV	32.0×10^{-3}	28.0×10^{-3}	25.0×10^{-3}	22.0×10^{-3}	13.0×10^{-3}

注：①表中值取自 NCPR Report No. 151。

②MV 指加速器的 X 射线末端能量，MeV 指 γ 射线能量或等效能量。

本表取自 GBZ/T201.2-2011。

6.4.2.4 泄漏辐射在屏蔽墙上的一次散射辐射剂量估算

射入屏蔽墙上的泄漏辐射散射至计算点的辐射剂量率 $\dot{H}$ 按式 6-21 计算。

$$\dot{H} = \frac{f\dot{H}_o A\alpha_w}{R_L^2 R^2} \quad \text{（式 6-21）}$$

式中：$\dot{H}$ 为计算点的辐射剂量率（μSv/h）。

f 为加速器的泄漏辐射比率，通常取 10^{-3}。

A 为散射面积（m^2），即泄漏辐射始点（见图 6-1 中的位置 o 点或 o_1 点、o_2 点）和计算点共同可视见的散射体区域的面积（m^2）。

α_w 为散射体的散射因子。由于加速器的泄漏辐射能量小于有用射线的能量，故一般建议保守地使用 6MV 的散射因子。

R 为散射体中心点与计算点的距离（m）。

R_L 为泄漏辐射始点（示意图 1 中的位置 o 点或 o_1 点、o_2 点）至散射体中心的距离（m）。

6.4.2.5 患者散射辐射和泄漏辐射的复合辐射的屏蔽与剂量估算

需要考虑患者散射辐射和泄漏辐射的复合作用的位置见图 6-1 的 d_2 点。该点的屏蔽与剂量估算按以下方法进行：

（1）某些关注点可能同时受到患者散射辐射和泄漏辐射的共同照射，图 6-1 中的 d_2 点可作为一个示例。

经屏蔽后，该点来自散射辐射的剂量率大于来自泄漏辐射的剂量率，并小于泄漏辐射剂量率的10倍。同时，屏蔽后在该位置的泄漏辐射周剂量大于散射辐射周剂量，并小于散射辐射周剂量的10倍。所以，应计算有用线束患者散射辐射和加速器泄漏辐射所需要的屏蔽厚度，且应在屏蔽设计中取两者中较厚者。

（2）在给定屏蔽物质厚度 X（cm）时，分别按 $\dot{H}=\frac{\dot{H}_o f}{R^2}\cdot B$ 和 $\dot{H}=\frac{\dot{H}_o \alpha_{ph}(F/400)}{R_s^2}\cdot B$ 估算泄漏辐射和患者散射辐射经屏蔽后在关注点的剂量率，二者之和为该关注点的总剂量率，以该处的剂量率参考控制水平 $\dot{H}_c$ 值进行评价。同时对该关注点的泄漏辐射和患者散射辐射的周剂量，按6.3.1的周剂量 H_c 评价。

6.4.2.6　加速器（≤10MV）机房的迷路散射辐射屏蔽与剂量估算

（1）有用线束不向迷路照射。

机房迷路散射典型的散射路径见图6-1中的 o_1—o—i—g。

①自加速器靶点 o_1 向位置o点的患者照射至迷路i点的散射角 θ 接近45°；i点处墙向g点处的二次散射的散射角小于10°。通常按0°对待。i点处墙的散射面积为自入口g点和等中心位置o点共同可视见区域（见图6-1中的A区），包括治疗机房吊装顶上方区域。

②入口g点处的散射辐射剂量率 $\dot{H}_g$ 按式6-22计算。

$$\dot{H}_g=\frac{\alpha_{ph}(F/400)}{R_1^2}\cdot\frac{\alpha_2 A}{R_2^2}\cdot\dot{H}_o \qquad \text{（式 6-22）}$$

式中：$\dot{H}_g$ 为g点处的散射辐射剂量率（μSv/h）。

α_{ph} 为患者400cm^{2}面积上散射因子，通常取45°散射角的值。

F 为治疗装置有用线束在等中心处的最大治疗野面积（cm^2）。

α_2 为混凝土墙入射的患者散射辐射的散射因子，通常取i点处的入射角为45°，散射角为0°。通常使用表6-19中0.5MeV栏内的值。

A 为i点处的散射面积（m^2）。

$\dot{H}_o$ 为加速器有用线束中心轴上距靶1m处的常用最高剂量率（μSv·m^2/h）。

R_1 为图6-1中o—i之间的距离（m）。

R_2 为图6-1中i—g之间的距离（m）。

表6-19　混凝土对45°入射辐射的散射因子 α_w（散射面积10^{4}cm^2）

MV/MeV	45°入射辐射的散射因子 α_w				
	0°	30°	45°	60°	75°
30MV	4.8×10^{-3}	5.0×10^{-3}	4.9×10^{-3}	4.0×10^{-3}	3.0×10^{-3}
24MV	3.7×10^{-3}	3.9×10^{-3}	3.9×10^{-3}	3.7×10^{-3}	3.4×10^{-3}

（续表）

MV/MeV	45°入射辐射的散射因子 α_w				
	0°	30°	45°	60°	75°
18MV	4.5×10^{-3}	4.6×10^{-3}	4.6×10^{-3}	4.3×10^{-3}	4.0×10^{-3}
10MV	5.1×10^{-3}	5.7×10^{-3}	5.8×10^{-3}	6.0×10^{-3}	6.0×10^{-3}
6MV	6.4×10^{-3}	7.1×10^{-3}	7.3×10^{-3}	7.7×10^{-3}	8.0×10^{-3}
4MV	7.6×10^{-3}	8.5×10^{-3}	9.0×10^{-3}	9.2×10^{-3}	9.5×10^{-3}
1.25MeV（^{60}Co）	9.0×10^{-3}	10.2×10^{-3}	11.0×10^{-3}	11.5×10^{-3}	12.0×10^{-3}
0.5MeV	22.0×10^{-3}	22.5×10^{-3}	22.0×10^{-3}	20.0×10^{-3}	18.0×10^{-3}
0.25MeV	36.0×10^{-3}	34.5×10^{-3}	31.0×10^{-3}	25.0×10^{-3}	18.0×10^{-3}

注：①表中值取自 NCPR No. 151。

②MV 指加速器的 X 射线末端能量，MeV 指 γ 射线能量或等效能量。

本表取自 GBZ/T201.2-2011。

③图 6-1 中 g 处的散射能量级约为 0.2MeV，防护门需要的屏蔽透射因子 B 按式 6-23 计算。

$$B=\frac{\dot{H}_c-\dot{H}_{og}}{\dot{H}_g} \qquad （式 6-23）$$

式中：$\dot{H}_{og}$ 为图 6-1 中 o_1 点位置穿过迷路内墙的泄漏辐射在 g 点处的辐射剂量率，按 $\dot{H}=\frac{\dot{H}_o f}{R^2}\cdot B$ 计算。

迷路内墙的屏蔽透射因子，按 $B=10^{-(X_e+TVL-TVL_1)/TVL}$ 计算。

根据屏蔽内墙的厚度，按 $X=X_e\cdot\cos\theta$ 计算。

当迷路内墙各段厚度不等时，则还需要核算自 o_2 点位置到 g 点的辐射剂量率。

在使用式 6-23 计算防护门需要的屏蔽透射因子 B 值时，按 $X_e=TVL\cdot\lg B^{-1}+(TVL_1-TVL)$ 计算防护门的铅屏蔽厚度，此时 $TVL_1=TVL$，$X_e=X$（0°入射）在 g 点处的散射辐射能量约为 0.2MeV，铅中的 TVL 值为 0.5cm。

④在给定防护门的铅屏蔽厚度 X（cm）时，防护门外的辐射剂量率 $\dot{H}$（μSv/h）按式 6-24 计算。

$$\dot{H}=\dot{H}_g\cdot10^{-(X/TVL)}+\dot{H}_{og} \qquad （式 6-24）$$

式中：TVL=0.5cm（铅），其余符号同上。

（2）有用线束向迷路照射。

机房情景见图 6-3，考虑的辐射照射见有用线束向迷路内墙照射时的迷路入口。在按 $\dot{H}=\dot{H}_o\cdot\frac{(F/10^4)}{R^2}\cdot\alpha_w\cdot B_p$ 计算图 6-3 中“o_2—j—g”路径的散射时，有用线束边缘（见图 6-3 位置 c_1 点）

距 g 处可能较近，并且还存在迷路内墙的杂散辐射，故建议增加至 2 倍安全系数。

6.4.2.7 加速器（>10MV）机房的迷路散射辐射

对于大于 10MV 加速器的机房，迷路散射辐射应考虑下列各项：

（1）总中子注量 Φ_B 。

在图 6-1 中，迷路的中子散射路径为“o—B—g”，B 点是等中心点与迷路内墙端的连线和迷路长轴中心线之间的交点，在 B 点处的总中子注量 Φ_B 按式 6-25 计算。式中的三项分别是：①加速器机头处的杂散中子；②杂散中子在治疗室内墙的散射中子；③由②所形成的热中子。

$$\Phi_B = \frac{Q_n}{4\pi d_1^2} + \frac{5.4Q_n}{2\pi S} + \frac{1.26Q_n}{2\pi S} \qquad （式 6-25）$$

式中：Φ_B 为等中心处 1Gy 治疗照射时 B 点处的总中子注量［（中子数/m^2）/Gy］。

Q_n 为在等中心处每 1Gy 治疗照射时射出加速器机头的总中子数。可向产品供应商获取 Q_n 指标（注：NCRP Report No. 151 的表 B.9 中列出的一些型号加速器的 Q_n 值，可参考使用）。

d_1 为等中心点 o 至 B 点的距离（m）。

S 为治疗机房的总内表面积（m^2），包括四面墙壁、顶面和底面，不包括迷路内各面积。

式 6-25 用于铅屏蔽加速器机头，若是钨屏蔽的加速器机头，则式中的第一项和第二项均需乘以衰减因子 0.85。

（2）机房入口的中子俘获 γ 射线的剂量率 $\dot{H}_\gamma$ 。

机房内及迷路中的中子在与屏蔽物质作用时产生中子俘获 γ 射线，机房入口门外 30cm（g 点）处，无防护门时的中子俘获 γ 射线的剂量率 $\dot{H}_\gamma$（μSv/h）按式 6-26 计算。

$$\dot{H}_\gamma = 6.9 \times 10^{-16} \cdot \Phi_B \cdot 10^{-d_2/TVD} \cdot \dot{H}_o \qquad （式 6-26）$$

式中：6.9×10^{-16} 为该方法中的经验因子［Sv/（中子数/m^2）］。

Φ_B 为等中心处 1Gy 治疗照射时 B 点处的总中子注量［（中子数/m^2）/Gy］。

d_2 为 B 点至机房入口 g 点的距离（m）。

TVD 为将 γ 射线辐射剂量减至十分之一的距离（称为什值距离），对于 18MV～25MV 加速器为 5.4m，对于 15MV 的加速器为 3.9m。

$\dot{H}_0$ 为等中心点处治疗 X 射线剂量率（μGy/h）。

对于二阶迷路（见图 6-2），式 6-26 中应以二阶迷路 d_{2a} 与 d_{2b} 之和代替 d_2，并且 $\dot{H}_\gamma$ 为上式的 1/3。这种计算方法适用于 d_{2b} 并非过短、迷路宽度并非过小的情况。

（3）机房入口的中子剂量率 $\dot{H}_n$ 。

机房内的中子经迷路散射后，在机房入口外 30cm 处（g 点）无防护门时的剂量率 $\dot{H}_n$（μSv/h），按式 6-27 计算。

$$\dot{H}_n = 2.4 \times 10^{-15} \cdot \Phi_B \sqrt{\frac{S_0}{S_1}} \cdot [1.64 \times 10^{-(d_2/1.9)} + 10^{-(d_2/T_n)}] \cdot \dot{H}_o \qquad （式 6-27）$$

式中：2.4×10^{-15} 为该计算方法中的经验因子［Sv/（中子数/m^2）］。

S_0 为迷路内口的面积（m^2）。

S_1 为迷路横截面积（m^2）。

d_2 为 B 点到迷路入口 g 点的距离（m）。

T_n 为迷路中能量相对较高的中子剂量组分。式 6-27 方括号中的第二项衰减至十分之一行径的距离（m），称为什值距离。T_n 是一个经验值，与迷路横截面积有关，按式 6-28 计算。

$$T_n = 2.06\sqrt{S_1} \quad （式 6-28）$$

（4）入口门屏蔽。

入口门屏蔽设计时通常使中子和中子俘获 γ 射线屏蔽后有相同的辐射剂量率。对于中子俘获 γ 射线，以铅屏蔽；对于中子，以含硼 5% 的聚乙烯屏蔽，所需的屏蔽防护厚度 X_γ 和 X_n 按式 6-29 及式 6-30 计算。

$$X_\gamma = TVL_\gamma \cdot \lg[2\dot{H}_\gamma/(\dot{H}_c - \dot{H}_{og})] \quad （式 6-29）$$

$$X_n = TVL_n \cdot \lg[2\dot{H}_n/(\dot{H}_c - \dot{H}_{og})] \quad （式 6-30）$$

式中：X_γ 和 X_n 分别为屏蔽上述两种辐射的不同屏蔽材料的厚度（cm）。

TVL_γ 和 TVL_n 分别为中子俘获 γ 射线和中子在上述两种屏蔽材料中的什值层（cm）。

$\dot{H}_\gamma$ 和 $\dot{H}_n$ 分别为按式 6-26 和 6-27 计算的入口处防护门内的辐射剂量率。

$\dot{H}_c$ 为依照 $\dot{H}_{c,d}$ 的单一辐射导出的剂量率参考控制水平，有用线束关注点和单一泄漏辐射的剂量率参考控制水平分别按 $\dot{H}_{c,d} = \frac{H_c}{tUT}$ 和 $\dot{H}_{c,d} = \frac{H_c}{tNT}$ 计算，以 μSv/h 表示。

$\dot{H}_{og}$ 为图 6-1 中 o_1 点位置穿过迷路内墙的泄漏辐射在 g 点处的剂量率。

当给定防护门屏蔽厚度 X_γ 和 X_n 时，防护门外的辐射剂量率 $\dot{H}$（μSv/h）按式 6-31 计算。

$$\dot{H} = \dot{H}_\gamma \cdot 10^{-(X_\gamma/TVL_\gamma)} + \dot{H}_n \cdot 10^{-(X_n/TVL_n)} + \dot{H}_{og} \cdot B_{og} \quad （式 6-31）$$

式中：B_{og} 为防护门对 $\dot{H}_{og}$ 的屏蔽透射因子。在 $\dot{H}_{og}$ 相对 g 点处的总剂量率较小时，可以忽略 $\dot{H}_{og} \cdot B_{og}$ 项。

（5）机房内的光中子。

①加速器治疗机头的杂散中子为直接光中子，它来源于 X 射线中能量大于 10MeV 的光子与加速器的靶、准直器、均整器及电子束和光子束通道上的其他物质相互作用发生光核反应所产生的中子。直接光中子平均能量不超过 1MeV。直接光中子与加速器厅壁作用发生弹性散射和非弹性散射，散射中子能量约为 0.24MeV。直接光中子和散射中子的平均能量约为 0.34MeV。

②混凝土中含有 4%～5% 的水，对 0.34MeV 中子的什值层衰减厚度为 21cm，而混凝土对 10～25MV X 射线治疗装置 90°泄露辐射的什值层为 31～36cm。混凝土厚度为 110cm 时，对中子的衰减为对 10MV 泄露辐射（$TVL=31$cm）衰减的 50 倍。直接光中子在距靶 1m 处的最大值为（1～4）×

10^{-3}Sv/Gy，泄露辐射在距靶1m处的值小于10^{-3}Sv/Gy。110cm混凝土墙外的中子剂量小于X射线剂量的1/10。治疗机房采用混凝土屏蔽墙时，墙的屏蔽只需考虑对X射线的屏蔽。

（6）机房入口的中子。

①中子经迷路壁多次散射后，在入口处的平均能量为100keV，在聚乙烯中，*TVL*为45mm。在聚乙烯中掺入5%的硼，用以减少热中子的成分。硼对热中子的*TVL*为12mm，但对2MeV中子的*TVL*为38mm。

屏蔽计算中，保守地取含硼5%的聚乙烯的*TVL*为45mm。

②中子俘获γ射线：中子作用于物质时被俘获，同时生成γ射线，称为中子俘获γ射线。中子俘获γ射线平均能量为3.6MeV，在迷路短时最高能量可以达到10MeV。在NCRP Report No. 151中保守地给出铅的*TVL*为61mm。IAEA Report No. 47中指出该保守值的同时，还指出另外的数据：对于长度大于5m的迷路，铅的*TVL*可降为6mm。分析中村尚司、上蓑义朋发表在Radioisotopes［32（5）：51-56，1986］上的报告，可以导出铅的*TVL*为31mm，GBZ/T 201.2—2011也建议使用该值。

当入口防护门屏蔽厚度较薄时，应按前文的“加速器（≤10MV）机房的迷路散射辐射屏蔽与剂量估算”来核算其在防护门之外的辐射剂量。

6.4.3 不同类型放射治疗机屏蔽估算示例

6.4.3.1 调强放射治疗机房示例

6MV、10MV、15MV和18MV调强放射治疗加速器有用线束不向迷路照射的示例机房的屏蔽设计和剂量估算方法（包括典型屏蔽设计参数及不同示例条件下修正典型屏蔽设计的方法）如下：

（1）示例条件。

示例机房为地上一层建筑，有用线束不向迷路照射，采用钢筋混凝土（密度为2.35t/m^3）结构屏蔽，见图6-5。

机房空间几何尺寸：

长（主束墙间距）：7m。

高（机房顶主屏蔽区内表面至地面的距离）：3.2m。

宽：6m。

机房顶主屏蔽区向机房内凸。

等中心位于机房的中心，距地面1.3m。

迷路横宽：2.1m。

迷路内口宽度：2.2m。

机房中放射治疗装置：X射线6MV、10MV、15MV和18MV。

等中心（距靶1m）处的剂量率$\dot{H}_o=2.4\times10^8\mu Sv/h$。

机头泄露辐射比率$f=10^{-3}$。

等中心处的最大治疗野面积为40cm×40cm。

距机房墙、顶、门口外表面30cm处的关注点见图6-4、图6-5。墙和门外相应位置的剂量率

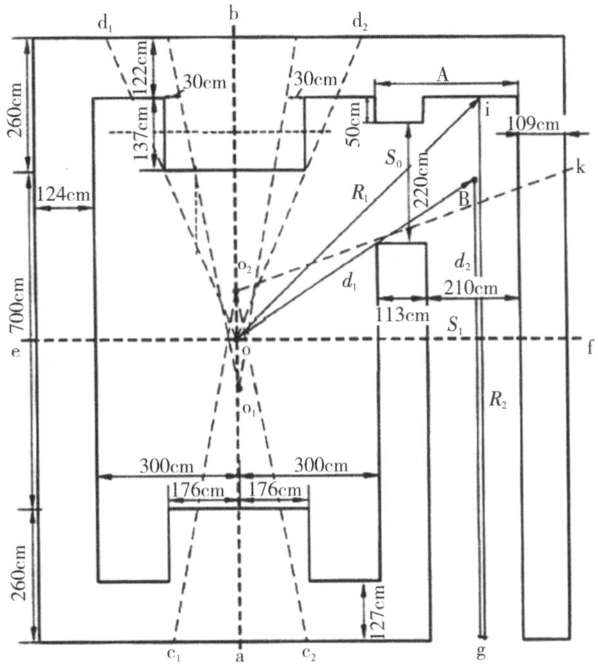

图 6-5　示例 X 射线治疗机房平面图

（图中的屏蔽厚度为 15MV 机房的示例厚度）

注：本图取自 GBZ/T 201.2—2011。

控制水平设为 2.5μSv/h，屋顶的剂量率控制水平设为 100μSv/h。

（2）墙和顶的混凝土屏蔽剂量估算与屏蔽设计厚度。

①估算过程示例及典型的机房屏蔽表。

在以下按关注点进行屏蔽估算的过程中，对机房墙和顶的屏蔽均以 10MV 加速器机房作为示例，各能量加速器的代表性关注点的屏蔽估算结果见表 6-20。

表 6-20　典型机房的混凝土屏蔽设计

（混凝土厚度为 X，辐射源点与关注点的距离为 R）

屏蔽区	关注点	入射角 θ	X 和 R (cm)	6MV	10MV	15MV	18MV	说明
有用线束主屏蔽墙	b	0°	X	212	236	259	270	$\dot{H}_c$ =2.5μSv/h
			R	692	716	739	750	
与主屏蔽区直接相连的次屏蔽区	d_2	30°	X	105	113	122	126	$\dot{H}_{sc}$ =1.25μSv/h
			R	684	711	738	752	散射体中心位于等中心（o）处
侧屏蔽墙	c	0°	X	112	118	124	127	$\dot{H}_c$ =2.5μSv/h
			R	442	448	454	457	o 为辐射源点，$f=10^{-3}$
迷路外墙	k	0°	X	99	104	109	111	$\dot{H}_c$ =2.5μSv/h
			R	741	751	762	766	o_2 为辐射源点，$f=10^{-3}$

（续表）

屏蔽区	关注点	入射角 θ	X 和 R（cm）	6MV	10MV	15MV	18MV	说明
迷路内墙	g	30°	X	102	107	113	115	$\dot{H}_c$ =2.5μSv/h o_1 为辐射源点，$f=10^{-3}$
			R	785	804	824	833	
有用线束主屏蔽顶	l	0°	X	169	188	207	214	$\dot{H}_c$ =100μSv/h
			R	489	508	526	534	
与顶主屏蔽区直接相连的次屏蔽顶	m_2	30°	X	75	82	87	90	$\dot{H}_c$ =50μSv/h 散射体中心位于等中心（o）处
			R	449	471	492	501	

注：6MV、10MV、15MV、18MV 有用线束主屏蔽墙区半宽度分别为 169cm、173cm、176cm、178cm。本表取自 GBZ/T 201.2—2011。

②有用线束主屏蔽区。有用线束主屏蔽区见图 6-5 中的关注点 b 和图 6-4 中的关注点 l，依次估算出相应位置的屏蔽厚度（cm）。

A. 首先使用表 6-13 估算辐射源点至关注点的距离。

例如，10MV 机房位置 b（见图 6-5），在表 6-13 中的预设值为 200cm，所以：

$R=100+350+200+30=680$（cm）

再按 $B=\dfrac{\dot{H}_c}{\dot{H}_o}\cdot\dfrac{R^2}{f}$ 计算 $f=1$ 的墙的屏蔽透射因子 B：

$$B=\frac{\dot{H}_c\cdot R^2}{\dot{H}_o}=\frac{2.5\times6.8^2}{2.4\times10^8}=4.8\times10^{-7}$$

B. 由表 6-14 查出有用线束的 TVL_1 和 TVL，按 $X_e=TVL\cdot\lg B^{-1}+(TVL_1-TVL)$ 估算墙的屏蔽厚度 X_e：

$X_e=37\times\lg(4.8\times10^{-7})^{-1}+(41-37)=238$（cm）

C. 对于 0° 入射，$X=X_e$，从辐射防护角度已完成了估算。为了使估算数据更准确，以 $X=238$cm 进行再次计算，得 $R=100+350+238+30=718$（cm）。再用同样方法计算出 $B=5.4\times10^{-7}$，进而估算出 $X=236$（cm）。此时 $R=100+350+236+30=716$（cm），验证了结果的可靠性，所以在实际屏蔽设计中 X 取整数 240cm 就可以了。

D. 对关注点 1 的屏蔽估算与上述方法相同。

E. 当使用计算机时，如用 Excel 简单编程，只需将屏蔽透射因子 B 的计算公式代入墙的屏蔽厚度计算公式，即可迅速获得墙屏蔽厚度的准确值。

③侧屏蔽墙：参照图 6-5 中的关注点 e。

该区考虑泄漏辐射屏蔽，估算方法同上，只是在屏蔽透射因子 B 的估算中，$f=10^{-3}$，而对屏蔽厚度 X_e 的估算，TVL_1 和 TVL 见表 6-14 中的泄漏辐射值。

使用预设屏蔽厚度 100cm 计算：

$R=100+300+30=430$（cm）

$$B=\frac{2.5\times4.3^2}{2.4\times10^8\times10^{-3}}=1.93\times10^{-4}$$

$X=X_e=31\times\lg(1.93\times10^{-4})^{-1}+(35-31)=119$ (cm)

再使用 119cm 重新计算：

$R=119+300+30=449$ (cm)

$$B=\frac{2.5\times4.49^2}{2.4\times10^8\times10^3}=2.1\times10^{-4}$$

$X=X_e=31\times\lg(2.1\times10^{-4})^{-1}+(35-31)=118$ (cm)

$R=118+300+30=448$ (cm)

④与主屏蔽区相连的次屏蔽区（见图 6-5 中的关注点 d_2 和图 6-4 中的关注点 m_2），依次估算相应位置的屏蔽厚度。

A. 对于位置 d_2 点、m_2 点考虑泄漏辐射和患者散射辐射的复合作用，d_2 点处墙外剂量率控制水平为 2.5μSv/h，以患者散射辐射剂量率控制值 $\dot{H}_c=1.25$μSv/h 估算 d_2 点处的屏蔽。m_2 点处顶外剂量率控制水平为 100μSv/h，以患者散射辐射剂量控制值 $\dot{H}_c=50$μSv/h 估算 m_2 点处的屏蔽。

B. 患者散射角取 30°，使用表 6-20 的数据：

$R_s=(716-100)/\cos30°=711$ (cm)

再由表 6-15 查出 10MV、30°对应的 α_{ph} 为 3.18×10^{-3}，

依照 $\dot{H}_c=1.25$μSv/h 计算：

$$B=\frac{\dot{H}_c R_s}{\dot{H}_o\cdot\alpha_{ph}(F/400)}=\frac{1.25\times7.11^2}{2.4\times10^8\times3.18\times10^{-3}\times40^2/400}=2.07\times10^{-5}$$

C. 再由表 6-17 查出 10MV、$\theta=30°$条件下患者散射辐射的混凝土 *TVL* 值为 28cm，

$X_e=TVL\cdot\lg B^{-1}+(TVL_1-TVL)=28\times\lg(2.07\times10^{-5})^{-1}=131$ (cm)

D. 按 $X=X_e\cdot\cos\theta$ 估算墙的屏蔽厚度 X：

$X=131\times\cos\theta=131\times\cos30°=113$ (cm)

E. 关注点 m_2 的屏蔽估算与上述方法相同。

⑤有用线束主屏蔽区半宽度计算和机房主屏蔽区内凸或外凸时半宽度核算：

宽束辐射的有用线束对应的机房主屏蔽区，其范围应略大于有用线束在机房屏蔽墙（或顶）的投影区。机房有用线束主屏蔽区的宽度 Y_p 按下式计算：

$Y_p=2[(a+SAD)/\tan\theta+0.3]$

式中：*SAD* 为源轴距（m）。

θ 为治疗束的最大张角（相对轴中的轴线）。

a 为等中心至墙的距离（m）。

Y_p 为机房有用线束主屏蔽区的宽度（m）。

图 6-6 和 6-7 为主屏蔽区向机房内凸和外凸的情景：

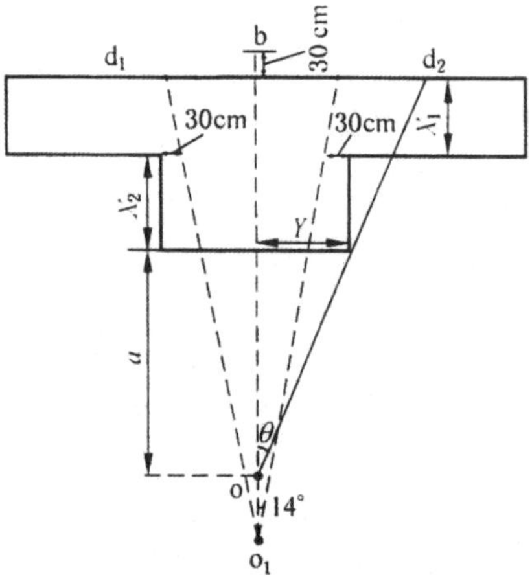

$Y=(100+a+X_2)\tan 14°+30$

$\theta=\arctan(Y/a)$

图 6-6　主屏蔽区内凸

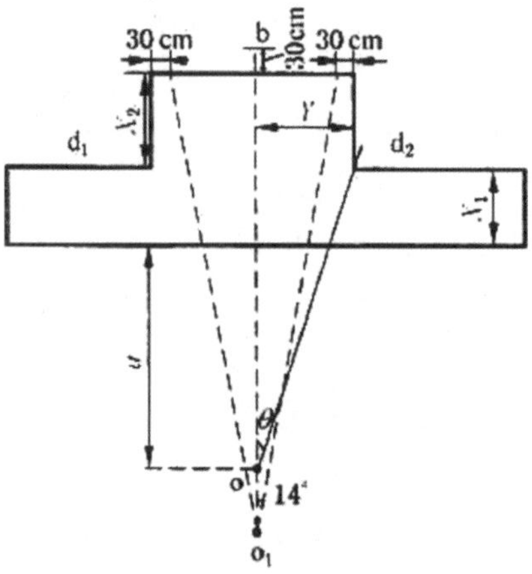

$Y=(100+a+X_1+X_2)\tan 14°+30$

$\theta=\arctan[(Y/(a+X_1)]$

图 6-7　主屏蔽区外凸

注：图 6-6、6-7 取自 GBZ/T201.2-2011。

A. 由图 6-6 估算 b 方向主屏蔽区的半宽度 Y：

$Y=(100+a+X_2)\tan 14°+30=(100+350+236-113)\tan 14°+30=173$ (cm)

人体散射线在 d_2 点处的斜射角 θ 为：

$\theta=\arctan(173/350)=26°$

估算 d_2 点处次屏蔽墙厚度时，按 $\theta=30°$核算与按实际散射角（26°）核算的结果近似。

B. 考虑到机房的建筑结构以及有用线束向机房墙与顶连接处的照射，机房顶主屏蔽区与墙主屏蔽区同宽。有用线束向顶照射时，人体散射线在机房顶 m_2 点处（见图 6-4 中的 m_2 点）的斜射角将大于 30°，所以按 30°估算该处的次屏蔽顶的厚度将是偏安全的。

⑥迷路内墙。

A. 对迷路内墙，当迷路入口（见图 6-8 中的 g 点）以 2.5μSv/h 剂量率控制时，穿过迷路内墙 g 点处的泄漏辐射剂量应小于其 1/4，取 0.5μSv/h。这种泄漏辐射的几何条件见图 6-8。

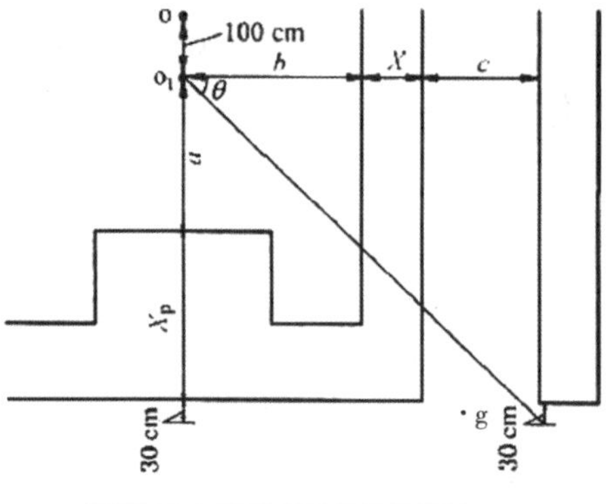

$R=\sqrt{(a+X_P+30)^2+(b+X+c)^2}$

$\theta=\arctan[(a+X_P+30)/(b+X+c)]$

图 6-8　穿过迷路内墙在入口 g 点处的泄露辐射的几何条件

注：图 6-8 取自 GBZ/T201.2-2011。

B. 使用表 6-13 预设的屏蔽厚度和机房参数，按图 6-8 中的 R 式计算自 o_1 点至 g 点的距离 R：

$$R=\sqrt{(250+236+30)^2+(300+100+210)^2}=799\ (\text{cm})$$

泄漏辐射在迷路内墙的斜射角 θ：

$$\theta=\arctan\left[(256+236+30)/(300+100+210)\right]=40°$$

C. 取泄漏辐射因子 $f=10^{-3}$，按式 6-16 计算迷路内墙的屏蔽透射因子 B：

$$B=\frac{\dot{H}_c}{\dot{H}_o}\cdot\frac{R^2}{f}=\frac{0.5\times7.99^2}{2.4\times10^8\times10^{-3}}=1.33\times10^{-4}$$

D. 查表 6-14，10MV 泄漏辐射的 $TVL_1=35$cm，$TVL=31$cm，再使用式 6-15 计算：

$$X_e=TVL\cdot\lg B^{-1}+(TVL_1-TVL)=31\times\lg(1.33\times10^{-4})^{-1}+(35-31)=124\ (\text{cm})$$

E. 当加速器射入屏蔽体的斜射角大于 30°时，屏蔽体对辐射衰减中“累积因子”项增大，对于 40°的斜射角仍按 30°斜射计算。按式 6-13 估算迷路内墙厚度：

$$X=X_e\cdot\cos\theta=124\times\cos30°=107\ (\text{cm})$$

F. 以 107cm 代替预设的屏蔽厚度 100cm，重复计算得 $R=804$cm。

⑦迷路外墙。

图 6-5 中 o_2 点的泄漏辐射至迷路外墙 k 点的斜射角度小于 30°，按垂直入射保守计算。计算方法同上侧屏蔽墙，预设加速器机房屏蔽厚度取 100cm，o_2 点至 k 点的距离 R 为：

$$R=300+107+210+100+30=747\ (\text{cm})$$

$$B=\frac{2.5\times7.47^2}{2.4\times10^8\times10^{-3}}=5.81\times10^{-4}$$

$$X=X_e=31\times\lg(5.81\times10^{-4})^{-1}+(35-31)=104\ (\text{cm})$$

再使用 104cm 代替预设屏蔽厚度 100cm，重复计算得 $R=751$cm。

（3）典型机房屏蔽表的应用。

①修正方法。

根据待设计的机房的实际条件与剂量控制要求，可按下列方法对表 6-20 进行修正。右下角标 p 和 e 分别代表实际条件和表中的示例条件。

A. 剂量率控制值修正：

$$K_1=\dot{H}_{c,e}/\dot{H}_{c,p}$$

B. 等中心输出剂量率修正：

$$K_2=\dot{H}_{o,p}/\dot{H}_{o,e}$$

C. 辐射源点与关注点的距离修正：

$$K_3=R_e^2/\left[R_e+(R_p-R_e)\right]^2$$

D. 总修正因子：

$$K=K_1\cdot K_2\cdot K_3$$

修正屏蔽厚度：

$$\Delta X_e=TVL\cdot\lg K$$

上式中 *TVL* 为相应关注点所屏蔽的辐射的什值层。必须注意的是：机房可能有不同的布局，例如主屏蔽墙增厚部分处于机房内或机房外、有用线束向迷路照射或平行迷路照射、迷路为一阶或二阶等。对于不同的布局，斜射入屏蔽墙的入射角不同，不能按 K_3 进行距离修正。当机房布局与图 6-5 示例布局相同时，K_3 修正基本可用，但修正给出的值应为斜射值 ΔX_e，应按 $\Delta X=\Delta X_e\cos\theta$ 计算修正的屏蔽厚度。

②典型机房屏蔽表的应用示例。

示例 1：

设图 6-5 中 a 区左半部和 c_1 区为治疗装置辅助设备间，按照 GBZ/T 201.1—2007，该区为放射治疗机房外控制区，放射工作人员在该区驻留的居留因子 $T=1/16$，该区的剂量率控制值 $\dot{H}_c$ 应为 10μSv/h。设治疗机房使用 18MV 治疗机，$TVL=43$cm（见表 6-14），机房条件与图 6-5 示例条件相同（除 $\dot{H}_c$ 外）。依上述修正方法，修正因子 $K=2.5/10=0.25$。

有用线束区（图 6-5 位置中的 a），依照 $(\Delta X)_a=TVL\cdot\lg K=43\times\lg0.25=-26$（cm），a 区的屏蔽厚度（见图 6-5 位置 b）减至 244cm［270−26=244（cm）］。

同样，图 6-5 中的 c_1 区，通过查表 6-17 可知 30°患者散射辐射的 *TVL* 值为 32cm，所以：

$(\Delta X_e)_{C_1}=32\times\lg0.25=-19$（cm）

$(\Delta X)_{C_1}=-19\times\cos30°=-16$（cm）

c_1 区的屏蔽由 126cm 减至 110cm（见图 6-5 中的 d_2 位置）。

示例 2：

设图 6-5 中的 e 区为道路，行人居留因子 $T=1/16$，道路宽 10m，路旁为监督区，居留因子 $T=1$。相应区的剂量管理目标为 100μSv/a，相应的周剂量控制值 $H_c=2$μSv/wk。机房内使用 6MV X 射线调强治疗装置，周工作负荷 $W=10^3$Gy/wk，调强因子 $N=5$，等中心处的治疗剂量率 $\dot{D}_o=$ 3Gy/min（相应的 $\dot{H}_o=1.8\times10^8$μSv/h）。

依照图 6-5 中 e 点机房外表面 30cm 处距等中心点 4.4m，监督区距等中心点 14.1m。根据点状源剂量率衰减与距离平方的反比关系和居留因子，比较监督区和道路行人区：

$(14.1^2/4.4^2)\times1/16=0.64<1$

监督区的屏蔽要求严于道路行人区，应按监督区考虑 e 墙的屏蔽厚度。

③依照“周工作负荷、周治疗照射时间和导出剂量率参考控制水平的计算”，周治疗照射时间 *t* 为：

$t=W/\dot{D}_o=10^3/3=333$（min）$=5.6$（h）

单一泄漏辐射关注点的导出剂量率参考控制水平：

$\dot{H}_{c,d}=H_c/(NtT)=2/(5\times5.6\times1)=0.07$（μSv/h）

监督区的剂量率控制水平：

$\dot{H}_c=0.07$（μSv/h）

依照上述修正方法，典型机房屏蔽表的应用修正方法如下：

$K_1 = 2.5/0.07 = 35.7$

$K_2 =（1.8 \times 10^8）/（2.4 \times 10^8）= 0.75$

$K_3 = 4.4^2 / 14.1^2 = 0.097$

$K = K_1 K_2 K_3 = 35.7 \times 0.75 \times 0.097 = 2.6$

e 区考虑泄漏辐射屏蔽 $TVL = 29$cm（见表 6-14），依照 $\Delta X = TVL \cdot \lg K = 29 \times \lg 2.6 = 12$（cm），e 区的屏蔽墙应由 110cm 增至 122cm［110+12=122（cm）］。

（4）机房入口防护门屏蔽。

①加速器（≤10MV）机房入口。

按图 6-5，机房入口的散射路径为"o_1—o—i—g"，患者一次散射角接近 45°，墙入射角也为 45°，墙散射角约为 10°（按近似 0°计算）。6MV 和 10MV 的散射路径的几何尺寸接近，$R_1 = 650$cm，$R_2 = 1050$cm。患者 400cm^2 面积上的 45°散射因子 $\alpha_{ph} = 1.39 \times 10^{-3}$（查表 6-15），等中心处最大治疗野为 40cm×40cm，混凝土墙 45°入射、0°散射、1m^2 面积的散射因子 $\alpha_2 = 6.4 \times 10^{-3}$（6MV）（查表 6-19）。在迷路内墙设有过梁，内口高度 3.2m，墙散射面积为 3.2m×3.2m=10m^2。依照式 6-22 计算入口 g 点处的散射辐射剂量率 $\dot{H}$：

$\dot{H} = 1.39 \times 10^{-3} \times（1600/400）\times 6.4 \times 10^{-3} \times 10 \times 6.5^{-2} \times 10.5^{-2} \times 2.4 \times 10^8 = 23.8$（μSv/h）

依照式 6-23，门外辐射剂量率达到 2.5μSv/h 所需的铅屏蔽透射因子 B 为：

$B =（2.5-0.5）\div 23.8 = 0.08$

入口处散射辐射能量为 0.2MeV，铅的 TVL 为 5mm，对应 $B = 0.08$ 的铅厚度（X）为：

$X = TVL \cdot \lg B^{-1} = 4.8$（mm）

10MV X 射线的散射因子小于 6MV X 射线的散射因子，10MV 和 6MV 示例机房入口防护门铅当量为 5mmPb。

②加速器（>10MV）机房入口。

以 18MV 加速器治疗机为例，查 NCRP No. 151 的表 B. 9 得知：

$Q_n = 0.46 \times 10^{12}$（中子数/Gy）。依照图 6-5 的几何尺寸，机房内表面积 S 为：

$S = 2 \times 6 \times 8 + 2 \times 4.2 \times（6+8）= 214$（m^2）

散射距离 $d_1 = 6.16$m，$d_2 = 9.6$m。

由式 6-25 得：

$$\Phi_B = \frac{0.46 \times 10^{12}}{2\pi}\left(\frac{1}{2 \times 6.16^2} + \frac{5.4}{214} + \frac{1.26}{214}\right) = 3.26 \times 10^9 \ [（中子数/m^2）/Gy]$$

由式 6-28 得：

$$T_n = 2.06\sqrt{S_1} = 2.06\sqrt{2.1 \times 4.2} = 6.1 \ (cm)$$

由式 6-27 得：

$$\dot{H}_n = 2.4 \times 10^{-15} \times 3.26 \times 10^9 \times \sqrt{\frac{2.2}{2.1}} \times [1.64 \times 10^{-(9.6/1.9)} + 10^{-(9.6/6.1)}] \times 2.4 \times 10^8 = 52 \ (\mu Sv/h)$$

再取含硼 5%的聚乙烯的 $TVL_n = 4.5$cm，按式 6-30 计算：

$X_n = 4.5 \times \lg［2 \times 52/（2.5-0.5）］= 7.7$（cm）

由式 6-26 得：

$\dot{H}_{\gamma} = 6.9 \times 10^{-16} \times 3.26 \times 10^{9} \times 10^{-(9.6/5.4)} \times 2.4 \times 10^{8} = 9.0$ (μSv/h)

再取铅的 $TVL_{\gamma}=3.1$cm，按式 6-29 进行计算：

$X_{\gamma} = 3.1 \times \lg[2 \times 9.0/(2.5 - 0.5)] = 3.0$ (cm)

7.8cm 聚乙烯等效于 0.7cm 铅；防护门铁板包面 4mm，约等效于 3mm 铅，扣除此两部分，防护门需有 2.0cm 厚的铅。

最终防护门为：2mm 铁+10mm 铅+77mm 含硼 5%的聚乙烯+10mm 铅+2mm 铁。

6.4.3.2 螺旋断层加速器治疗装置与机房屏蔽示例

螺旋断层加速器放射治疗装置是一种特殊的适形调强放射治疗装置，在加速器机架旋转和治疗床移动中以窄带射线束适形调强断层扫描照射的方式实现治疗计划的照射。装置带有低能射线实时 CT 影像引导设备。装置使用 6MV 加速器并带有有用线束区自屏蔽部件。

（1）示例加速器性能指标。

加速器的 X 射线为 6MV，靶至等中心的距离为 85cm，等中心处治疗野为：床行进方向的长度 1cm～5cm 可调，在治疗束中心轴旋转平面上与治疗束中心轴垂直的方向上的宽度为 40cm；等中心处有用线束最大剂量率为 10Gy/min；距等中心点 85cm 处的泄漏辐射比率为 10^{-3}。

在加速器机架旋转治疗筒内，有用线束对应的筒壁区带有 13cm 厚的铅板，其和治疗筒结构件的总屏蔽效能使有用线束对应的治疗筒外的辐射剂量与泄漏辐射相当。

治疗装置还带有低辐射输出剂量的 3.5MV X 射线 CT 影像引导设备，其所至患者剂量约 11mGy/人。6MV X 射线治疗机房满足对该 CT 的辐射屏蔽要求。

（2）示例治疗工作负荷与出束照射时间。

患者人均治疗需时 15min，平均每小时治疗 4 人，40 小时（1wk）总治疗人数为 160 人。患者人均病变区治疗剂量为 2Gy，调强治疗中等中心处平均剂量为 8.8Gy/min，人均总出束时间为 2.5min，最高人均总出束时间为 5min。平均周出束时间为 400min（6.7h），最高周出束时间小于 12h。调强治疗周总工作负荷（泄漏辐射相应值）$W_{L}=400\times8.8=3500$ (Gy/wk)。机架旋转调强治疗中，取机架向墙或向顶照射的使用因子 $U=0.1$。

（3）治疗机房屏蔽要点。

①忽略患者散射辐射，按屏蔽泄漏辐射考虑机房屏蔽，对有用线束直接投射的区域，也按屏蔽泄漏辐射考虑。

②充分考虑治疗装置的周工作负荷和出束时间，选取关注点，按导出剂量率参考控制水平（$\dot{H}_{c,d}$），确定机房外的剂量率参考控制水平 $\dot{H}_{c}$。

③按 $B = \dfrac{\dot{H}_{c}}{\dot{H}_{o}} \cdot \dfrac{R^2}{f}$ 和 $\dot{H} = \dfrac{\dot{H}_{o} \cdot f}{R^2} \cdot B$ 估算机房屏蔽厚度，$\dot{H}_{o} = 6\times10^{8}\times0.85^{2} = 4.3\times10^{8}$ (μSv/h)，$f=10^{-3}$。

6.4.3.3 机器人臂赛博刀治疗机房屏蔽示例

机器人臂赛博刀是一种非等中心照射的适形调强加速器放射治疗装置。将小型加速器固定在机器人前臂，加速器在机器人臂的带动下可从空间任何方向以准直线束精确定位照射，并按治疗计划实现各个方向小照射野适形调强放射治疗。治疗装置带有实时 X 射线立体定位跟踪设备。

（1）示例赛博刀性能指标。

加速器的 X 射线为 6MV，在准直线束中心轴上距靶 80cm 处的剂量率为 4Gy/min；准直筒 12 套，直径 5mm 至 6mm，可手动更换；泄漏辐射比率为 10^{-3}。

（2）示例治疗工作负荷与出束照射时间。

患者人均治疗需时 60min，每天（两班）治疗人数为 10～12 人，周治疗人数 50～60 人，患者人均病变区域治疗剂量 12Gy。人均出束时间 40min，周总出束时间 30～40h。依每个患者的病变区域，治疗装置的准直线束从 80～200 个不同的方向照射，有用线束向水平地面方向照射的使用因子 $U<0.05$，向顶照射的使用因子 U 更小。

（3）治疗机房屏蔽要点。

①各面均按有用线束（$U<0.05$）考虑机房屏蔽。

②机房外的剂量率参考控制水平 $\dot{H}_c$，建议取 10μSv/h。

③按 $B=\dfrac{\dot{H}_c}{\dot{H}_o}\cdot\dfrac{R^2}{f}$ 和 $\dot{H}=\dfrac{\dot{H}_o f}{R^2}\cdot B$ 估算机房屏蔽厚度：

$\dot{H}_o=4\times0.8^2\times60\times10^6=1.5\times10^8$（μSv/h）

6.5 辐射屏蔽防护剂量率的检测与评价

6.5.1 检测位置

（1）治疗机房墙外：沿墙外距外表面 30cm 并距治疗机房内地平面 1.3m 高度以上的一切人员可以到达的位置进行辐射剂量巡测，对相应关注点（见图 6-1、图 6-2、图 6-3）进行定点辐射剂量率检测。对检测中发现的超过剂量率控制值的位置，向较远处延伸测量，直至剂量率等于控制值的位置。

（2）治疗机房顶处：剂量巡测位置包括主屏蔽区的长轴、主屏蔽区与次屏蔽区的交线，以及经过机房顶上的等中心投影点的垂直于主屏蔽区长轴的直线。对关注点（见图 6-4）进行定点辐射剂量率检测。

（3）使用大于 10MV 的加速器治疗装置时，在治疗机房入口门外 30cm 以及采用铅、铁等屏蔽的机房顶、外墙外，测量中子的剂量率水平。

6.5.2 检测仪表要求

（1）仪表应能适应脉冲辐射剂量场测量，推荐 X 射线剂量测量选用电离室探测器仪表，不宜使用 G-M 计数管仪表。对 10MV 以上的装置，应配备测量中子剂量的仪表。

（2）仪表的能量响应应适合放射治疗机房外的辐射场。

（3）仪表最低可测读数值应不大于 0.1μSv/h。

（4）仪表应能测量辐射剂量率和累积剂量。

（5）仪表需经计量检定并在检定有效期内使用。

6.5.3 检测条件

对于所有检测，治疗装置应设定在X射线照射状态，并处于可选的最高能量、等中心处的常用最高剂量率、等中心处的最大照射野。当使用模体时，模体几何中心处于有用线束中心轴线上，模体的端面与有用线束中心轴垂直。

以图6-1和图6-4的关注点代表各检测区，不同检测区的检测条件见表6-21。

表6-21 不同检测区检测的条件

检测区	检测条件
有用线束区（a，b，l）	有用线束中心轴垂直于检测区平面，有用线束方向无模体或其他物品，治疗野的对角线垂直于治疗机架旋转平面（即准直器角为45°）
侧墙区（e）	有用线束中心轴竖直向下照射，在等中心处放置模体
顶次屏蔽区（m_1，m_2）	有用线束中心轴竖直向上照射，在等中心处放置模体
次屏蔽区（d_1，d_2） 低能机房入口（g）	有用线束中心轴垂直于b区水平照射，在等中心处放置模体；有用线束中心轴垂直于a区水平照射，在等中心处放置模体
迷路外墙（k） 次屏蔽区（c_1，c_2）	有用线束中心轴垂直于a区水平照射，在等中心处放置模体
高能机房入口（g）	有用线束中心轴垂直于a区水平照射，照射野关至最小

注：①本表取自GBZ/T 201.2—2011。

②表中使用的模体为组织等效模体或水模体，厚度15cm，模体的端面积应能覆盖最大照射野下的有用投影范围。当端面积较小时，可将模体向加速器靶的方向移位，使之能覆盖最大野有用线束的投影，但靶和模体端面之间的距离不应小于70cm（相应的模体端面不应小于30cm×30cm）。

第7章 移动式电子加速器术中放射治疗的辐射屏蔽防护

7.1 术语和定义

（1）术中放射治疗用移动式电子加速器：配置在手术室内，专门用于对手术中的肿瘤患者施以电子线放射治疗的可移动加速器装置。

（2）术中放射治疗：经手术切除肿瘤病灶之后，在伤口未缝合前，对手术后瘤床、残存灶和周围淋巴引流区等部位，在直视下进行单次大剂量照射的治疗方法。

（3）术中放射治疗手术室：既可满足普通手术室的无菌要求，又可对开展放射治疗时产生的辐射予以适当屏蔽和防护的专用手术室。

7.2 术中放射治疗手术室的屏蔽剂量控制要求

7.2.1 关注点的选取原则

在距术中放射治疗手术室（以下简称专用手术室）外表面30cm处选择人员受照的周围剂量当量（以下简称剂量）可能最大的位置作为关注点。

专用手术室周围和放射治疗的束流的投照方向上一定距离处，公众居留因子大，并可能受照剂量大的位置也应考虑列为关注点。

7.2.2 关注点的剂量率参考控制水平

（1）根据术中放射治疗的周工作负荷、周治疗照射时间、关注点位置的使用因子和居留因子，按周工作负荷、周治疗照射时间和导出剂量率参考控制水平的示例，由周剂量参考控制水平 H_c 求得关注点的导出剂量率参考控制水平 $\dot{H}_{c,d}$。

①专用手术室外的工作人员：$H_c \leqslant 100\mu Sv/wk$。

②专用手术室外的公众：$H_c \leqslant 5\mu Sv/wk$。

（2）在术中放射治疗工作量每周不超过10人次的条件下，按照关注点人员所处场所的居留因子，分别确定关注点的最高剂量率参考控制水平 $\dot{H}_{c,max}$。

①人员居留因子 $T \geqslant 1/2$ 的场所，$\dot{H}_{c,max} \leqslant 10\mu Sv/h$。

②人员居留因子 $T<1/2$ 的场所，$\dot{H}_{c,max} \leqslant 20\mu Sv/h$。

（3）根据术中放射治疗周工作负荷、周治疗照射时间、关注点位置的使用因子和居留因子，按周工作负荷、周治疗照射时间和导出剂量率参考控制水平的示例，求出导出剂量率参考控制水平 $\dot{H}_{c,d}$ 和最高剂量率参考控制水平 $\dot{H}_{c,max}$，选择其中较小者作为关注点的剂量率参考控制水平 $\dot{H}_{c}$。

（4）周工作负荷、周治疗照射时间和导出剂量率参考控制水平的示例。

①周工作负荷 W 与周治疗照射时间 t：常规的术中放射治疗工作量设为 10 人次/wk，平均每人照射剂量为 20Gy，则周工作负荷为：W=20Gy/人次×10 人次/wk=200Gy/wk。

设专用加速器照射野中心处常用最高治疗剂量率 D_o =10Gy/min，则周治疗时间 t 为：

$$t=\frac{W}{D_o} \quad （式 7-1）$$

当 D_o =10Gy/min，平均每名患者照射时间为 2min，相应周工作负荷为 W=200Gy/wk，则每周治疗照射时间 t=20min，即 0.33h/wk。

②导出剂量率参考控制水平 $\dot{H}_{c,d}$：关注点的周剂量参考控制水平为 H_c 时，该关注点的导出剂量率参考控制水平 $\dot{H}_{c,d}$ 为：

$$\dot{H}_{c,d}=\frac{H_c}{tUT} \quad （式 7-2）$$

式中：H_c 为周剂量参考控制水平（μSv/wk）。

t 为治疗装置周治疗照射时间（h/wk）。

U 为有用线束向关注未知方向照射的使用因子。对泄漏辐射，U=1。

T 为人员在相应关注点的居留因子。

设场所关注点的公众周剂量参考控制水平 H_c≤5μSv/wk，周治疗照射时间 t=0.33h，且令 U=1，则按式 7-2 即可估算出不同居留因子 T 的导出剂量率参考控制水平 $\dot{H}_{c,d}$。见表 7-1。

表 7-1　不同居留因子时的 $\dot{H}_{c,d}$ 值

T	$\dot{H}_{c,d}$（μSv/h）
1/2	30
1/4	60
1/8	120

然后再将 $\dot{H}_{c,d}$ 和最高剂量率参考控制水平 $\dot{H}_{c,max}$ 进行比较，选择其中较小者作为关注点的剂量率参考控制水平 $\dot{H}_{c}$。

7.3　专用手术室的屏蔽防护

（1）专用手术室的使用面积应不小于 36m^2，层高不低于 3.5m。专用加速器在专用手术室内的安置应满足“放射治疗的中心点距各侧墙体最近距离不小于 3m”这一条件。

（2）专用手术室各侧防护墙、顶棚和地面、防护门均应有屏蔽防护措施，且能满足 7.2.2 中规定的关注点剂量率参考控制水平要求。

（3）专用手术室应在观察窗和控制台之间安装监视和对讲设备，若设观察窗，应有同侧墙的屏蔽防护。

（4）设于二楼或以上楼层的专用手术室，其楼下的工作用房的人员居留因子应小于 1/2。

7.4 专用手术室的辐射屏蔽防护计算

（1）按 7.2.2 中的方法，求出导出剂量率参考控制水平 $\dot{H}_{c,d}$，在距专用手术室外表面 30cm 处选择人员受照剂量可能最大的位置作为关注点。参照第三章的内容，对专用于手术室墙、门、顶棚、观察窗和地板（专用手术室楼层中间）的屏蔽厚度与距专用手术室外表面 30cm 处关注点的辐射剂量率水平进行计算。

（2）移动式电子加速器的技术指标与规格参数见表 7-2。

表 7-2 移动式电子加速器的技术指标与规格参数

技术指标	规格参数
能量	4MeV、6MeV、9MeV、12MeV
剂量率	10Gy/min
SSD（射野尺寸）	50cm
限光筒	直径 3～10cm，按 0.5cm 递增；0°、15°、30°三种端面
限光筒平坦度对称性	平坦度小于或等于±5%，对称性小于或等于±2%
组织补偿块	形状与限光筒相配，厚度分别为 0.5cm、1cm
旋转范围	机架±45°，形臂±30°
平移范围	前后±5cm，左右±5cm，上下±15cm

注：本表取自 GBZ/T 257—2014。

第 8 章 PET-CT 的辐射屏蔽防护厚度计算

8.1 工作场所的危害因素

正电子发射计算机断层显像仪（简称 PET-CT），具有正电子探测功能和螺旋 CT 同机图像融合功能。工作中所使用的放射性核素主要是氟-18（^{18}F），由于 ^{18}F 半衰期仅有 110min，因此，通常使用小型回旋加速器生产正电子放射性核素。在整个过程中，除回旋加速器生产放射性核素和药物合成是在密闭条件下进行外，其余操作过程均属于非密封操作，所以既有外照射，又有内照射。按日最大操作量 20 人份药用量，以每人 370MBq 的 ^{18}F 计算，如毒性因子和操作方式修正因子均取 1，可认为其归核医学工作场所中的第Ⅱ类，为此应按Ⅱ类工作场所要求进行防护。

8.2 回旋加速器

与 PET-CT 配套的回旋加速器能量多为 11MeV，回旋加速器本身具有良好的自屏蔽。但回旋加速器运行时产生的放射性核素和伴随产生的中子、中子活化产物以及中子在慢化吸收过程中产生的高能 γ 射线，是回旋加速器主要的辐射危害因素。

回旋加速器产生的主要核素及相关参数见表 8-1。

表 8-1　回旋加速器产生的主要核素及相关参数

照射时间 (min)	核反应	产物 (核素)	产额 (GBq)	核素半衰期 (min)	γ 光子能量 (MeV)	HVL_{pb} (mm)	$HVL_{砼}$ (cm)	Γ_{δ} [mGy·m²/(Ci·h)]
60	$^{18}O(p, n)^{18}F$	^{18}F	37	110	0.511	5	3.6	5.1
10	$^{16}O(p, \alpha)^{13}N$	^{13}N	20	10	0.511	5	3.6	5.1
5	$^{15}N(p, n)^{15}O$	^{15}O	20	2	0.511	5	3.6	5.1
10～20	$^{14}N(p, \alpha)^{11}C$	^{11}C	37	20	0.511	5	3.6	5.1

注：①铅的 *HVL* 值，在不同的资料中有 4mm、4.2mm、5mm 和 5.5mm 4 种不同数据，取其中间值。

②混凝土的 *HVL* 值，不同资料中也不一致，有 3.6cm 和 5cm 两种不同数据，需酌情应用。

③比释动能率常数 Γ_{δ}，不同资料中亦不完全相同，但差别不大。

④本表取自赵兰才、张丹枫主编的《放射防护实用手册》，济南出版社 2009 年版，第 335 页。

8.3 回旋加速器室辐射屏蔽防护计算

从表 8-1 可看出，在回旋加速器运行生产^{18}F和^{15}O时都产生中子。

现以^{18}F为例：若中子的发射率为 1.2×10^{11}n/s，以回旋加速器出厂时生产厂家给出的以靶为中心、自屏蔽体外某些参考点处中子和 γ 射线的能量及当量剂量率作为加速器室屏蔽厚度的计算依据。

设在参考点 r_0 处的中子和 γ 射线当量剂量率分别为 $\dot{H}_n$ 和 $\dot{H}_\gamma$，屏蔽材料的厚度为 X，则在点 R 处中子和 γ 射线当量剂量率的总和 $\dot{H}_p$ 按式 8-1 计算：

$$\dot{H}_p=\left[\frac{r_0}{R}\right]^2\cdot(\dot{H}_n\times10^{-X/TVL_n}+\dot{H}_\gamma\times10^{-X/TVL_\gamma})\qquad(式8-1)$$

式中，r_0 和 R 均为该点到靶心的距离。11MeV 回旋加速器运行时，穿过自屏蔽体的中子和 γ 射线能量的平均值分别为 5MeV 和 8MeV，相应的 TVL_n 和 TVL_γ 见表 8-2。

表 8-2 几种屏蔽材料的 *TVL* 值

屏蔽材料		对能量为 8MeV 的 γ 射线的 *TVL* 值（cm）	对能量为 5MeV 的中子的 *TVL* 值（cm）
名称	密度（g/cm^{-3}）		
混凝土	2.35	38	43
重混凝土	0.32	24	43
铅	11.3	50	47.8
铁	7.85	10	37
聚乙烯	0.97	80	24

注：表中数值取自杨国山等《正电子发射扫描仪和回旋加速器建设中的防护评价》，《中国辐射卫生》，1999 年第 8 卷第 1 期。

在回旋加速器室已知或拟设计屏蔽墙的厚度条件下，可用式 8-1 计算出屏蔽墙外中子和 γ 射线当量剂量率的总和。

【例题 8.1】

如厂家给出加速器室屏蔽墙内侧距靶心 2.75m 处（即公式中的 r_0）中子当量剂量率为 4μSv/h，γ 射线的当量剂量率为 16μSv/h，屏蔽墙拟采用 50cm 厚混凝土（$\rho=2.35g/cm^3$），则距靶心 3.75m 处当量剂量率可降到多少？

解：

已知：$r_0=2.75m$，$R=3.75m$，$X=50cm$ 混凝土。

从表 8-2 中查出：$TVL_n=43cm$，$TVL_\gamma=38cm$。

将已知数据代入式 8-1，得：

$$\dot{H}_p=\left[\frac{r_0}{R}\right]^2\cdot(\dot{H}_n\times10^{-X/TVL_n}+\dot{H}_\gamma\times10^{-X/TVL_\gamma})$$

$$=\left[\frac{2.75}{3.75}\right]^2\times(4\times10^{-50/43}+16\times10^{-50/38})$$

$$=0.538\times(4\times0.0687+16\times0.0483)$$

$$=0.56\mu Sv/h$$

即：加速器室墙体屏蔽防护采用50cm混凝土，可使距靶3.75m处的剂量率降至0.56μSv/h。

需要说明的是，以上方法仅适用于混凝土屏蔽厚度的设计与效果评价。如果加速器室的防护门用铅和聚乙烯作屏蔽材料，那么此时需要分别采用什值层法计算其屏蔽厚度。

【例题8.2】加速器室防护门的屏蔽厚度计算。

假设上题中的防护门外参考点 R 距加速器靶心距离为5m，距靶心2.75m的 r_0 处的γ射线和中子的当量剂量率分别为 $\dot{H}_\gamma=16\mu Sv/h$ 和 $\dot{H}_n=4\mu Sv/h$；γ射线和中子能量分别为8MeV和5MeV，防护门外γ射线和中子剂量控制目标值合计取 $\dot{H}_p=2.5\mu Sv/h$。按 r_0 处γ射线与中子的剂量率比例关系将目标大致分摊，则防护门外中子的目标值 $\dot{H}_{np}$ 取1μSv/h，γ射线的目标值 $\dot{H}_{\gamma p}$ 取1.5μSv/h，试计算防护门屏蔽γ射线的铅当量和屏蔽中子的聚乙烯厚度。

（1）参考点处γ射线的当量剂量率 $\dot{H}_{\gamma_0}$ 用距离平方关系计算：

$$\dot{H}_{\gamma_0}=\left[\frac{r_0}{R}\right]^2\times\dot{H}_\gamma=\left[\frac{2.75}{5}\right]^2\times16=4.84(\mu Sv/h)$$

则所需铅当量为：

$$\lg\left[\frac{\dot{H}_{\gamma_0}}{\dot{H}_{\gamma_p}}\right]\times TVL_\gamma=\lg\left[\frac{4.84}{1.5}\right]\times50=25\ (mmPb)$$

（2）参考点处中子的当量剂量率 $\dot{H}_{n_0}$ 用距离平方关系计算：

$$\dot{H}_{n_0}=\left[\frac{r_0}{R}\right]^2\times\dot{H}_n=\left[\frac{2.75}{5}\right]^2\times4=1.21(\mu Sv/h)$$

则所需聚乙烯的厚度为：

$$\lg\left[\frac{\dot{H}_{n_0}}{\dot{H}_{n_p}}\right]\times TVL_n=\lg\left[\frac{1.21}{1}\right]\times24=2\ (cm)$$

即防护门需25mm厚铅和2cm厚聚乙烯作为屏蔽。

（3）如用公式 $\dot{H}_p=\left[\frac{r_0}{R}\right]^2\cdot(\dot{H}_n\times10^{-X/TVL_n}+\dot{H}_\gamma\times10^{-X/TVL_\gamma})$ 来验证上述计算结果是否合理，即用25mm厚铅作为屏蔽能否实现防护门外剂量率达到设计目标值1.5μSv/h，只需将上述已知数据代入即可：

$$\dot{H}_{\gamma p}=\left[\frac{r_0}{R}\right]^2\times\dot{H}_\gamma\times10^{-X/TVL_\gamma}=\left[\frac{2.75}{5}\right]^2\times16\times10^{-\frac{25}{50}}=1.5\ \mu Sv/h$$

结果与γ射线剂量率设计目标值1.5μSv/h一致。

$$\dot{H}_{np} = \left[\frac{r_0}{R}\right]^2 \times \dot{H}_n \times 10^{-X/TVL_n} = \left[\frac{2.75}{5}\right]^2 \times 4 \times 10^{-\frac{2}{24}} = 1\ \mu Sv/h$$

结果与中子剂量率设计目标值 1μSv/h 一致。

同样，也可验证计算结果是否符合中子和 γ 射线合计的剂量率控制目标值 2.5μSv/h。

在实际应用中，PET-CT 加速器室墙体混凝土（ρ = 2.35g/cm³）的屏蔽厚度，采用 50cm、40cm、37cm 和 20cm 者均有之，防护门包含 12mm 铅加 11cm 含硼石蜡等材料。据现场屏蔽防护监测，均符合国家防护要求。这些差异与不同加速器和加速器室的具体条件不同有关，因此在使用时不能直接引用，应据实计算。

8.4 加速器室外工作场所的屏蔽防护计算

在 PET-CT 工作场所内还有药物控制、分装、注射、扫描等场所，主要受 ^{18}F 放射出的最大能量为 0.635MeV 的正电子（β^+）及其湮没后产生的最大能量为 0.511MeV 的 γ 射线外照射，这还有可能造成体表污染。对此，必须作适当屏蔽防护。

对工作场所的屏蔽防护，可利用点状源公式计算出距源一定距离（参考点）的空气比释动能率，再用半值层法求出屏蔽厚度。

【例题 8.3】

热室工作箱操作量为 37GBq（1Ci）^{18}F，假设参考点距源 1m，要求箱体外控制剂量率目标值小于 2.5μSv/h，而参考点处居留因子 $T=1$，计算所需铅的屏蔽厚度。

解：

已知放射性活度 A=37GBq（1Ci），r=1m，T=1；查表 8-1 得出 Γ_δ=5.1mGy · m²/（Ci · h）。则参考点的空气比释动能率为：

$$H = \frac{A \cdot \Gamma_\delta}{r^2} = \frac{1 \times 5.1}{1^2} = 5.1\ (mGy/h)$$

衰减倍数为：

$$K = \frac{5.1 \times 1000}{2.5 \times 1} = 2040$$

半值层个数为：

$$n = \frac{\lg K}{\lg 2} = \frac{\lg 2040}{\lg 2} = 11$$

查表 8-1 得知，HVL_{Pb} = 5mm，则所需铅的屏蔽厚度为 55mm。

用上述计算方法，还可以计算出工作场所的墙体、防护门、观察窗以及欲采用的活动防护屏、手提铅罐、运输推车、注射器防护箱等各类屏蔽体的屏蔽防护厚度。

以上计算结果是按点状源、裸源为条件得出的，与实际的点源与裸源是有差别的，但此种计算方法从防护角度来讲应该是更为保守和安全的。

8.5 PET-CT 主要工作场所的屏蔽防护厚度计算

8.5.1 患者注射放射性药物后的辐射剂量估算

对患者注射含^{18}F 的放射性药物后产生的辐射，也应该注意防护。患者的身体吸收放射性药物后既不是典型的点状源，也不是典型的裸源，所以从患者身体内发射的辐射剂量率是有所降低的。假设一次给患者注射 10mCi（3.7×10^{8}Bq）的^{18}F，若按点状源计算，离患者 1m 处的空气比释动能率应为 51μGy/h，而实际测量结果约 30μGy/h；如果参考点距患者 3m，则参考点处的空气比释动能率按点状源计算为 5.7μGy/h，而实际测量结果约 3.3μSv/h。如需考虑参考点处的防护，并将控制目标值定为 0.5μGy/h，则对注射^{18}F 患者的屏蔽防护层厚度分别是：按点状源计算需 12.7cm 混凝土，实测则需 9.8cm 混凝土，两者约相差 2.9cm，相当于一个半值层厚混凝土。说明以点状源为条件计算是保守、偏安全的。若参考点的控制目标值不是定为 0.5μGy/h，而是 1.0μGy/h 或 2.0μGy/h，那么用同样的方法可计算出所需的屏蔽厚度较以上结果更小。

8.5.2 PET-CT 扫描室的屏蔽防护厚度计算

在 PET-CT 扫描室，除有来自患者体内由^{18}F 发射的 γ 射线照射外，还有 X 射线的危害。CT 系统最大的照射条件为 140kV、380mA。由于 X 射线的能量远低于 0.511MeV 的 γ 射线能量，因此，按 γ 射线计算的屏蔽防护厚度足以满足对 X 射线进行屏蔽防护的需求，所以就不必再单独考虑对 CT 产生的 X 射线进行屏蔽防护。

对 PET-CT 主要活性室的防护门、观察窗的屏蔽厚度铅当量列于表 8-3。

表 8-3 PET-CT 主要活性室的防护门、观察窗的屏蔽厚度铅当量

部位	回旋加速器室门	注射室门	注射患者休息室门	PET-CT			操作间和质控室门
				外门	内门	观察窗	
面积（m^2）	37.26	11.88	13.2	53.46	17.82	—	—
材料	铅	铅	铅	铅	铅	铅玻璃	铅
铅当量（mmPb）	6	12	12	4	4	6	4

注：本表引自赵兰才、张丹枫主编的《放射防护实用手册》，济南出版社 2009 年版，第 338 页。

8.5.3 注射^{18}F 后患者流动产生的辐射防护

注射^{18}F 后的患者会对接近他的人员产生外照射，其各种排泄物会产生污染，所以应对注射^{18}F 的患者按照核医学治疗患者的方式进行辐射防护管理。

注射^{18}F 的患者与用^{131}I 治疗甲亢的患者相比，前者体内的^{18}F 活度大，γ 射线能量高、贯穿能力强，但半衰期短，据此特点，应在注射^{18}F 的当天就对患者加强管理，以杜绝患者随意活动对公众产生照射及造成可能的污染。

现将最大活度为 740MBq（20mCi）的^{18}F，在无屏蔽防护情况下，对周围不同距离的空气比释动能率列于表 8-4、表 8-5，供使用者参考。

表 8-4　740MBq（20mCi）的 ^{18}F 周围关注点的空气比释动能率

距离（m）	0.5	1	2	3	4	5	6	7	8	9	10
空气比释动能率（μSv/h）	408	102	25.5	11.3	6.38	4.08	2.83	2.08	1.59	1.26	1.02

注：本表引自赵兰才、张丹枫主编的《放射防护实用手册》，济南出版社 2009 年版，第 328 页。

表 8-5　给患者注射 ^{18}F（4.5mCi～11mCi）时工作人员位置的 γ 辐射剂量率

工作人员部位	剂量率（μSv/h）		剂量率（μSv/h）
	范围值	平均值	1 人次测定值
头部	33～151	84.5	150
胸部	16～252	97.4	300～500（腹部）
手部	101～505	247.9	550（前臂）

注：①范围值和平均值是 9 所医院的测试数据。

②1 人次测定值是 1 所医院的测试数据，注射 ^{18}F 量为 13.5mCi。

③前臂数据是注射 ^{18}F 8mCi 后的测试数据。

④本表引自赵兰才、张丹枫主编的《放射防护实用手册》，济南出版社 2009 年版，第 339 页。

第 9 章　γ 射线源放射治疗机房辐射屏蔽防护厚度计算

适用于 γ 射线源远距离治疗、高剂量率（HDR）后装近距离治疗和立体定向放射治疗三类机房的屏蔽防护。

9.1　术语的定义

（1）关注点。通常在治疗机房外距机房外表面 30cm 处，选择人员受照的周围剂量当量（以下简称剂量）可能最大的位置作为关注点。在距离治疗机房一定距离处，公众居留因子大并可能受照剂量大的位置也应作为关注点。

（2）源表观活度。当放射源在某处的空气比释动能率与同种核素忽略自吸收的可视点状放射源在同位置的空气比释动能率相等时，则把该可视点状放射源的活度看作该种核素放射源的源表观活度（也叫名义活度或等效活度）。在 γ 射线源放射治疗机的屏蔽规范中所涉及的活度（A）均指源表观活度。

（3）γ 射线源的后装近距离治疗。依临床要求采用后装技术，使 γ 射线源在人体自然腔、管道或组织驻留而达到预定的剂量及其分布的一种治疗手段，简称后装治疗，这里特指高剂量率（HDR）后装近距离治疗。

（4）γ 射线源远距治疗。利用放射源组件中的放射源发出的 γ 射线，在放射源至人体皮肤之间距离不小于 50cm 的几何条件下实施的体外放射治疗，这里专指 ^{60}Co γ 射线源远距治疗。

（5）多源 γ 射线立体定向放射治疗。多源 γ 射线立体定向放射治疗俗称 γ 刀治疗，是指配合使用立体定向装置、CT、磁共振或 X 射线数字减影等影像设备及三维重建技术，确定病变组织和邻近重要器官的准确位置及范围，采用多源 γ 射线聚束照射靶点，进行大剂量三维立体定向照射的技术。

多源 γ 射线立体定向放射治疗装置俗称 γ 刀装置。仅用于头部肿瘤等疾病治疗的 γ 刀称为头部 γ 刀，可用于头部以外的肿瘤治疗的 γ 刀称为体部 γ 刀。

（6）平衡锤。平衡锤是 γ 射线源远距治疗装置上的一个部件，在治疗装置机架旋转时，起平衡机头重量的作用。平衡锤有两种，一种只起平衡作用，另一种还能衰减治疗线束对治疗机房的直接照射。本书中提及的平衡锤，是指既起平衡作用又起射线屏蔽作用的平衡锤。

9.2 治疗机房的剂量控制要求与屏蔽考虑

9.2.1 治疗机房墙外和入口门外关注点的周围剂量当量率参考控制水平

治疗机房墙外和入口门外的周围剂量当量率（以下简称剂量率）应不大于下述（1）、（2）和（3）所确定的剂量率参考控制水平 $\dot{H}_c$。

（1）使用放射治疗周工作负荷、关注点位置的使用因子和居留因子，可以依照“导出剂量率参考控制水平的方法”，由周剂量参考控制水平 H_c 求得关注点的导出剂量率控制水平 $\dot{H}_{c,d}$。

放射治疗机房外控制区的工作人员：$H_c \leqslant 100\mu Sv/wk$；

放射治疗机房外非控制区的人员：$H_c \leqslant 5\mu Sv/wk$。

（2）根据关注点人员居留因子（T）的不同，确定关注点的最高剂量率参考控制水平 $\dot{H}_{c,max}$。

人员居留因子 $T \geqslant 1/2$ 的场所：$\dot{H}_{c,max} \leqslant 2.5\mu Sv/h$；

人员居留因子 $T<1/2$ 的场所：$\dot{H}_{c,max} \leqslant 10\mu Sv/h$。

（3）由上述（1）中的导出剂量率参考控制水平 $\dot{H}_{c,d}$ 和（2）中的最高剂量率参考控制水平 $\dot{H}_{c,max}$，选其中较小者作为关注点的剂量率参考控制水平 $\dot{H}_c$。

关注点的周剂量参考控制水平为 H_c 时，该关注点的导出剂量率参考控制水平为：

$$\dot{H}_{c,d} = \frac{H_c}{t \cdot U \cdot T}$$

式中：H_c 为周剂量参考控制水平（μSv/wk）。

U 为关注位置方向照射的使用因子。

T 为人员在相应关注点的居留因子。

t 为治疗装置周治疗时间（h），其值为平均每周治疗照射人数和每人治疗照射时间的乘积。

开展调强放射治疗的 γ 射线源远距治疗装置，对于有用线束和有用线束散射辐射，每周调强放射治疗人数与常规放射治疗人数相同时，周工作负荷（周治疗照射时间）与常规放射治疗工作负荷相同。但对于泄漏辐射，周工作负荷（周治疗照射时间）为常规放射治疗工作负荷的 N 倍（当调强因子为 N 时）。

9.2.2 治疗机房顶的剂量控制要求

治疗机房顶的剂量应按下述（1）、（2）两种情况进行控制：

（1）在治疗机房顶正上方有建筑物，或治疗机房邻近建筑物的高度超过自放射源点到机房顶内表面边缘所张立体角区域时，距治疗机房顶外表面 30cm 处和（或）在该立体角区域内的高层建筑物中人员驻留处，可以根据机房外周剂量参考控制水平 $H_c \leqslant 5\mu Sv/wk$ 和最高剂量率 $\dot{H}_{c,max} \leqslant$

2. 5μSv/h，按 9. 2. 1 求得关注点的剂量率参考控制水平 $\dot{H}_c$ 加以控制。

（2）除上述（1）的条件外，还应考虑下列情况：

①天空散射和侧散射辐射对治疗机房外的地面附近和楼层中公众的照射。该项辐射与贯穿机房墙壁辐射在相应处的剂量的总和，应按上述（1）确定关注点的剂量率参考控制水平 $\dot{H}_c$ 加以控制。

②穿透治疗机房屋顶的辐射对偶然到达机房顶外的人员的照射，按年剂量 250μSv 加以控制。

③对无人员停留并只有借助工具才能进入的机房顶，考察上述①、②之后，机房顶外表面 30cm 处的剂量率参考控制水平可按 100μSv/h 加以控制（可在相应处设置辐射警告牌）。

9.3 γ 射线源治疗装置与机房屏蔽相关的性能与参数

9.3.1 γ 射线源治疗装置的使用核素和性能参数

γ 射线源治疗装置和多源 γ 射线立体定向放射治疗装置（γ 刀）使用 ^{60}Co 放射源，后装治疗装置使用 4π 发射的 ^{192}Ir、^{137}Cs 或 ^{60}Co 发射源，性能与参数示例见表 9-1。

表 9-1 γ 射线源放射治疗装置的参数与性能示例

（1）常见 γ 射线源治疗装置的额定装源活度	
^{60}Co 远距治疗装置	（2. 8～3. 7）×10^{5}GBq
^{60}Co γ 刀治疗装置	2. 4×10^{5}GBq（头部 γ 刀）；3. 0×10^{5}GBq（体部 γ 刀）
^{192}Ir/^{137}Cs/^{60}Co 后装治疗装置	3. 7×10^{2}GBq/7. 4×10^{1}GBq/7. 4×10^{1}GBq
（2）^{60}Co 远距治疗装置性能示例	
源轴距（SAD）	0. 8m
等中心处最大照射野	35cm×35cm
平衡锤的屏蔽透射因子	10^{-3}
准直器泄漏辐射比率	2×10^{-2}
治疗状态下治疗机头的泄漏辐射比率	10^{-3}（<185TBq）；5×10^{-4}（≥185TBq）
贮源状态下距源 1m 处的空气比释动能率	20μGy/h
（3）^{60}Coγ 刀治疗装置性能示例	
放射源数量	18～201 个
初装源时的焦点剂量率	4. 3Gy/min（头部 γ 刀）；3. 0Gy/min（体部 γ 刀）
最大准直器直径（Φ）	22mm（头部 γ 刀）；55mm（体部 γ 刀）
治疗状态下治疗装置的泄漏辐射比率	10^{-3}
准直器泄漏辐射比率	2×10^{-2}
贮源状态下距源 1m 处的空气比释动能率	20μGy/h

注：本表取自 GBZ/T 201. 3—2014。

9.3.2 治疗装置所用核素的辐射特性

γ 射线源治疗装置常用放射性核素的主要辐射特性参数见表 9-2。

表 9-2 γ 射线源治疗装置常用放射性核素的主要辐射特性参数

核素	半衰期 $T_{1/2}$	γ 射线能量均值（MeV）	空气比释动能率常数 K [μSv/（h·MBq）]	*TVL*（mm）			*HVL*（mm）		
				铅	铁	混凝土	铅	铁	混凝土
^{60}Co	5.27a	1.25	0.308	41	71（87）	218（245）	12（15）	21（35）	62
^{137}Cs	30.0a	0.662	0.077	22	53（69）	175	6.5	16（30）	48
^{192}Ir	74.0d	0.37	0.111	16	43（49）	152	6	13（19）	43

注：①表中数据来源于 IAEA Report No. 47 的表 20 和表 22。

②*TVL* 和 *HVL* 栏内括号中的值为第一个什值层厚度（TVL_1）或第一个半值层厚度（HVL_1）。

③本表取自 GBZ/T201.3-2014。

9.3.3 治疗机房的一般屏蔽防护要求

除应按第 5 章的内容进行考虑外，γ 射线源治疗机房辐射屏蔽还应考虑下列内容：

（1）后装治疗按 4π 发射的点源考虑机房屏蔽，应在治疗机房的地面标出相应机房外可能受照剂量最高的使用位置，作为估算屏蔽时的辐射源参考位置。

（2）γ 射线源远距治疗机房墙和顶的屏蔽除考虑有用线束（或称主射线束）和泄漏辐射外，在主屏蔽与次屏蔽接合处还应考虑患者的 30°人体散射辐射。

（3）头部 γ 刀治疗机房可不设迷路（参考图 9-1、图 9-2）。

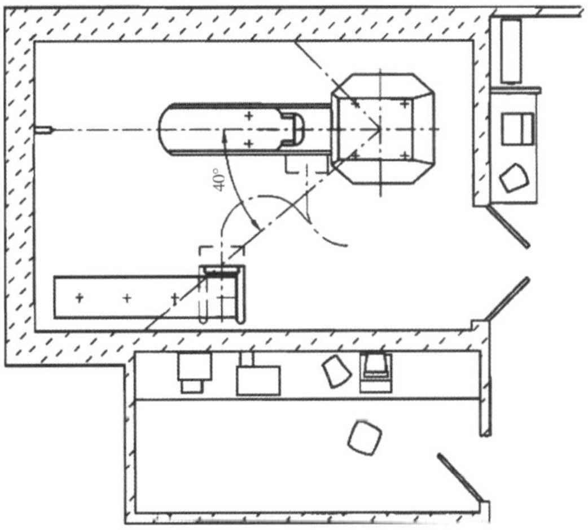

图 9-1 头部 γ 刀治疗机房参考平面图

该机房屏蔽只需考虑散射辐射，包括治疗射线和准直器的泄漏辐射的散射。自 γ 刀治疗焦点至 γ 刀可开启的治疗装置门的张角相应的屏蔽墙区和部分屏蔽顶区域为一次散射辐射区。散射辐射与入射辐射的夹角通常为 60°～120°，其他区域为二次散射辐射区。治疗机房入口门处于治疗装

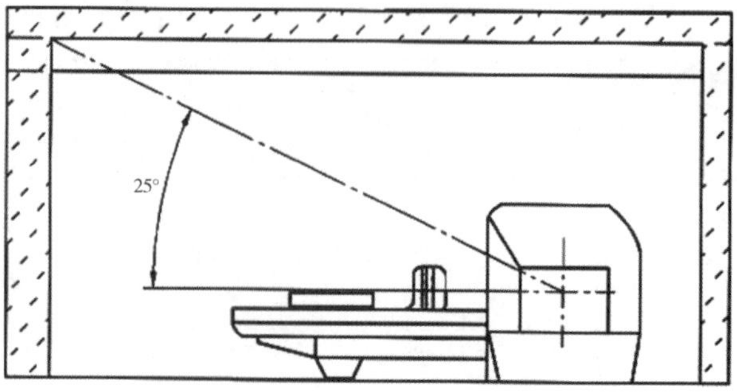

图 9-2　头部 γ 刀治疗机房参考立面图

置后部二次散射辐射区，辐射能量接近 0.2MeV。门的防护还应考虑在治疗装置屏蔽门关闭的贮源状态下的泄漏辐射。

（4）体部 γ 刀治疗机房墙、顶和门的屏蔽应主要考虑装置治疗状态下的泄漏辐射、准直器的泄漏辐射和有用线束的一次散射辐射，散射辐射与入射辐射的夹角通常为 40°～140°。对个别体部 γ 刀（或称全身 γ 刀）需考虑旋转照射时单个源的有用线束。

（5）后装治疗机房、γ 射线源远距治疗机房和体部 γ 刀治疗机房应设置迷路。

（6）散射辐射的能量可按式 9-1 计算：

$$E_S = \frac{E}{1 + 1.96(1 - \cos\varphi)E} \quad （式 9-1）$$

式中：E 为入射辐射的能量（MeV）。

E_S 为散射辐射的能量（MeV）。

φ 为入射辐射方向和散射辐射方向之间的夹角。

当 E 为入射辐射最高能量时，由上式计算出的 E_S 为散射辐射最高能量。

放射治疗装置常用 γ 射线源散射辐射能量的典型值见表 9-3。

表 9-3　放射治疗装置常用 γ 射线源散射辐射能量典型值

入射辐射与散射辐射的夹角		30°	45°	60°	90°	120°	135°	150°
不同 γ 射线源散射辐射能量典型值（MeV）	^{60}Co	0.94	0.73	0.56	0.36	0.27	0.24	0.22
	^{137}Cs	0.56	0.48	0.40	0.29	0.22	0.21	0.19
	^{192}Ir	0.34	0.31	0.27	0.21	0.18	0.17	0.16

注：①表中散射辐射能量由式 9-1 计算得来，计算中所用 γ 射线源入射辐射能量值为 IAEA Report No. 47 的表 20 中相应的 ^{60}Co、^{137}Cs 和 ^{192}Ir 的 γ 射线能量均值。

②本表取自 GBZ/T 201.3—2014。

（7）生产厂家给出的放射源治疗装置性能不低于国家标准的产品指标时，可依其指标计算机房屏蔽。尤其是对 γ 刀治疗机房，需详细分析生产厂家给出的有关准直器的几何条件、源准直器在治疗中的移动或转动、准直束和准直器的泄漏辐射等详尽资料，确定散射面积、散射角度、散射辐射强度与剂量。当获得生产厂家提供的治疗装置周围的散射辐射剂量场数据时，屏蔽计算中宜尽可能利用这些实际数据。

（8）γ 射线源远距治疗装置机头可以偏转，当设置具有 10^{-3} 屏蔽透射因子的可伸缩平衡锤时，治疗束仍有可能偏离平衡锤并照射到机房墙与顶，治疗机房仍应按屏蔽有用线束进行设计与建造，但可以对有用线束照射附加一个使用因子（例如 $U=1/10$）。

9.3.4　辐射源点至关注点的距离

辐射源点至关注点的距离估算方法如下：

（1）直接与治疗机房连接的区域内，关注点为距治疗机房（包括治疗机房顶）外表面 30cm 的相应位置。

（2）对 γ 射线源远距治疗机房主屏蔽区，辐射源点到关注点的距离为等中心位置至关注点的距离与源轴距（SAD）之和。

（3）除上述（2）外的辐射源位置：对后装治疗机房，为治疗源在机房内的参考位置；对 γ 射线源远距治疗机房，为等中心位置；对 γ 刀治疗机房，为治疗束焦点。

9.4　γ 射线源远距治疗机房辐射屏蔽厚度与剂量估算

9.4.1　治疗机房不同关注点应考虑的辐射

9.4.1.1　应考虑的辐射束

以图 9-3 至图 9-6 为例，治疗机房的屏蔽设计与评价应考虑的辐射束为治疗装置的有用线束、泄漏辐射和散射辐射。

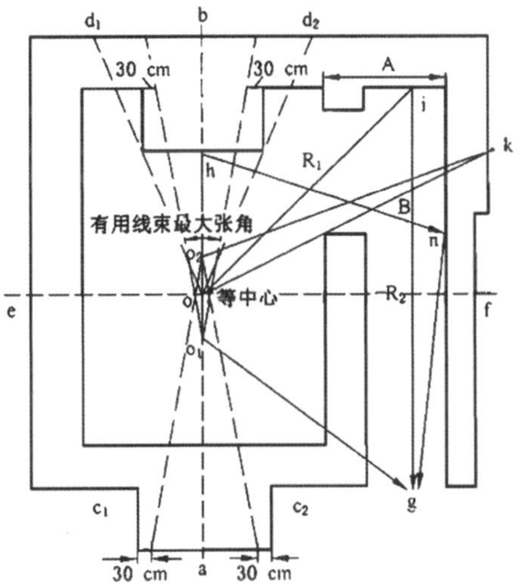

图 9-3　治疗机房的关注点和其主要照射路径示意图 1

（直迷路，有用线束不向迷路照射）

注：本图取自 GBZ/T 201.3—2014。

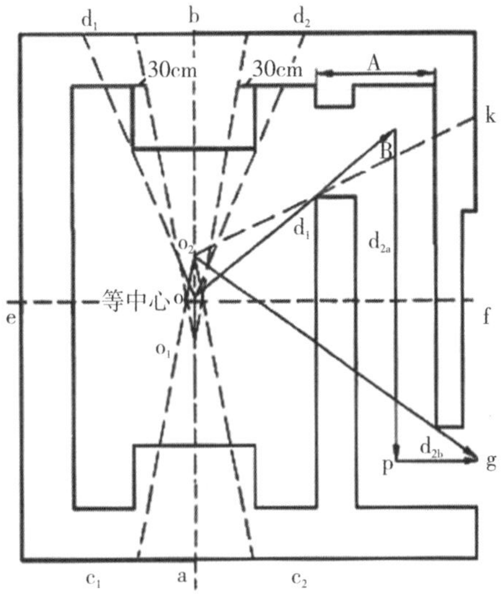

图 9-4　治疗机房的关注点和其主要照射路径示意图 2

（L 型迷路，有用线束不向迷路照射）

注：本图取自 GBZ/T 201.3—2014。

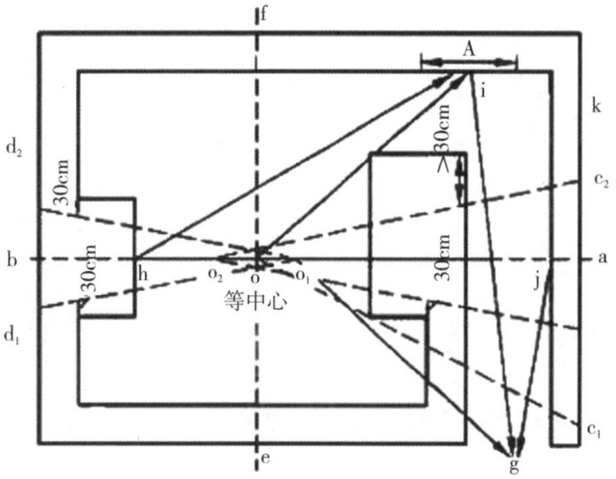

图 9-5　治疗机房迷路散射路径示意图

（直迷路，有用线束不向迷路照射）

注：本图取自 GBZ/T 201.3—2014。

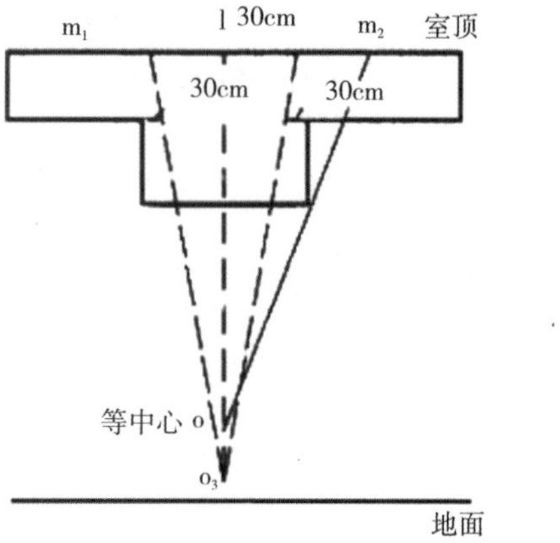

图 9-6　治疗机房顶的关注点局部纵剖面示意图

注：本图取自 GBZ/T 201.3—2014。

9.4.1.2　治疗机房不同位置应考虑的辐射束

（1）主屏蔽区。

治疗机房中，有用线束的照射方向见图 9-3 至图 9-6。图 9-3 至图 9-5 中的 a、b 点以及图 9-6 中的 l 点的屏蔽厚度应按有用线束估算。

（2）与主屏蔽区直接相连的次屏蔽区。

图 9-3、图 9-4 中的 c_1、c_2、d_1、d_2 和图 9-5 中的 c_1、d_1、d_2，以及图 9-6 中的 m_1、m_2 点的屏蔽厚度应按下列辐射束估算：

①有用线束水平照射或向顶照射（使用因子 $U=0.25$）时，人体的散射辐射以等中心位置 o 为散射体中心，散射角 θ 接近 30°，屏蔽墙的斜射角与散射角相同，示例路径见图 9-3 中的“o_1—o—d_2”和图 9-6 中的“o_3—o—m_2”。

②治疗装置的泄漏辐射以位置 o 为中心，使用因子 $U=1$，屏蔽墙的斜射角接近 30°，示例路径见图 9-3 中的“o—d_2”。一般情况下，该辐射相对上述①项较小，保守地不考虑①项辐射的人体吸收时，可以忽略②项。

（3）侧屏蔽墙。

图 9-3、图 9-4 中的 e 点及图 9-5 的 e、f 点的屏蔽厚度可不考虑对散射辐射的屏蔽，而应按治疗装置的泄漏辐射估算，以位置 o 为中心，使用因子 $U=1$，调强因子 $N=5$（调强治疗时）。示例路径见图 9-5 中的“o—e”和“o—f”。

（4）迷路外墙。

迷路外墙（k 点）的屏蔽应考虑以下方面：

①当有用线束不向迷路内墙照射时（如图 9-3 和图 9-4），k 点的屏蔽厚度应考虑以下情况：

靶点位于 o_2（偏离 o 点 0.8m）时，k 点辐射剂量最大，泄漏辐射起决定性作用。o_2 至 k 的泄漏辐射的斜射角较小，通常以 0°垂直入射保守估算。

在按关注点的周剂量参考控制水平 H_c（放射治疗机房外控制区的工作人员 $H_c \leq 100\mu Sv/wk$，

放射治疗机房外非控制区的人员 $H_c \leq 5\mu Sv/wk$）进行计算时，关注点的导出剂量率参考控制水平 $\dot{H}_{c,d}=H_c/(t\cdot U\cdot T)$，使用因子 U 为：

A. 自位置 o 至 k 的泄漏辐射没有受到迷路内墙的屏蔽时，$U=1$。

B. 自位置 o 至 k 的泄漏辐射得到迷路内墙的屏蔽时，$U=0.25$。

②当有用线束向迷路内墙照射时（见图 9-5），迷路外墙在 k 处的厚度同位置 a 处的厚度。

（5）治疗机房迷路入口。

有用线束不向迷路内墙照射时（见图 9-3 和图 9-4），迷路入口处的辐射剂量应考虑如下方面：

①图 9-3、图 9-4 的迷路入口 g 点包括下列辐射：

A. 有用线束向下照射时，人体散射至 i 点的辐射及再次受墙的二次散射至 g 处的辐射，散射路径为“放射源点—o—i—g”。

B. 至 i 点的泄漏辐射受墙散射至 g 处的辐射，散射路径为“o_1—i—g”。

C. 有用线束穿出人体达到位置 h，受主屏蔽墙的散射至 n 处迷路外墙并再次散射，达到 g 处的辐射，散射路径为“o_1—h—n—g”（此项相对较小，可忽略）。

②对图 9-3、图 9-4 中的 g 点，也需要核算治疗装置的泄漏辐射（以偏离 o 的位置 o_1 为中心）经迷路内墙屏蔽后在迷路入口 g 处的辐射剂量（路径见图 9-3 中的“o_1—g”）。当屏蔽内墙为斜型时，还应以位置 o_2 为中心，重复核算泄漏辐射在 g 处的剂量（路径见图 9-4 中“o_2—g”）。核算结果应为 g 处的参考控制水平的一个分数（应小于 1/4）。若此项辐射剂量较高，应增加迷路内墙的屏蔽厚度。当治疗机房主屏蔽区加厚屏蔽部分凸向屏蔽墙外表面或凸向屏蔽墙内表面时，o_1 至 g 的泄漏辐射射入迷路内墙的斜射角有所不同，通常以 30°斜射角保守估计。

（6）有用线束向迷路内墙照射时（参见图 9-5）的迷路入口。

在此情况下，相应迷路入口处的辐射剂量应作如下考虑：

①入射至 i 墙的辐射散射至 g 处的辐射中，i 墙的入射辐射可能来自：

A. 泄漏辐射。

B. 患者散射。

C. 向 b 处照射的有用线束穿过患者身体并射入屏蔽墙内表面 h 处的散射辐射。

②应核算穿过迷路内墙的有用线束被迷路外墙散射至 g 处的辐射剂量（散射路径见图 9-5 中“o_2—j—g”），此项值应为 g 处的参考控制水平的一个分数（一般小于 1/4）。若此辐射剂量值较高，应增加迷路内墙的屏蔽厚度。

③g 处也需要核算泄漏辐射以位置 o_1 为中心在 g 处的剂量（路径见图 9-5 中的“o_1—g”），核算结果应为 g 处的参考控制水平的一个分数（应小于 1/4）。若此项辐射剂量值较高，应增加迷路内墙的屏蔽厚度。

9.4.2 治疗机房辐射屏蔽计算方法

9.4.2.1 什值层计算法

（1）有效屏蔽厚度。

当 γ 射线束以 θ 角斜射入厚度为 X 的屏蔽物质时，射线束在斜射路径上的有效屏蔽厚度 X_e 按式 9-2 和式 9-3 计算：

$$X_e = X \cdot \sec\theta \quad (式 9-2)$$

$$X = X_e \cdot \cos\theta \quad (式 9-3)$$

式中：θ 为斜射角，即入射线与物质平面的法线的夹角。

（2）屏蔽厚度 X 与屏蔽透射因子 B 的相应关系。

给定屏蔽物质的厚度 X 与屏蔽透射因子 B 相互计算如下：

①对于给定屏蔽物质的厚度 X，按式 9-2 计算有效屏蔽厚度 X_e，相应的辐射屏蔽透射因子 B 按式 9-4 计算。

$$B = 10^{-(X_e + TVL - TVL_1)/TVL} \quad (式 9-4)$$

②对于计算出的屏蔽透射因子 B，按式 9-5 计算 X_e。

$$X_e = TVL \cdot \lg B^{-1} + (TVL_1 - TVL) \quad (式 9-5)$$

再按式 9-3 计算所需的屏蔽厚度 X。式中，TVL_1 和 TVL 为辐射在屏蔽物质中的第一个什值层厚度和平衡什值层厚度（参见表 9-2）；当未指明 TVL_1 时，$TVL_1 = TVL$ 。

9.4.2.2 不同辐射的屏蔽估算方法

（1）有用线束和泄漏辐射的屏蔽与剂量估算。

①关注点达到剂量率参考控制水平 $\dot{H}_c$ 时，设计所需要的屏蔽透射因子 B 按式 9-6 进行计算，再按式 9-5 计算所需要的有效屏蔽厚度 X_e，最后按式 9-3 计算屏蔽厚度 X。

$$B = \frac{\dot{H}_c}{\dot{H}_o} \cdot \frac{R^2}{f} \quad (式 9-6)$$

式中：$\dot{H}_c$ 为按 9.2.1 确定的剂量率参考控制水平（μSv/h）。

R 为辐射源点至关注点的距离（m）。

f 对有用线束为 1，对 γ 射线源远距离治疗装置的泄漏辐射为泄漏辐射比率。

$\dot{H}_o$ 为治疗放射性活度为 A 的放射源在距其 1m 处的剂量率（μSv/h），由式 9-7 计算得出。

$$\dot{H}_o = A \cdot K_\gamma \quad (式 9-7)$$

式中：A 为放射源的活度（MBq）。

K_γ 为放射源的空气比释动能率常数（或称 K_γ 常数），在屏蔽计算中以周围剂量当量作为空气比释动能率的近似值，此时 K_γ 的单位为 μSv/（h · MBq）（参见表 9-2）。

②在给定屏蔽物质厚度 X 时，首先按式 9-2 计算出有效屏蔽厚度 X_e，再按式 9-4 计算出屏蔽物质的屏蔽透射因子 B，最后按式 9-8 计算出相应辐射在屏蔽体外关注点的剂量率 $\dot{H}$ 。

$$\dot{H} = \frac{\dot{H}_o \cdot f}{R^2} \cdot B \quad (式 9-8)$$

式中：$\dot{H}_o$ 为活度为 A 的放射源在距其 1m 处的剂量率（μSv/h）。

f 对有用线束为 1，对 γ 射线源远距治疗装置的泄漏辐射为泄漏辐射比率。

R 为辐射源至关注点的距离（m）。

（2）患者一次散射辐射的屏蔽与剂量估算。

①关注点到达剂量率参考控制水平 $\dot{H}_c$ 时，设计所需要的屏蔽透射因子 B 按式 9-9 计算，然后按式 9-5 计算所需的有效屏蔽厚度 X_e，再按式 9-3 转换为屏蔽厚度 X。

$$B=\frac{\dot{H}_c\cdot R_s^2\cdot R_0^2}{\dot{H}_o\cdot\alpha_{ph}\cdot(F/400)} \quad (式 9-9)$$

式中：$\dot{H}_c$ 为按治疗机房墙外和入口门处关注点的剂量率参考控制水平确定的剂量率参考控制水平（μSv/h）。

R_s 为患者（位于等中心点）至关注点的距离（m）。

R_0 为放射源与等中心位置之间的距离（m）。

$\dot{H}_o$ 为活度为 A 的放射源在距其 1m 处的剂量率（μSv/h）。

α_{ph} 为患者 400cm^2 面积上垂直入射的 γ 射线散射至距其 1m（关注点方向）处的剂量相对于等中心处剂量的份额，又称为患者受照面积 400cm^2 对垂直入射辐射的剂量散射因子（见表 9-4）。

F 为治疗装置有用线束在等中心处的最大治疗野面积（cm^2）。

表 9-4　患者受照面积 400cm^2 对垂直入射辐射的剂量散射因子 α

散射角	10°	20°	30°	45°	60°	90°	135°	150°
散射因子 α	1.1×10^{-2}	8.0×10^{-2}	6.0×10^{-3}	3.7×10^{-3}	2.2×10^{-3}	9.1×10^{-4}	5.4×10^{-4}	1.5×10^{-4}

注：①表中值取自 IAEA No. 47 表 5。

②本表取自 GBZ/T201. 3-2014。

②在给定屏蔽物质厚度 X 时，首先按式 9-2 计算有效屏蔽厚度 X_e，然后按式 9-4 计算屏蔽物质透射因子 B，再按式 9-10 计算相应辐射在屏蔽体外关注点的剂量率 $\dot{H}$。

$$\dot{H}=\frac{\dot{H}_o\cdot\alpha_{ph}\cdot(F/400)}{R_s^2\cdot R_0^2}\cdot B \quad (式 9-10)$$

式中：$\dot{H}_o$ 为放射性活度为 A 的放射源在距其 1m 处的剂量率（μSv/h）。

α_{ph} 为患者 400cm^2 面积上垂直入射 γ 射线散射至距其 1m（关注点方向）处的剂量相对于等中心处剂量的份额（见表 9-4）。

F 为治疗装置有用线束在等中心处的最大治疗野面积（cm^2）。

R_s 为患者（位于等中心点）至关注点的距离（m）。

R_0 为放射源与等中心点之间的距离（m）。

③α_{ph} 与放射源的核素及散射角（散射方向与入射方向的夹角）有关，其值见表 9-5、表 9-6，散射辐射在混凝土中的 *TVL* 值见表 9-7。

表 9-5　混凝土对 45°入射辐射的散射因子 α（散射面积 10^4cm^2）

反散射角		0°	15°	45°	75°
γ 辐射 45°入射辐射在不同反散射角下的混凝土散射因子 α	1.25MeV（^{60}Co）	1.02×10^{-2}	1.07×10^{-2}	1.19×10^{-3}	1.26×10^{-3}
	0.5MeV	2.03×10^{-2}	2.10×10^{-2}	2.15×10^{-3}	1.70×10^{-3}
	0.25MeV*	3.39×10^{-2}	3.50×10^{-2}	3.05×10^{-3}	1.82×10^{-3}

注：①表中值取自 IAEA Report No.47 表 6。

②本表取自 GBZ/T201.3-2014。

表 9-6　混凝土对 0°入射辐射的散射因子 α（散射面积 10^4cm^2）

反散射角		0°	30°	45°	60°	75°
γ 辐射 0°入射辐射在不同反散射角下的混凝土散射因子 α	1.25MeV（^{60}Co）	7.79×10^{-3}	7.65×10^{-3}	7.00×10^{-3}	5.94×10^{-3}	4.06×10^{-3}
	0.5MeV	1.82×10^{-2}	1.78×10^{-2}	1.58×10^{-2}	1.26×10^{-2}	7.54×10^{-3}

注：①表中值取自 IAEA Report No.47 表 7。

②本表取自 GBZ/T201.3-2014。

表 9-7　患者散射辐射在混凝土中的 *TVL*

散射角	15°	30°	45°	60°	90°	135°
1.25MeV（^{60}Co）患者散射辐射在混凝土中的 *TVL*（mm）	223	213	197	189	151	128

注：①表中值取自 IAEA Report No.47 表 11。

②本表取自 GBZ/T201.3-2014。

（3）穿过患者或迷路内墙的有用线束在屏蔽墙上的一次散射辐射剂量。

有用线束穿过患者或迷路内墙，垂直射入屏蔽墙并散射至计算点的辐射剂量率按式 9-11 计算。

$$\dot{H}=\dot{H}_o\frac{(F/10^4)}{R^2}\cdot\alpha_w\cdot B_p \qquad \text{（式 9-11）}$$

式中：$\dot{H}$ 为计算点的辐射剂量率（μSv/h）。

$\dot{H}_o$ 为活度为 A 的放射源在距其 1m 处的辐射剂量率（μSv/h）。

F 为治疗装置有用射线束在等中心处的最大治疗野面积（cm^2）。

10^4 为 1m^2 面积转换为 10^4cm^2。

R 为散射体（有用线束在屏蔽墙上的投影区）中心点与计算点的距离（m）。

α_w 为散射因子，即单位面积（1m^2）散射体散射到距其 1m 处的散射辐射剂量率与该面积上的入射辐射剂量率的比率。a_w 与入射角和反散射角(入射方向和反散射方向相对散射体垂直线的夹角)有关，45°和0°入射辐射在混凝土散射体上的 a_w 分别见表9-5 和表 9-6。

B_p 为有用线束射入散射体（屏蔽墙）前的屏蔽透射因子。当患者吸收，B_p 接近 0.15 时，有时忽略该项，保守取为 1。对有用线束向迷路墙照射时的迷路内墙，B_p 依内墙的屏蔽厚度按式 9-4 计算。

（4）泄漏辐射在屏蔽墙上的一次散射辐射剂量。

入射到屏蔽墙上的泄漏辐射被散射至计算点的辐射剂量率 $\dot{H}$ 按式 9-12 计算：

$$\dot{H} = \frac{f \cdot \dot{H}_o \cdot S \cdot \alpha_w}{R_L^2 \cdot R^2} \qquad \text{（式 9-12）}$$

式中：$\dot{H}$ 为计算点的辐射剂量率（μSv/h）。

$\dot{H}_o$ 为活度为 A 的放射源在距其 1m 处的辐射剂量率（μSv/h）。

f 为治疗装置的泄漏辐射比率，通常取 10^{-3}。

S 为散射面积，即自泄漏辐射始点（见图 9-3 的位置 o 或 o_1、o_2）和计算点共同可视见的散射体区域的面积（m^2）。

α_w 为散射因子。

R 为散射体中心点与计算点之间的距离（m）。

R_L 为泄漏辐射始点（见图 9-3 的位置 o 或 o_1、o_2）至散射体中心的距离（m）。

（5）治疗机房的迷路散射辐射屏蔽与剂量估算。

①有用线束不向迷路照射。典型的散射路径见图 9-3 的“o_1—o—i—g”。

A. 人体受有用线束照射时，散射至迷路 i 点的散射角 θ 接近 45°，i 处墙向 g 处的二次散射的散射角小于 10°，通常按 0°对待。i 处墙的散射体积为自入口 g 和等中心位置 o 共同可视见的区域（见图 9-3 的 A 区），包括治疗机房吊装顶上方的区域。

B. 入口 g 处的散射辐射剂量率 $\dot{H}_g$ 按式 9-13 计算。

$$\dot{H}_g = \frac{\alpha_{ph} \cdot (F/400)}{R_1^2} \cdot \frac{\alpha_2 \cdot S}{R_2^2} \cdot \frac{\dot{H}_o}{R_0^2} \qquad \text{（式 9-13）}$$

式中：α_{ph} 为 400cm^2 面积上的散射因子（见表 9-4），通常散射角取 45°。

F 为治疗装置有用线束在等中心的最大治疗野面积（cm^2）。

α_2 为混凝土对入射的患者散射辐射（能量值见表 9-3）的散射因子，通常取 i 处的入射角为 45°，散射角为 0°，α_2 值见表 9-5，保守使用 0.25MeV 的值。

S 为 i 处的散射面积（m^2）。

$\dot{H}_o$ 为活度为 A 的放射源在距其 1m 处的剂量率（μSv/h）。

R_1 为“o—i”之间的距离（m）。

R_2 为“o—g”之间的距离（m）。

R_0 为放射源与等中心位置之间距离（m）。

C. g 处的散射辐射能量约为 0.2MeV，防护门需要的屏蔽透射因子 B 按式 9-14 计算。

$$B = \frac{\dot{H}_c - \dot{H}_{og}}{\dot{H}_g} \quad \text{（式 9-14）}$$

式中：$\dot{H}_c$ 为按 9.2.1 确定的剂量率参考控制水平（μSv/h）。

$\dot{H}_{og}$ 为图 9-3 中 o_1 位置穿过迷路内墙的泄漏辐射在 g 处的剂量率（μSv/h），其值按式 9-8 计算。

$\dot{H}_g$ 为入口 g 处的散射辐射剂量率（μSv/h）。

在使用式 9-14 进行计算时，迷路内墙的屏蔽透射因子按式 9-4 计算。X_e 由屏蔽内墙厚度 X 按式 9-3 计算。当迷路内墙各段厚度不等时，还需核算自 o_2 位置到 g 处的辐射剂量率。

使用式 9-14 计算出 B 值，按式 9-5 计算防护门的铅屏蔽厚度 X，计算中 $TVL_1 = TVL$，$X_e = X$（0°入射）。在 g 处的散射辐射能量约为 0.2MeV，铅的 TVL 值为 5.0mm。

D. 在给定防护门的铅屏蔽厚度 X 时，防护门外的辐射剂量率 $\dot{H}$ 按式 9-15 计算。

$$\dot{H} = \dot{H}_g \cdot 10^{-(X/TVL)} + \dot{H}_{og} \quad \text{（式 9-15）}$$

式中：$\dot{H}_g$ 为入口 g 处的散射辐射剂量率（μSv/h）。

$\dot{H}_{og}$ 为图 9-3 中 o_1 位置穿过迷路内墙的泄漏辐射在 g 处的剂量率（μSv/h）。

TVL 为辐射在屏蔽物质中的平衡什值层厚度，式中，TVL =0.5mmPb。

②有用线束向迷路照射。

机房情景见图 9-5，考虑的辐射照射为有用线束向迷路内墙照射时的迷路入口。在按式 9-11 估算图 9-5 中“o_2—j—g”项散射时，有用线束边缘（图 9-5 中的位置 c_1）距 g 处可能较近，并存在迷路内墙的杂散辐射，建议增加至 2 倍安全系数。

9.5 治疗机房屏蔽设计和剂量示例

9.5.1 示例条件

^{60}Co 放射源远距治疗机房为地上一层建筑，有用线束不向迷路照射，采用混凝土（钢筋混凝土，密度为 2.35t/m^3）结构屏蔽，机房示意图见图 9-3。

该装置 ^{60}Co 治疗源活度为 156TBq，治疗源照射状态下有用线束中心轴上距源 100cm 处的剂量率 $\dot{H}_o$ 为 0.8Gy/min（4.8×10^{7}μGy/h）；机头泄漏辐射比率 $f = 10^{-3}$；等中心处的最大治疗野面积 F 为 35cm×35cm。治疗患者 40 人/d（工作时间为 8h/d），患者在等中心处的治疗剂量为 3Gy/人，每周工作 5d，则工作负荷为 600Gy/wk（SAD = 80cm，相当于距靶点 1m 处 384Gy/wk），相应 $\dot{H}_o$ 下的出束时间 t（周工作负荷）为 1.6h/d（8h/wk）。

9.5.2 主束屏蔽厚度与剂量估算

（1）确定主束屏蔽外关注点 a 的导出剂量率 $\dot{H}_{c,d}$。

H_c 为控制区的剂量控制目标 $H_c=100\mu Sv/wk$（0.10mSv/wk）；

SAD 为 0.8m；

R 为等中心至关注点 a 的距离，R=3.0m；

U 为使用因子，$U=0.25$；

T 为居留因子，$T=1$。

按 9.2.1 的方法计算导出剂量率 $\dot{H}_{c,d}$：

$$\dot{H}_{c,d}=\frac{H_c}{t\cdot U\cdot T}$$

$$=100/(8\times0.25\times1)$$

$$=50\ (\mu Sv/h)$$

该处的 $\dot{H}_c$ 应为 2.5μSv/h。

（2）按式 9-6 计算出 a 点相应的屏蔽透射因子 B：

$$B=\frac{\dot{H}}{\dot{H}_o}\cdot\frac{R^2}{f}=\frac{2.5\times(3+0.8)^2}{1\times48\times10^6}=7.52\times10^{-7}$$

由表 9-2 查出混凝土的 TVL 和 TVL_1 均为 218mm，再按式 9-5 计算出所需混凝土的屏蔽厚度为 1334mm。

9.5.3 泄漏辐射屏蔽厚度与剂量估算

依据设计指标，治疗机头的泄漏辐射因子 $f=10^{-3}$，位置 e 为公众区，按照周剂量控制值 H_c 为 5μSv/wk，居留因子 $T=1$，采用 9.5.2（1）的方法计算 e 的导出剂量 $\dot{H}_{c,d}$：

$$\dot{H}_{c,d}=\frac{H_c}{t\cdot U\cdot T}=5/(8\times1\times1)=0.6\ (\mu Sv/h)$$

按 9.2.1 的方法，该处的 $\dot{H}_c$ 应为 0.6μSv/h。

按式 9-6 估算出 e 点相应的屏蔽透射因子 B：

$$B=\frac{\dot{H}}{\dot{H}_o}\cdot\frac{R^2}{f}=\frac{0.6}{48\times10^6}\times\frac{2.6^2}{1\times10^{-3}}=8.5\times10^{-5}$$

由表 9-2 查出混凝土的 TVL 和 TVL_1 均为 218mm，再按式 9-5 计算出所需混凝土的屏蔽厚度为 887mm。

9.5.4 机房入口屏蔽设计剂量估算

当有用线束向关注点 b 方向照射时，治疗机房入口的剂量最高。按照治疗机房不同位置，有用线束不向迷路内墙照射时的迷路入口的剂量应考虑患者体表的二次散射和泄漏辐射一次散射的辐射剂量。

采用式 9-13 估算治疗束通过患者体表散射至机房入口 g 处产生的剂量 $\dot{H}_g$，相关参数如下：

α_{ph} 参见表 9-4，90°方向的散射系数为 0.0009；

F 为 $35\times35cm^2$；

α_2 参见表 9-5，能量为 0.5MeV 的散射辐射通过混凝土墙面的散射系数，对 45°入射和 15°反散射为 0.021；

S 为墙的散射面积，$S\approx5.8m^2$（宽×高＝2.3m×2.5m），迷路内口设置过梁；

R_0 为 0.8m；

R_1 为 5.0m；

R_2 为 6.0m。

代入式 9-13，得：

$$\dot{H}_g=\frac{0.0009[(35\times35)/400]}{5.0^2}\times\frac{0.021\times5.8}{6.0^2}\times\frac{48\times10^6}{0.8^2}=28\ (\mu Sv/h)$$

机头泄漏辐射通过迷路散射至机房入口产生的剂量 $\dot{H}$ 按式 9-12 进行估算，相关参数如下：

f 为 0.001（主束的 0.1%）；

α_w 为 1.07×10^{-2}（^{60}Co 45°入射辐射和 15°反散射的散射系数，见表 9-5）；

S 为 $5.8m^2$（宽×高＝2.3m×2.5m）；

R_L 为 5.0m；

R 为 6.0m。

代入式 9-12，得：

$$\dot{H}=\frac{f\cdot\dot{H}_o\cdot S\cdot\alpha_w}{R_L^2\cdot R^2}=\frac{0.001\times48\times10^6\times5.8\times0.0107}{5.0^2\times6.0^2}=3.3\ (\mu Sv/h)$$

机房入口屏蔽前的总剂量为 31.3μSv/h（28+3.3＝31.3），若需将该处剂量率控制为 10μSv/h，则入口门所需的屏蔽为 2.5mmPb；若需将该处剂量率控制为 2.5μSv/h，则所需的屏蔽为 5.5mmPb。

9.6 后装治疗机房的屏蔽厚度计算（一）

9.6.1 后装治疗机房不同关注点应考虑的辐射

后装治疗机房的关注点和其主要照射路径如图 9-7 所示：

治疗机房应考虑治疗源 4π 发射的 γ 射线（即初级射线）对墙和室顶的直接照射及其散射辐射在机房入口处的照射。图 9-7 中虚线区域为治疗源可能的使用区域，其中 a 和 b 点分别为治疗源在 o_1 和 o_2 使用时人员在室外受照剂量可能最大的位置，“o_1—i—g”（或“o_2—i—g”）为至治疗机房入口的散射路径。

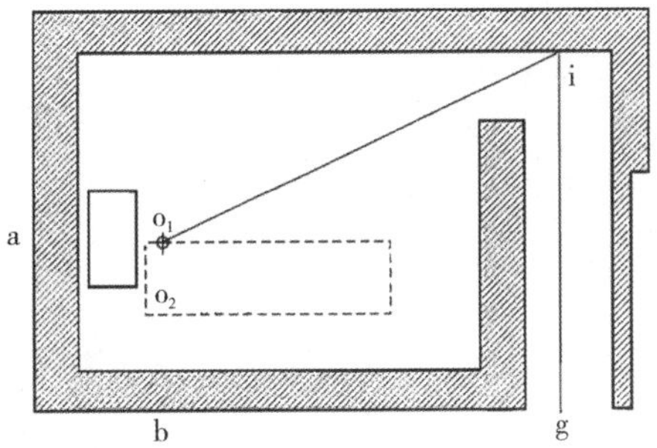

图 9-7　后装治疗机房的关注点和其主要照射路径示意图

9.6.2　初级辐射的屏蔽

初级辐射的屏蔽计算公式同式 9-6 和式 9-7。其中 $f=1$，A 为所有可同时用于治疗的放射源活度的总和。

关注点的剂量率达到剂量率参考控制水平 $\dot{H}_c$ 时，设计的屏蔽所需要的屏蔽透射因子 B 按 $B=\frac{\dot{H}}{\dot{H}_o}\cdot\frac{R^2}{f}$ 计算，然后按 $X_e=TVL\cdot\lg B^{-1}+(TVL_1-TVL)$ 估算所需的有效屏蔽厚度 X_e，按 $X=X_e\cdot\cos\theta$ 计算出屏蔽厚度 X。

$\dot{H}_o$ 为活度为 A 的放射源在距其 1m 处的剂量率（μSv/h），按下式计算：

$$\dot{H}_o=A\cdot K_\gamma$$

A 为放射源的活度（MBq）。

K_γ 为放射源的空气比释动能率常数［μSv/（h·MBq）］，参见表 9-2。

在给定屏蔽物质厚度 X 时，首先按 $X_e=X\cdot\sec\theta$ 计算有效厚度 X_e，然后按 $B=10^{-(X_e+TVL-TVL_1)/TVL}$ 计算物质的屏蔽透射因子 B，再按 $\dot{H}=\frac{\dot{H}_o\cdot f}{R^2}\cdot B$ 计算相应辐射在屏蔽体外关注点的剂量率 $\dot{H}$。

9.6.3　散射辐射的屏蔽

入口处 g 的散射辐射剂量率 $\dot{H}$ 按式 9-16 计算。

$$\dot{H}=\frac{A\cdot K_\gamma\cdot S_w\cdot\alpha_w}{R_1^2\cdot R_2^2}\qquad（式 9-16）$$

式中：A 为放射源的活度（MBq）。

K_γ 为放射源的空气比释动能率常数（或称 K_γ 常数），在屏蔽计算中以周围剂量当量作为空气比释动能率的近似值，此时，K_γ 记为 μSv/（h·MBq），参见表 9-2。

S_w 为迷路口墙的散射面积，即辐射源和机房入口共同可视见的墙区面积（m^2）。

α_w 为散射体的散射因子。

R_1 为辐射源（图 9-7 的位置 o_1 或 o_2）至散射体中心的距离（m）。

R_2 为散射体中心点至计算点距离（m）。

9.6.4 γ 射线近距离后装治疗机辐射屏蔽估算示例

（1）示例条件与基本参数。

图 9-7 为用于妇科治疗的 HDR γ 射线近距离治疗机房，治疗装置的放射源为 ^{192}Ir，活度 A 为 370GBq，K_γ 为 0.111μSv/（h · MBq）。治疗装置每周治疗患者人数 n 为 30 人，放射源活度为 370GBq 时，平均每位患者的治疗照射时间为 6min（0.1h），周治疗照射时间 t 为 3.0h。

（2）初级辐射屏蔽厚度与剂量估算。

H_c 为非控制区的剂量控制目标，H_c = 5μSv/wk；

R 为辐射源 o_1 与关注点 a 的距离，R = 2.5m；

U 为使用因子，U = 1；

T 为居留因子，T = 1。

按照 9.2.1 的方法，关注点周剂量参考控制水平为 $\dot{H}_c$ 时，该关注点的导出剂量率参考控制水平 $\dot{H}_{c,d}$ 为：

$$\dot{H}_{c,d} = \frac{H_c}{t \cdot U \cdot T} = \frac{5}{3 \times 1 \times 1} = 1.7\ (\mu Sv/h)$$

由于该关注点人员的居留因子为 1，所以确定关注点的最高剂量率参考控制水平 $\dot{H}_c$ 应为 1.7μSv/h。

然后按式 9-6 和式 9-7 计算设计的屏蔽所需的屏蔽透射因子 B：

$$B = \frac{\dot{H}_c}{\dot{H}_o} \cdot \frac{R^2}{f} = \frac{\dot{H}_c}{A \cdot K_\gamma} \cdot \frac{R^2}{f} = 2.6 \times 10^{-4}$$

再由表 9-2 查出混凝土的 TVL_1 和 TVL 均为 152mm，依照 $X_e = TVL \cdot \lg B^{-1} + (TVL_1 - TVL)$ 计算出所需混凝土的屏蔽厚度为 545mm。

（3）机房入口屏蔽厚度与剂量估算。

治疗源在 o_1 点 4π 发射的 γ 射线（即初级辐射）通过迷路散射至机房入口 g 产生的散射辐射剂量率 $\dot{H}$ 按式 9-16 计算，相关参数为：

S_w 为散射面积，S = 3.3m²（宽×高 = 1.5m×2.2m）；

α_w 为 3.39×10^{-2}（^{192}Ir 45°入射辐射和 0°反散射的散射因子，保守地取 0.25MeV 的散射因子，参见表 9-5）；

R_1 为辐射源点 o_1 至散射面中心 i 的距离，R_1 = 5.5m；

R_2 为散射面中心 i 至机房入口 g 的距离，R_2 = 5.0m；

A 为 ^{192}Ir 源活度；

K_γ 为空气比释动能常数（参见表 9-2），取 0.111μSv/（h · MBq）。

故有：

$$\dot{H}=\frac{A\cdot K_{\gamma}\cdot S_{w}\cdot \alpha_{w}}{R_1^2\cdot R_2^2}$$

$$=\frac{370\times10^{3}\times0.111\times3.3\times3.39\times10^{-2}}{5.5^{2}\times5.0^{2}}$$

$$=6.1\ (\mu Sv/h)$$

机房入口屏蔽前的总剂量率为 6.1μSv/h，满足剂量率控制目标（10μSv/h），入口仅需设置带有联锁的安全门，防止在放射源治疗照射状态下有人员误入机房；若机房入口剂量率控制为 2.5μSv/h，则按式 9-5 计算防护门的铅屏蔽厚度。计算中，$TVL_1=TVL$，$X_e=X$（0°入射），在 g 处的散射辐射能量约为 0.2MeV，铅的 TVL 为 5.0mm，求出所需防护门屏蔽厚度为 2.0mmPb。

9.7 γ 刀治疗机房的屏蔽计算与注意事项

对 γ 刀治疗机房的屏蔽计算，应结合 9.3.3 中的一般要求，确定机房应屏蔽的辐射束及屏蔽计算条件，并参照9.4.2 中的“什层值计算法”计算相对应辐射的屏蔽透射因子 B 和屏蔽厚度 X，即使用式 9-2、式 9-3、式 9-4、式 9-5 进行计算.

但在计算中应注意：

（1）头部 γ 刀治疗机房不考虑有用线束的屏蔽；对体部 γ 刀治疗机房，应根据放射源的排列以及源和准直器的几何尺寸等参数，确定可同时投射到相应关注点的射线束部分所对应的放射源活度，以其计算关注点未屏蔽前的入射辐射剂量率。

（2）对贮源状态下来自 γ 刀装置壳体的泄漏辐射，可参考厂家给出的剂量分布（特别是距机房外表面较远处的泄漏辐射剂量率数据），按照^{60}Co 的 TVL 计算相应的屏蔽厚度及机房外剂量。

（3）对头部 γ 刀治疗机房，根据厂家提供的最大准直器照射条件下的散射辐射场，以最接近机房内表面的散射条件下的散射辐射剂量，按照距离平方反比关系计算机房外关注点的剂量率；对体部 γ 刀治疗机房，主要应考虑装置治疗状态下放射源组装体部件与准直器的泄漏辐射的一次散射辐射及有用线束的一次散射辐射，依据厂家提供的辐射剂量场进行相应的屏蔽厚度与剂量计算。

9.8 ^{60}Co 治疗机房辐射屏蔽厚度的简易计算

^{60}Co 治疗机属放射治疗常用设备的一种，是 γ 放射线体外射束远距放疗设备。

常用的放射性核素为^{60}Co，半衰期为 5.27 年，平均每月衰变约 1%，平均能量为 1.25MeV，^{60}Co γ 射线照射量率常数为 13.2R·cm^2/（mCi·h），空气比释动能率常数为 8.67×10^{-17}Gy·m^2/（Bq·s）或 1.15rad·m^2/（Ci·h）。

外照射用^{60}Co 源通常由 1mm×1mm 的柱状源集合在一个不锈钢的圆筒形源套内，源套直径一般为 2.6cm，其高度取决于整个源的总活度。由于钴源本身的自吸收以及准直器的限束，致使一定活度的钴源在治疗距离处的照射量率比由照射量率常数按距离平方反比定律推算的照射量率要低。

^{60}Co 治疗机房的屏蔽防护计算较为复杂，为简便，特使用林道川、翁志根根据 NCRP Report

No. 49 所提供的表、图和各项数据整理出不必查图的^{60}Co 治疗机房主、副屏蔽防护厚度的简易计算法。

9.8.1 治疗机房屏蔽厚度的简易计算

（1）主防护屏蔽厚度计算公式为：

$$S_{(p)} = 20.6\lg\frac{2W \cdot U \cdot T \cdot n}{P \cdot d_{pri}^2} \quad (式 9-17)$$

（2）副防护屏蔽以屏蔽散射线为主，兼考虑漏射线的屏蔽，其屏蔽厚度计算公式为：

$$S_{(s)} = 15.4\lg\frac{2 \times 0.001W \cdot T \cdot n}{P \cdot d_{sec}^2 \cdot d_{sca}^2} \quad (式 9-18)$$

以漏射线为主，兼考虑散射线的屏蔽厚度计算公式为：

$$S_{(s)} = 20.6\lg\frac{2 \times 0.005W \cdot T \cdot n}{P \cdot d_{sec}^2} \quad (式 9-19)$$

以上公式中各参数的意义与单位见表 9-8。

表 9-8 计算公式中各参数的意义与单位

参数	意义	单位	说明
$S_{(p)}$，$S_{(s)}$	普通混凝土（ρ=2.35g/cm^3）的厚度	cm	$S_{(p)}$，$S_{(s)}$ 分别为主、副屏蔽的厚度
W	工作负荷，指 γ 源的使用程度，即有用线束中心轴上距源 1m 处的空气比释动能率乘以一周内实际开机照射时间	R/wk（at 1m）	典型 W 1×10^{5}R/wk，可根据每周治疗的人次数适当增减
U	使用因子	无量纲	可取 U=1，1/4，1/16
T	居留因子	无量纲	可取 T=1，1/4，1/16
n	安全系数	无量纲	一般取 n=2
d_{sec}，d_{pri}	源到考察点的距离	m	
d_{sca}	源到人体皮肤的距离	m	
P	考察点剂量控制目标值，国标 GBZ/T152—2002 推荐：放射人员的 P 值为 0.4mSv/wk，公众成员的 P 值为 0.02mSv/wk	R/wk	放射人员：0.04R/wk，1mR/h（0.4mSv/wk），公众成员：0.002R/wk，50μR/h（0.02mSv/wk）。可根据当地防护监管部门和用户的要求选定

注：①典型工作负荷取 1×10^{5}R/wk，相当于 873Gy/wk，每周工作 5 天，每天治疗 58 个患者，平均每个患者照射 3Gy。

②使用因子的取值见表 9-9（GBZ/T152—2002 推荐值）。

③居留因子的取值见表 9-10（GBZ/T152—2002 推荐值）。

表 9-9 屏蔽设计的使用因子 U

照射方向		使用因子 U
有用线束固定照射方向		$U=1$
旋转治疗机	有用线束朝向墙壁	$U=1/4$
	顶棚	$U=1/16$
工作室、办公室、候诊室、居住区等常有人居留的地方		$T=1$

表 9-10 屏蔽设计的居留因子 T

区域	居留因子 T
公共走廊、人操纵的电梯、无人看管的停车场等有时有人居留的地方	$T=1/4$
公共浴室、厕所、少量行人和车辆通过的地方	$T=1/16$

在^{60}Co 治疗机房屏蔽防护厚度的实际应用中，用上述计算公式的结果与 NCRP Report No. 49 图 12-15 结果相比较，二者间的误差为：主防护屏蔽厚度误差小于 1%，以散射线为主的副防护屏蔽厚度误差小于 2. 0%，以漏射线为主的计算公式基本不用。因现在生产的^{60}Co 治疗机对漏射线要求很严，而散射线所需的屏蔽厚度已大于漏射线所用的屏蔽厚度。

在考虑治疗机房墙体屏蔽厚度时，必须据实考虑^{60}Co 治疗机是直立型还是旋转型，有无防护平衡锤，因为只有当治疗机旋转照射时，有用射线才能射向侧（立）墙或天花板。对于带防护平衡锤的旋转治疗机，按设计要求，平衡锤对有用线束的透过率不大于 0. 1%，即射线阻止率为 99. 9%。考虑到旋转治疗概率（据实际调查约为 1%）和射线的利用因素，只有百分之几的有用线束会照射墙壁，较漏射线和散射线对墙壁照射的剂量小约 2 个数量级。所以，在此情况下可以不考虑对它的防护。对于不带防护平衡锤，而只带配重平衡锤的设备，以及没有任何平衡锤的直立型设备，由于机头的旋转，有用线束能够直接照射机房墙壁，这时就要考虑有用线束的屏蔽了。

（3）迷路墙屏蔽厚度计算。

迷路与医用加速器机房相同，以 L 型和 Z 型两种为主，迷路长度一般为 5. 5 ~ 7. 0m。

因迷路内墙和迷路外墙共同保护迷路外某区域的安全，故可将迷路内墙和外墙作为一个整体考虑，再由内、外墙分配厚度。一般可据实际情况使迷路内墙厚些，但与迷路内口相对的迷路外墙应适当加厚，因为此处仅由迷路外墙决定机房外该处的防护。

9. 8. 2 ^{60}Co 治疗机房防护门的屏蔽厚度

^{60}Co 治疗机房防护门的屏蔽厚度计算较复杂，涉及相关因素很多。根据赵兰才、张丹枫对 4 间^{60}Co 治疗机房的监测结果：4 台治疗机源强为 111 ~ 148TBq（3000 ~ 4000Ci），迷路内墙厚度为 73 ~ 80cm 的混凝土，迷路宽均为 1. 6m，迷路长度分别为 3. 9m、4. 3m 和 5. 5m，其中 3 扇防护门的铅当量为 8mmPb，另一台为 6mmPb，而机房门口的辐射剂量率为 0. 38 ~ 3. 50μGy/h。似可说明，若放射源活度在 259TBq（7000Ci）以下，治疗机房迷路长度等于或小于 5m，欲将防护门外的辐射剂量率降至 2. 5μGy/h 以下，防护门应有 7 ~ 8mmPb 屏蔽厚度；对于迷路长度 7m 左右的 L 型

机房，则需 6～7mmPb 屏蔽厚度；对于 Z 型短迷路，需 5～6mmPb 屏蔽厚度；对于 Z 型长迷路，需 4～5mmPb 屏蔽厚度。

9.9 后装治疗机房的屏蔽厚度计算（二）

9.9.1 后装治疗机常用放射源

目前后装治疗机常用的放射源有：
微型 ^{137}Cs、^{60}Co 源：主要用于腔内后装；
高活度 ^{60}Co 源：主要用于高剂量率遥控后装；
丝状、粒状 ^{192}Ir 源：用于组织间后装；
粒状 ^{125}I 源：用于永久组织间插植。

表 9-11 后装治疗机常用放射源的物理特性及有关数据

核素	半衰期	平均光子能量（MeV）	比释动能率常数［μGy·m²/（MBq·h）］	铅（mm）		混凝土（mm）	
				HVL	*TVL*	*HVL*	*TVL*
^{60}Co	5.27a	1.25	0.308	12	41	62	218
^{137}Cs	30a	0.662	0.077	6.5	22	48	175
^{192}Ir	74.0d	0.37	0.111	6	16	43	152
^{125}I	60.1d	0.028	0.034	0.03	0.1	—	—
^{198}Au	64.7h	0.42	0.056	3.3	11	41	142

注：本表引自 IAEA Report No. 47。

9.9.2 治疗室的屏蔽防护厚度计算

（1）后装治疗机室的面积一般不应小于 20m²，净高 2.8～3.0m，治疗室与控制室之间应设观察窗（或监视器）与对讲机，治疗室应设迷路，迷路宽度一般在 1.2m，以便于后装机的安装检修及患者治疗床的安置、移动等。迷路长度不小于 3.4m。如治疗室面积大于 20m²，迷路长度可增至 4.4m 左右。

（2）治疗室防护墙屏蔽厚度计算。目前常用后装机多用 0.37TBq（10Ci）的 ^{192}Ir 放射源。利用后装机治疗时放射源将全部送至施源器，故可将放射源视为点状源和裸源来进行屏蔽厚度计算。既然看作点状源或裸源，就没有固定照射方向，即无主、副方向防护之分，其屏蔽厚度仅取决于源与考察点的距离、屏蔽墙外人员的居留情况。

方法是：首先利用点状源计算出考察点的空气比释动能率，再确定考察点剂量率控制水平及屏蔽墙外人员的居留情况，进而求出衰减倍数 K，最后据此查阅相关表或利用半值层法求出屏蔽墙的厚度。

例题：有一台后装治疗机，机内装有 3.7×10^5MBq（10Ci）^{192}Ir 放射源，源与屏蔽墙外考察点的距离为 3m，墙外有人居留，$T=1$，要求墙外考察点空气比释动能率为 2.5μGy/h。求屏蔽墙厚度。

解：

已知^{192}Ir源的厚度为3.7×10^5MBq，γ射线能量为0.37MeV，空气比释动能率常数$\Gamma_\delta = 0.111$ μGy·m²/（MBq·h），源至考察点距离$r=3m$，居留因子$T=1$，考察点空气比释动能率$K_1=$ 2.5μGy/h。

将以上数据代入点源公式，得：

$$K_0 = \frac{A \cdot \Gamma_\delta \cdot T}{r^2} = \frac{3.7\times10^5\times0.111\times1}{3^2} = 4600\ (\mu Gy/h)$$

求出衰减倍数K：

$$K = \frac{K_0}{K_1} = \frac{4600}{2.5} = 1840$$

查表2-18，$K=1840$，γ射线能量为0.37MeV时，用内插法求出所需混凝土屏蔽源厚度为492mm。

另用半值层法：TVL的个数$n=\lg K=\lg1840=3.265$，从表9-11得知^{192}Ir对混凝土的$TVL=$ 152mm，则屏蔽厚度为3.265×152=496.3（mm）混凝土。

以上两种计算方法获得的屏蔽厚度分别为492mm和496.3mm，仅相差4.3mm。

将TAEA安全丛书47号报告中提供的结果，对4种类型后装治疗室屏蔽防护（混凝土），在要求将治疗室外剂量率水平分别降至7.5μGy/h和2.5μGy/h时的混凝土厚度列于表9-12。

表9-12　不同后装治疗类型（距放射源3m）将剂量率降至7.5（或2.5）μGy/h所需混凝土厚度

治疗类型	放射源（核素）	放射源活度（GBq）	降至以下剂量率所需标准混凝土厚度（mm）	
			7.5μSv/h	2.5μSv/h
MDR后装治疗	^{137}Cs	22.2	280	360
HDR后装治疗	^{60}Co	185	680	770
LDR后装治疗	^{192}Ir	37	310	360
HDR后装治疗	^{192}Ir	370	440	510

注：本表引自IAEA Report No. 47。

可看出，例题条件与表中HDR后装治疗类型一致，例题屏蔽防护厚度计算结果偏保守、偏安全。若^{192}Ir源放射性活度为370GBq，要求屏蔽墙外剂量率降低至2.5μGy/h，其混凝土屏蔽厚度为510mm，仅比例题计算结果多出13.7mm。

（3）治疗室防护门屏蔽厚度。一般采用3～5mm厚的铅作为防护门即可达到国家防护标准的要求。

9.10　放射性粒子源植入治疗的防护

放射性粒子源组织间永久插植治疗方法是利用放射源粒子直接植入肿瘤，利用^{125}I源产生的X射线、γ射线持续照射，从而达到杀灭肿瘤的目的。

9.10.1 放射性粒子源及其特性

目前使用的放射性粒子源有两种，最常用的是^{125}I，其次是^{103}Pd。

^{125}I经电子俘获衰变，发射出能量为27.4keV的特性X射线、能量为35.5keV的γ射线，以及受银棒作用后产生的能量为22.2keV和25.2keV的荧光X射线。

^{125}I的半衰期为60.1天，平均光子能量为0.028MeV，*HVL*为0.03mmPb，*TVL*为0.1mmPb，空气比释动能常数为0.034μGy·m^2·MBq^{-1}·h^{-1}，组织穿透能力为17mm。

^{103}Pd半衰期为16.96天，经电子俘获衰变，伴随有特征X射线和内转换电子，电子被^{103}Pd粒子源的钛壁吸收，产生能量为21～23keV的γ射线，表观活度18.5～37MBq（0.5～1mCi），组织穿透距离16mm。

常用的^{125}I粒子源是由吸附着^{125}I的一根银棒以及钛合金外壳组成。外形总长4.5mm，呈圆柱形，直径0.8mm，每枚粒子活度多为2.96×10^7～3.7×10^7Bq（8～10mCi）。

9.10.2 放射性粒子植入治疗的剂量

9.10.2.1 放射性粒子裸源的辐射剂量

尽管放射性粒子是被钛合金外壳包裹的密封源，但由于在制作粒子源过程中，粒子源仍相当于裸露的放射源，因此在操作中偏安全地把它当作非密封源对待。放射性粒子^{125}I单个粒子放射源的剂量见表9-13。

表9-13 放射性粒子^{125}I单个粒子放射源的剂量

距离（m）	剂量率（μGy/h）	
	活度为3.7×10^7Bq（1mCi）	活度为3.7×10^8Bq（10mCi）
0.50	1.355	13.55
0.65	0.763	7.63
0.80	0.488	4.88
1.00	0.339	3.39

注：①表中活度为1mCi的剂量率取自张继勉的文章《放射性粒子组织间永久插植放射治疗的辐射防护研究》，《中国辐射卫生》2006年第4期，第407页。

②活度为10mCi的剂量率根据剂量率与活度成正比的关系由①导出。

从表9-13可看出，单个^{125}I粒子的辐射水平随距离不同而不同，总体上看辐射水平较低。但在实际应用中，往往使用多个粒子，数目较大，产生的辐射水平增加，此时必须认真考虑对工作人员和周围可能会受影响的公众的防护。

9.10.2.2 植入手术中操作医生的辐射防护

可利用表9-13的数据，根据“受照剂量与粒子活度成正比，与接触时间成正比，与距离的平方呈反比”的关系式进行剂量估算，确定在操作时应穿戴何种个人防护用品，在尽可能短的时间内、在尽可能远的距离条件下操作。

9.10.2.3 陪护人员可能接受的辐射剂量

患者接受放射性粒子植入治疗后，就会成为一个流动辐射源，可能对所接触人员特别是陪护人员造成照射。表 9-14 列出了全程陪伴患者的家属所受辐射剂量的实测结果。

表 9-14 全程陪伴患者的家属所受辐射剂量

家属与患者间距离（m）	家属所受辐射总剂量（mSv）	
	粒子活度为 3.7×10^{7}Bq（1mCi）	粒子活度为 1.85×10^{9}Bq（50mCi）
0	0.056	2.8
5	0.036	1.80
10	0.025	1.25
20	0.014	0.70
50	0.0045	0.225
100	0.0015	0.075

注：本表取自张继勉《放射性粒子组织间永久插植放射治疗的辐射防护研究》，《中国辐射卫生》2006 年第 4 期，第 407 页。

从表 9-14 可看出，陪护人员应尽量与粒子植入患者保持一定的距离，最好保持 1m 以上的距离，儿童、孕妇不宜长时间与患者近距离接触。

至于所需的屏蔽防护，可近似地将粒子植入后的患者视作点源进行辐射屏蔽计算，估算出所需屏蔽厚度。

第 10 章　工业 X 射线探伤室辐射屏蔽防护厚度计算

10.1　范围

工业 X 射线探伤室辐射屏蔽要求适用于安装有 500kV 以下的工业 X 射线探伤装置的探伤室。

10.2　术语和关注点

（1）X 射线探伤室。用于 X 射线探伤工作，具有保障室外场所辐射安全的专用 X 射线探伤装置。

（2）关注点。在探伤室辐射屏蔽设计和剂量估算中，需确定的探伤室外对探伤室屏蔽结构起决定性作用的位置，通常为距探伤室外表面 30cm 处任意可能受照射剂量最大的位置。在距探伤室一定距离处，公众居留因子大并可能受照射剂量大的位置也应作为关注点。

（3）屏蔽透射因子。关注点与辐射源之间在有屏蔽和无屏蔽时该关注点辐射剂量的比值。

10.3　探伤室辐射屏蔽要求

10.3.1　探伤室辐射屏蔽的剂量率参考控制水平

（1）探伤室墙和入口处周围剂量当量率（本章中简称剂量）和每周周围剂量当量（本章中简称周剂量）应满足下列要求：

①周剂量参考控制水平 H_c 和导出剂量率参考控制水平 $\dot{H}_{c,d}$。

A. 人员在关注点的周剂量参考控制水平。

职业工作人员：$H_c \leqslant 100\mu Sv/wk$

公众：$H_c \leqslant 5\mu Sv/wk$

B. 照射室相应 H_c 的导出剂量率参考控制水平 $\dot{H}_{c,d}$ 按式 10-1 计算。

$$\dot{H}_{c,d} = \frac{H_c}{t \cdot U \cdot T} \qquad (式\ 10\text{-}1)$$

式中：H_c 为周剂量参考控制水平（μSv/wk）；

U 为探伤装置向关注点方向照射的使用因子；

T 为人员在相应关注点驻留的居留因子；

t 为探伤装置周照射时间（h/wk），按式 10-2 计算。

$$t = \frac{W}{60 \cdot I} \quad \text{（式 10-2）}$$

式中：W 为 X 射线探伤装置的周工作负荷（mA · min/wk）；

60 为小时与分钟数的换算系数；

I 为 X 射线探伤装置在最高管电压下的常用最大管电流（mA）。

②关注点最高剂量率参考控制水平 $\dot{H}_{c,\ max}$。

$$\dot{H}_{c,\ max} = 2.5\mu Sv/h$$

③关注点剂量率参考控制水平 $\dot{H}_c$。

$\dot{H}_c$ 为上述①中的 $\dot{H}_{c,\ d}$ 和②中的 $\dot{H}_{c,\ max}$ 二者中的较小值。

（2）探伤室顶的剂量率参考控制水平应满足以下条件：

①探伤室上方已建、拟建建筑物或探伤室旁邻近建筑物在自辐射源点到探伤室顶内表面边缘所张立体角区域内时，距探伤室顶外表面 30cm 处和（或）在该立体角区域内的高层建筑物中人员与驻留处，辐射屏蔽的周剂量参考控制水平。

职业工作人员：$H_c \leqslant 100\mu Sv/wk$

公众：$H_c \leqslant 5\mu Sv/wk$

②除以上条件外，应考虑如下情况：

A. 穿过探伤室顶的辐射与室顶上方空气作用产生的散射辐射对探伤室外地面附近公众的照射。该项辐射和穿出探伤室墙的透射辐射在相应关注点的剂量率总和应按关注点剂量率参考控制水平 $\dot{H}_c$ 加以控制，即按前述 $\dot{H}_{c,\ d}$，$\dot{H}_{c,\ max}$ 二者中的较小值进行控制。

B. 对不需要人员到达的探伤室顶，探伤室顶外表面 30cm 处的剂量率参考控制水平可取为 100μSv/h。

10.3.2 需要屏蔽的辐射

（1）相应有用线束照射的整个墙面均应考虑按有用线束来屏蔽，不需考虑进入有用线束区的散射辐射。

（2）当有可能存在泄漏辐射和散射辐射的复合作用时，通常分别估算泄漏辐射的屏蔽厚度和各项散射辐射的屏蔽厚度，当它们的屏蔽厚度相差一个什值层厚度或更大时，采用其中较厚者；当相差不足一个什值层厚度时，则在较厚的屏蔽上增加一个半值层厚度。

（3）散射辐射考虑 0°入射探伤工件的 90°散射辐射。

10.3.3 其他要求

（1）探伤室一般应设有人员进出门和单独的工件门。对于探伤装置可人工搬运的小型工件探伤室，可以仅设人员进出门。探伤室人员进出门宜采用迷路形式。

（2）探伤装置的控制室应置于探伤室外，控制室和人员进出门应避开有用线束照射的方向。

(3) 屏蔽设计中，应考虑缝隙、管孔和薄弱环节的屏蔽。

(4) 当探伤室设有多台 X 射线探伤装置时，按最高管电压和相应管电压下的常用最大管电流设计屏蔽。

(5) 应考虑探伤室结构、建筑费用及所占空间，常用的屏蔽材料有混凝土、铅和钢板等。

10.4 探伤室辐射屏蔽厚度的计算方法（一）

10.4.1 有用线束屏蔽

(1) 关注点达到剂量率参考控制水平 $\dot{H}_c$ 时，屏蔽设计所需的屏蔽透射因子 B 按式 10-3 计算，然后在图 10-1、图 10-2 中查出相应的屏蔽物质厚度 X。

$$B=\frac{\dot{H}_c\cdot R^2}{I\cdot H_0} \quad (式\ 10\text{-}3)$$

式中：$\dot{H}_c$ 为按 10.3.1 确定的剂量率参考控制水平（μSv/h）；

R 为辐射源点（靶点）至关注点的距离（m）；

I 为 X 射线探伤装置在最高管电压下的常用最大管电流（mA）；

H_0 为距辐射源点（靶点）1m 处的 X 射线输出量，以 mSv · m²/（mA · min）为单位的值乘以 6×10^4，见表 10-1。

X 射线在铅和混凝土中的典型透射曲线分别见图 10-1、图 10-2。

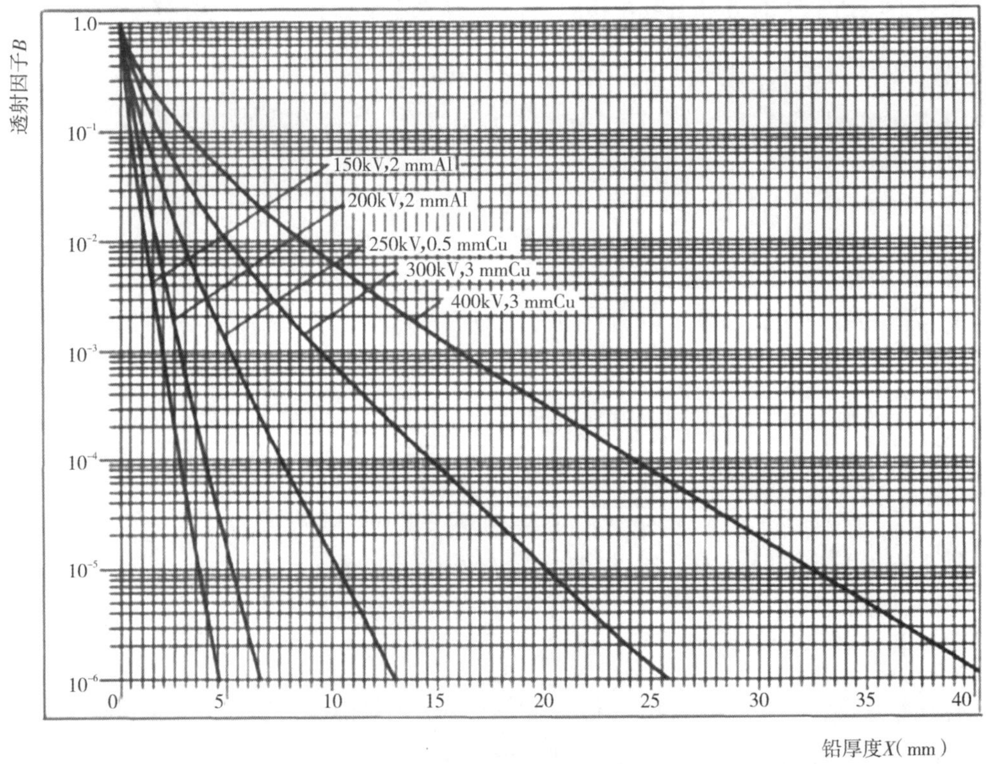

图 10-1 X 射线穿过铅的透射曲线

注：本图取自 GBZ/T 250—2014。

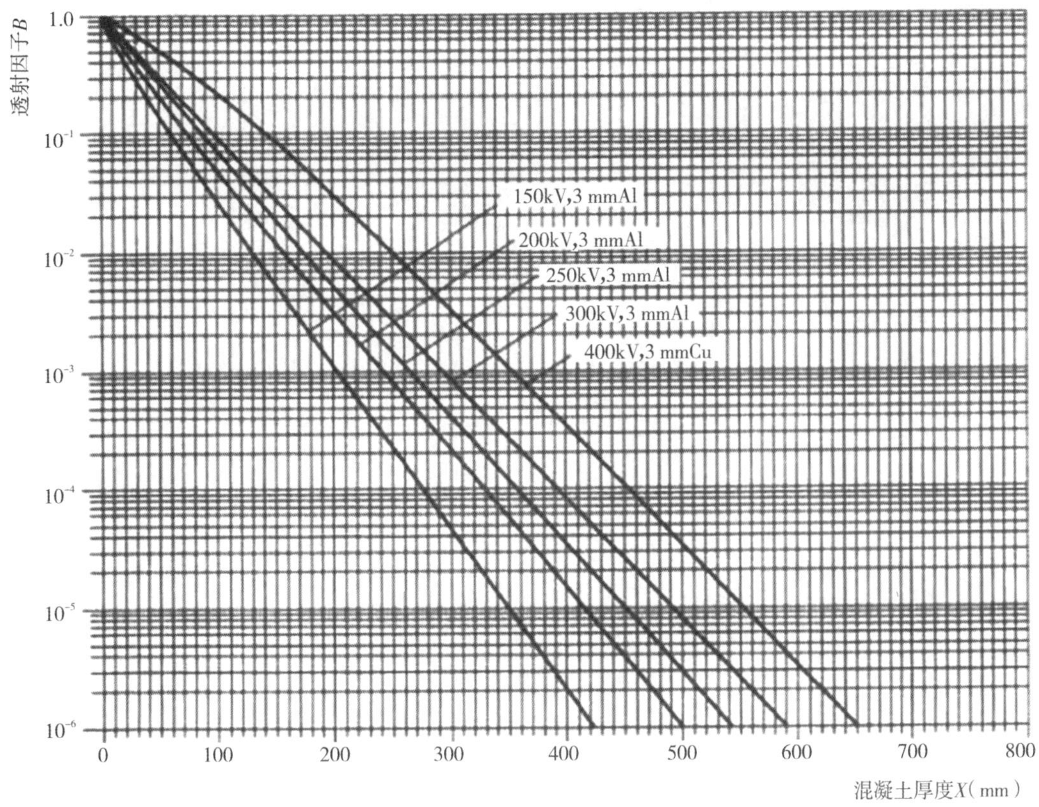

图 10-2 X 射线穿过混凝土的透射曲线

注：本图取自 GBZ/T 250—2014。

不同管电压和不同过滤条件下的 X 射线距辐射源点（靶点）1m 处的输出量 H_0 列于表 10-1。

表 10-1 距辐射源点 1m 处的 X 射线输出量

管电压（kV）	过滤条件	输出量 H_0 ［mGy · m²/（mA · min）］
150	2mm 铝	18.3
	3mm 铝	5.2
200	2mm 铝	28.7
	3mm 铝	8.9
250	0.5mm 铜	16.5
	3mm 铝	13.9
300	3mm 铝	20.9
	3mm 铜	11.3
400	3mm 铜	23.5

注：①表中值取自 ICRP33，在 GBZ/T 250—2014 标准中以等量值的 mSv · m²/（mA · min）进行屏蔽计算。

②有用线束屏蔽估算时应根据透射曲线的过滤条件选取相对应的输出量。

③在未获得厂家给出的输出量时，散射辐射屏蔽估算选取表中各管电压下输出量的较大值作保守估计。

④本表取自 GBZ/T250-2011。

（2）在给定屏蔽物质厚度 X 时，由图 10-1、图 10-2 查出相应的屏蔽透射因子 B。关注点的剂量率 $\dot{H}$ 按式 10-4 计算。

$$\dot{H} = \frac{I \cdot H_0 \cdot B}{R^2} \tag{式 10-4}$$

式中：I 为 X 射线探伤装置在最高管电压下的常用最大管电流（mA）；

H_0 为距辐射源点（靶点）1m 处的 X 射线输出量，以 mSv · m²/（mA · min）为单位的值乘以 6×10^4，见表 10-1；

B 为屏蔽透射因子；

R 为辐射源点（靶点）至关注点的距离（m）。

10.4.2 泄漏辐射和散射辐射的屏蔽

10.4.2.1 屏蔽物质厚度 X 与屏蔽透射因子 B 的关系

屏蔽物质厚度 X 与屏蔽透射因子 B 的相互计算如下：

（1）在给定屏蔽物质厚度 X 时，相应的辐射屏蔽透射因子 B 按式 10-5 计算。

$$B = 10^{-X/TVL} \tag{式 10-5}$$

式中：X 为屏蔽物质厚度，取与 TVL 相同的单位。X 射线在铅和混凝土中的半值层厚度和什值层厚度列于表 10-2。

表 10-2　X 射线束在铅和混凝土中的半值层和什值层

X 射线管电压（kV）	半值层 HVL（mm）		什值层 TVL（mm）	
	铅	混凝土	铅	混凝土
150	0.29	22	0.96	70
200	0.42	26	1.4	86
250	0.86	28	2.9	90
300	1.7	30	5.7	100
400	2.5	30	8.2	100

注：①HVL 和 TVL 均为 X 射线经强衰减后的值。

②表中值取自 ICRP33，铅的密度为 11.3t/m³，混凝土的密度为 2.35t/m³。

③本表取自 GBZ/T 250—2014。

（2）在给足透射因子 B 时，所需的屏蔽物质厚度 X 按式 10-6 计算。

$$X = -TVL \cdot \lg B \tag{式 10-6}$$

式中：B 为达到剂量率参考控制水平 $\dot{H}_c$ 时所需的屏蔽透射因子。

10.4.2.2 泄漏辐射的屏蔽

（1）关注点达到剂量率参考控制水平 $\dot{H}_c$ 时所需的屏蔽透射因子 B 按式 10-7 计算。

$$B = \frac{\dot{H}_c \cdot R^2}{\dot{H}_L} \qquad \text{（式 10-7）}$$

式中：$\dot{H}_c$ 为按 10.3.1 确定的剂量率参考控制水平（μSv/h）；

R 为辐射源点（靶点）至关注点的距离（m）；

$\dot{H}_L$ 为距靶点 1m 处 X 射线探伤机的泄漏辐射剂量率（μSv/h），其典型值见表 10-3。

表 10-3　X 射线探伤机的泄漏辐射剂量率

X 射线管电压（kV）	距靶点 1m 处的泄漏辐射剂量率 $\dot{H}_L$（μSv/h）
<150	1×10^3
150～200	2.5×10^3
>200	5×10^3

注：本表取自 GBZ/T 250—2014。

然后按 $X=-TVL\cdot\lg B$ 计算出所需的屏蔽物质厚度 X。

（2）在给定屏蔽物质厚度 X 时，相应的屏蔽透射因子 B 按式 10-5 计算，然后再按式 10-8 计算泄漏辐射在关注点的剂量率 $\dot{H}$。

$$\dot{H} = \frac{\dot{H}_L \cdot B}{R^2} \qquad \text{（式 10-8）}$$

式中：B 为屏蔽透射因子；

R 为辐射源点（靶点）至关注点的距离（m）；

$\dot{H}_L$ 为距靶点 1m 处 X 射线探伤机的泄漏辐射剂量率（μSv/h），其典型值见表 10-3。

10.4.2.3　散射辐射的屏蔽

（1）X 射线 90°散射辐射的最高能量低于入射 X 射线的最高能量时，使用该散射 X 射线最高能量相应的 X 射线（见表 10-4）的什值层（见表 10-2）计算其在屏蔽物质中的辐射衰减。

表 10-4　X 射线 90°散射辐射最高能量的电压值

原始 X 射线的管电压（kV）	散射辐射的电压（kV）
150～200	150
200～300（不含 200）	200
300～400（不含 300）	250

注：①本表仅用于以什值层计算散射辐射在屏蔽物质中的衰减。

②本表取自 GBZ/T 250—2014。

（2）关注点达到剂量率参考控制水平 $\dot{H}_c$ 时，屏蔽设计所需的屏蔽透射因子 B 按式 10-9 计算。然后按表 10-4、表 10-2 的相应值确定 90°散射辐射的什值层，最后再按式 10-6 计算出所需的屏蔽物质厚度 X。

$$B=\frac{\dot{H}_c \cdot R_s^2}{I \cdot H_0} \cdot \frac{R_0^2}{F \cdot \alpha} \quad \text{（式 10-9）}$$

式中：$\dot{H}_c$ 为按 10.3.1 确定的剂量率参考控制水平（μSv/h）；

R_s 为散射体至关注点的距离（m）；

R_0 为辐射源点（靶点）至探伤工件的距离（m）；

I 为 X 射线探伤装置在最高管电压下的常用最大管电流（mA）；

H_0 为距辐射源点（靶点）1m 处的 X 射线输出量，以 mSv · m^2/（mA · min）为单位的值乘以 6×10^4，见表 10-1；

F 为 R_0 处的辐射野面积（m^2）；

α 为散射因子，即入射辐射被单位面积（$1m^2$）散射体散射到距其 1m 处的散射辐射剂量率与该面积的入射辐射剂量率的比；α 与散射物质有关，在未获得散射物质的 α 值时，按水模体散射的 α 值保守估计，其值见表 10-5。

表 10-5　入射辐射被面积为 $400cm^2$ 水模体散射至 1m 处的相对剂量比份 α_w

管电压（kV）	90°散射角的 α_w
150	1. 6E-3
200	1. 9E-3
250	1. 9E-3
300	1. 9E-3
400	1. 9E-3

注：①散射因子 α 可保守取为 α_W · 10000/400。

②“1. 6E-3”“1. 9E-3”取自 NCRP Report No. 49。

③本表取自 GBZ/T 250—2014。

（3）在给定屏蔽物质厚度 X 时，先按表 10-4 查出 X 射线 90°散射辐射最高能量相应的电压值，再按此电压值据表 10-1 确定相应的 X 射线输出量 H_0，再据表 10-2 确定 90°散射的 TVL 值，然后按式 10-5 计算屏蔽透射因子 B。关注点的散射辐射剂量率 $\dot{H}$ 按式 10-10 计算。

$$\dot{H}=\frac{I \cdot H_0 \cdot B}{R_s^2} \cdot \frac{F \cdot \alpha}{R_0^2} \quad \text{（式 10-10）}$$

式中：I 为 X 射线探伤装置在最高管电压下的常用最大管电流（mA）；

H_0 为距辐射源点（靶点）1m 处的 X 射线输出量，以 mSv · m^2/（mA · min）为单位的值乘以 6×10^4，见表 10-1；

B 为屏蔽透射因子；

F 为 R_0 处的辐射野面积（m^2）；

α 为散射因子，即入射辐射被单位面积（$1m^2$）散射体散射到距其 1m 处的散射辐射剂量率与该面积的入射辐射剂量率的比；α 与散射物质有关，在未获得散射物质的 α 值时，以水模体散射的 α 值保守估计，其值见表 10-5；

R_s 为散射体至关注点的距离（m）；

R_0 为辐射源点（靶点）至探伤工件的距离（m）。

10.5 典型条件下的探伤室屏蔽厚度表

10.5.1 典型条件

（1）探伤室外表面 30cm 处的剂量率控制值为 2.5μSv/h。

（2）X 射线探伤机管电流为 5mA，X 射线探伤装置圆锥束中心轴与圆锥边界之间夹角为 20°。

（3）X 射线探伤机的泄漏辐射在距靶点 1m 处的剂量率满足表 10-3 的要求。

10.5.2 探伤室典型屏蔽厚度表

在 10.5.1 的典型条件下，不同电压 X 射线探伤机的有用线束、泄漏辐射和 90°散射辐射屏蔽所需要的铅和混凝土的厚度分别见表 10-6、表 10-7、表 10-8。

表 10-6 有用线束屏蔽所需厚度

屏蔽物质	管电压（kV）	距靶点不同距离处的有用线束屏蔽所需厚度（mm）						
		2m	3m	4m	6m	8m	10m	15m
铅	150	4.3	4.0	3.8	3.5	3.2	3.1	2.8
	200	6.5	6.0	5.7	5.2	4.9	4.7	4.2
	250	12	11	10.6	9.6	9.0	8.4	7.5
	300	23	21	20	18	17	16	14
	400	39	37	34	32	30	28	25
混凝土	150	360	340	320	300	280	260	240
	200	450	420	400	370	350	330	300
	250	510	470	450	420	400	380	350
	300	570	540	510	480	450	430	400
	400	640	600	580	540	520	500	460

注：①铅的密度为 11.3t/m^3，混凝土的密度为 2.35t/m^3。

②本表取自 GBZ/T 250—2014。

表 10-7　泄漏辐射屏蔽所需厚度

屏蔽物质	管电压（kV）	距靶点不同距离处的泄漏辐射屏蔽所需厚度（mm）						
		2m	3m	4m	6m	8m	10m	15m
铅	150	2.3	2.0	1.7	1.4	1.2	1.0	0.7
	200	3.4	2.9	2.5	2.0	1.7	1.4	0.9
	250	7.8	6.8	6.1	5.1	4.3	3.8	2.8
	300	15	13	12	10	8.5	7.4	5.4
	400	22	19	17	14	12	11	7.8
混凝土	150	170	140	130	100	84	70	46
	200	210	180	150	120	100	86	55
	250	240	210	190	160	130	120	86
	300	270	240	210	170	150	130	96
	400	270	240	210	170	150	130	96

注：①铅的密度为 11.3t/m³，混凝土的密度为 2.35t/m³。

②本表取自 GBZ/T 250—2014。

表 10-8　90°散射辐射屏蔽所需厚度

屏蔽物质	管电压（kV）	距靶点不同距离处的 90°散射辐射屏蔽所需厚度（mm）						
		2m	3m	4m	6m	8m	10m	15m
铅	150	3.8	3.5	3.2	2.9	2.6	2.5	2.1
	200	4.1	3.7	3.5	3.2	3.0	2.7	2.4
	250	5.6	5.1	4.8	4.3	3.9	3.6	3.2
	300	5.8	5.3	4.9	4.4	4.1	3.8	3.3
	400	12.0	11.0	10.3	9.3	8.6	8.0	7.0
混凝土	150	280	250	240	210	200	180	160
	200	300	270	260	230	210	200	180
	250	350	320	290	260	240	220	190
	300	360	330	300	270	250	240	200
	400	380	340	320	290	270	250	220

注：①铅的密度为 11.3t/m³，混凝土的密度为 2.35t/m³。

②本表取自 GBZ/T 250—2014。

10.5.3　典型屏蔽厚度表的应用

（1）距离不同于表 10-6、表 10-7、表 10-8 中的列表值时，可使用内插法获得相应值。

（2）在 X 射线探伤机管电流和（或）剂量率参考控制水平不同于 10.5.1 的典型条件时，按下列各式计算相对 10.5.1 的典型条件的比值 K_{cor}。

①对 X 射线有用线束和 90°散射辐射：

$$K_{cor}=\frac{5}{I}\cdot\frac{\dot{H}_c}{2.5} \qquad (式 10-11)$$

式中：$\dot{H}_c$ 为按 10.3.1 确定的剂量率参考控制水平（μSv/h）；

I 为 X 射线探伤机管电流（mA）；

5 为 10.5.1 的 X 射线探伤机管电流（mA）；

2.5 为 10.5.1 的机房外剂量率参考控制水平（μSv/h）。

②对泄漏辐射：

$$K_{cor}=\frac{\dot{H}_c}{2.5} \qquad (式 10-12)$$

式中：$\dot{H}_c$ 为按 10.3.1 确定的剂量率参考控制水平（μSv/h）；

2.5 为 10.5.1 的机房外剂量率参考控制水平（μSv/h）。

（3）表 10-6、表 10-7、表 10-8 中各种辐射的屏蔽厚度的调整按式 10-13 计算：

$$X=X_{nom}-TVL\cdot \lg K_{cor} \qquad (式 10-13)$$

式中：X_{nom} 为相应关注点距源点的距离下的典型屏蔽厚度（mm），由表 10-6、表 10-7、表 10-8 查出；

TVL 为表 10-2 中的什值层（mm）。

10.6 X 射线探伤室屏蔽厚度估算示例

10.6.1 探伤室探伤工作条件

探伤室的几何尺寸和探伤室外环境条件见图 10-3。

探伤室内使用一台 X 射线探伤机，其工作条件为：

X 射线探伤机管电压：300kV。

X 射线探伤机管电流：5mA。

日探伤拍片数量：40 片。

每片拍照：25mA · min。

每周照射时间 t：17h/wk。

周工作负荷 W：5×10^3mA · min/wk。

探伤机的泄漏辐射剂量率：5×10^3μSv/h。

探伤机主要向下照射，向关注点（北面）照射的使用因子 $U=1/4$。图 10-3 中控制室和暗室为工作人员区，其他的区域为公众区。

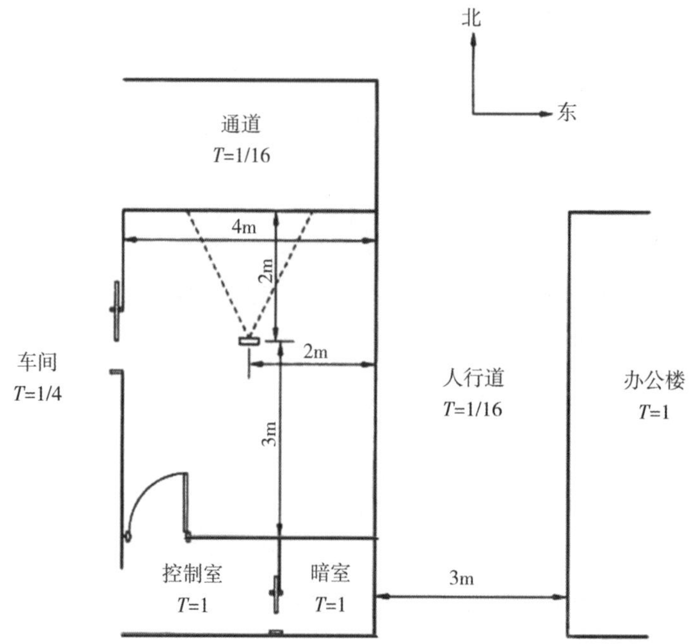

图 10-3　探伤室示意图

10.6.2　探伤室防护墙的屏蔽厚度

（1）按 10.3.1 的方法确定剂量率参考控制水平 $\dot{H}_c$。

①由 10.6.1 的探伤工作条件和式 10-1 计算出 $\dot{H}_{c,d}$。

凡导出的剂量率参考控制水平 $\dot{H}_{c,d}$ 不大于 2.5μSv/h 的，以其值作为剂量率参考控制水平 $\dot{H}_c$。

例如，西墙外为公众区，周剂量参考控制水平 H_c 取 5μSv/wk，按式 10-1，西墙外的导出剂量率参考控制水平为：$\dot{H}_{c,d}=5\div(17\times1\times1/4)=1.2$（μSv/h）。

该处的 $\dot{H}_c$ 为 1.2μSv/h。同样可求出东墙外办公楼处的 $\dot{H}_c$ 为 0.30μSv/h。

②表 10-9 列出了图 10-3 所示的探伤工作条件下辐射源距各关注点的距离 R、相应位置需屏蔽的辐射源项、T、U 和剂量率参考控制水平 $\dot{H}_c$。

表 10-9　300kV 的 X 射线探伤室几何参数和辐射屏蔽参数

方向	U	T	剂量率参考控制水平 $\dot{H}_c$（μSv/h）	距离 R（m）	需屏蔽的辐射源
东	1	1/16	2.5	2.3	泄漏辐射 散射辐射
东	1	1	0.3	5.0	泄漏辐射 散射辐射
南	1	1	2.5	3.3	泄漏辐射 散射辐射

（续表）

方向	U	T	剂量率参考控制水平 $\dot{H}_c$（μSv/h）	距离 R（m）	需屏蔽的辐射源
西	1	1/4	1.2	2.3	泄漏辐射 散射辐射
北	1/4	1/16	2.5	2.3	有用线束

注：本表取自 GBZ 250—2014。

③距探伤室东墙外较近（2.3m）的人行道处剂量率参考控制水平 $\dot{H}_c$ 为 2.5μSv/h，较远（5m）的办公楼处剂量率参考控制水平 $\dot{H}_c$ 为 0.30μSv/h。

办公楼处的 $\dot{H}_c$ 值小于人行道处，按式 10-7 和式 10-9 计算得知所需屏蔽透射因子小于人行道处，即所需屏蔽墙的厚度大于人行道处。按办公楼处的剂量率要求估算最终屏蔽厚度。

（2）北墙有用线束屏蔽估算示例。

①按 10.4.1 的方法进行估算。

查表 10-1，得知 300kV 管电压、3mm 铜过滤条件下的有用线束输出量为 11.3mGy·m²/（mA·min）。再按式 10-3 计算屏蔽透射因子 B：

$$B=\frac{\dot{H}_c\cdot R^2}{I\cdot H_0}=\frac{2.5\times 2.3^2}{6\times 10^4\times 5\times 11.3}=3.9\times 10^{-6}$$

查阅图 10-1，得到所需的铅屏蔽厚度为 22.4mm。

用同样的方法计算出屏蔽透射因子后，查阅图 10-2，得到所需的混凝土屏蔽厚度为 560mm。

②使用典型数据法估算。

由表 10-6 得知，距靶点 2m、3m 处所需铅的厚度分别为 23mm 和 21mm，通过内插法得到 2.3m 处所需铅的屏蔽厚度为 22.4mm。

同样，由表 10-6 查得距靶点 2m、3m 处所需的混凝土厚度后，再通过内插法得到 2.3m 处所需混凝土的屏蔽厚度为 560mm。

（3）西墙泄漏辐射和散射辐射复合屏蔽估算示例。

①按 10.4.2 的方法进行计算。

A. 泄漏辐射。

查表 10-3，得知 300kV（大于 200kV）的 X 射线探伤机距靶点 1m 处的泄漏辐射剂量率 $\dot{H}_L$ 为 5×10^3μSv/h。

查表 10-9，得知西墙的泄漏辐射和散射辐射的剂量率参考控制水平 $\dot{H}_c$ 为 1.2μSv/h。

再按式 10-7 计算所需屏蔽透射因子 B：

$$B=\frac{\dot{H}_c\cdot R^2}{\dot{H}_L}=\frac{1.2\times 2.3^2}{5\times 10^3}=1.3\times 10^{-3}$$

查表 10-2，得知 300kV 的 X 射线在铅中的什值层为 5.7mm。

然后按式 10-6 计算所需的铅屏蔽厚度 X：

$$X = -TVL \cdot \lg B = -5.7 \times \lg (1.3 \times 10^{-3}) = 16.5 \text{ (mm)}$$

B. 散射辐射。

查表 10-1，得知 300kV 管电压、3mm 铜过滤条件下的有用线束输出量为 11.3mGy・m²/(mA・min)。

按式 10-9 计算所需屏蔽透射因子 B：

$$B = \frac{\dot{H}_c \cdot R_s^2}{I \cdot H_0} \cdot \frac{R_o^2}{F \cdot \alpha} = \frac{1.2 \times 2.3^2}{6 \times 10^4 \times 5 \times 11.3} \times 21 = 3.9 \times 10^{-5}$$

查表 10-4，得知 300kV 的 X 射线的 90°散射辐射相应的电压为 200kV。

再查表 10-2，得知铅的什值层为 1.4mm。

然后按式 10-6 计算所需铅屏蔽厚度：

$$X = -TVL \cdot \lg B = -1.4 \times \lg (3.9 \times 10^{-5}) = 6.2 \text{ (mm)}$$

C. 复合分析。

300kV 的 X 射线在铅中的什值层为 5.7mm，依据“当可能存在泄漏辐射和散射辐射的复合作用时，通常分别估算泄漏辐射和各项散射辐射，当它们的屏蔽厚度相差一个 *TVL* 或更大时，采用其中较厚的屏蔽；当相差不足一个 *TVL* 时，则在较厚的屏蔽上增加一个 *HVL*”，泄漏辐射和散射辐射的铅屏蔽厚度分别为 16.5mm 和 6.2mm，其差值为 10.3mm，大于 5.7mm，应按较厚的泄漏辐射进行屏蔽。故可以将两墙的最终铅屏蔽厚度确定为较厚的 16.5mm，为便于使用，可取整为 17mm。

用同样方法可以求得泄漏辐射和散射辐射所需混凝土屏蔽厚度分别为 290mm 和 380mm。90°散射辐射相应的电压为 200kV，查阅表 10-2，得知 200kV 的 X 射线在混凝土中的什值层为 86mm。泄漏辐射和散射辐射的屏蔽厚度之差为 90mm，大于 86mm，所以应按较厚的散射辐射屏蔽厚度取 380mm 混凝土。

②使用典型屏蔽厚度表法估算。

A. 泄漏辐射。

由表 10-7 用内插法计算出距靶点 2.3m 处泄漏辐射所需铅屏蔽厚度 X_{nom} 为 14.4mm。

按式 10-12 计算相应剂量率参考控制水平（1.2μSv/h）与典型条件下的剂量率参考控制水平（2.5μSv/h）的比值：

$$K_{cor} \frac{\dot{H}_c}{2.5} = \frac{1.2}{2.5} = 0.48$$

查表 10-2，得知 300kV 的 X 射线在铅中的什值层为 5.7mm。

按照式 10-13 计算所需的泄漏辐射屏蔽厚度 X：

$$X = X_{nom} - TVL \cdot \lg K_{cor} = 14.4 - 5.7 \times \lg 0.48 = 16.2 \text{ (mm)}$$

B. 散射辐射。

由表 10-8 用内插法计算出距靶点 2.3m 处散射辐射所需铅屏蔽厚度 X_{nom} 为 5.65mm。

再按式 10-12 计算 K_{cor}：

$$K_{cor} = \frac{\dot{H}_c}{2.5} = \frac{1.2}{2.5} = 0.48$$

查阅表 10-4，得知 300kV 的 X 射线 90°散射辐射相应的最高能量的电压值为 200kV，再查阅表 10-2，得知 200kV 的 X 射线在铅中的什值层为 1.4mm。

然后按式 10-13 计算所需屏蔽厚度 X：

$$X = X_{nom} - TVL \cdot \lg K_{cor} = 5.65 - 1.4 \times \lg 0.48 = 6.1\ (\text{mm})$$

C. 按“当可能存在泄漏辐射和散射辐射的复合作用时，通常分别估算泄漏辐射和散射辐射，当它们的屏蔽厚度相差一个 *TVL* 或更大时，采用其中较厚的屏蔽；当相差不足一个 *TVL* 时，则在较厚的屏蔽上加一个 *HVL*”的要求，由于估算的泄漏辐射铅屏蔽厚度为 16.2mm，散射辐射铅屏蔽厚度为 6.1mm，两者相差为 10.1mm，大于什值层（铅在此条件下的什值层为 1.4mm），所以泄漏辐射的屏蔽厚度即可屏蔽其散射辐射。为方便，可取整数 16mm 为最终复合作用的屏蔽厚度。

③按以上方法和条件，X 射线探伤室各墙的最终屏蔽厚度取整数之后分别为：

东墙：16mm 铅或 380mm 混凝土；

南墙：13mm 铅或 330mm 混凝土；

西墙：17mm 铅或 380mm 混凝土；

北墙：23mm 铅或 560mm 混凝土。

10.7 用不同屏蔽材料时的屏蔽厚度计算

X 射线探伤室的屏蔽材料常用铅或混凝土，如果用其他屏蔽材料，如铁、重晶石混凝土、砖时，照上述方法亦可进行辐射屏蔽厚度的计算，为此特将 X 射线在铅、混凝土、铁、重晶石混凝土、砖中的什值层厚度列于表 10-10，并将 X 射线穿过铁、重晶石混凝土和砖的透射曲线分别列出（见图 10-4、图 10-5、图 10-6），供使用者参考。计算方法同用铅、混凝土作为屏蔽材料的计算方法。

表 10-10　X 射线束在不同物质中的什值层厚度

材料	密度 ρ (t/m^3)	相应不同管电压 X 射线的什值层（mm）				
		150kV	200kV	250kV	300kV	400kV
铅	11.3	0.96	1.4	2.9	5.7	8.2
混凝土	2.35	70	86	90	100	100
铁	7.8	14	20	27	36	36
重晶石混凝土	3.2	15	20	35	60	80
砖	1.6	87	127	138	190	187

注：X 射线在铅、混凝土、铁、重晶石混凝土和砖中的半值层等于 $\log_2 TVL$。

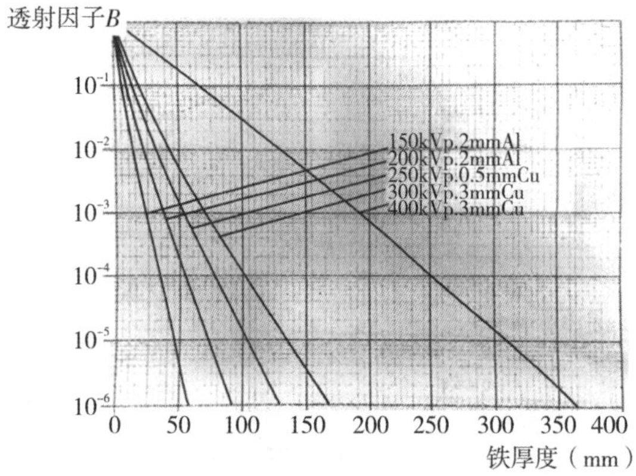

图 10-4　X 射线穿过铁的透射曲线

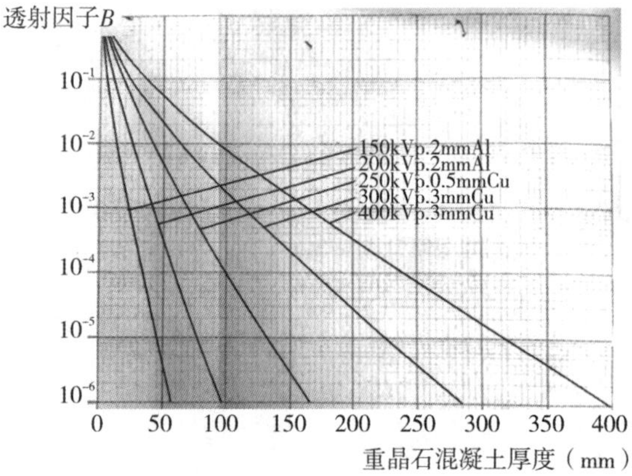

图 10-5　X 射线穿过重晶石混凝土的透射曲线

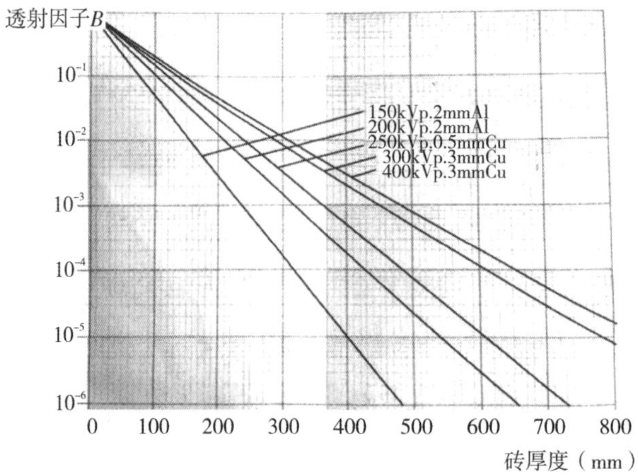

图 10-6　X 射线穿过砖的透射曲线

注：图 10-4、图 10-5、图 10-6 及表 10-10 均取自《卫生部放射卫生标准专业委员会第六届第五次全体委员工作会议资料汇编（2011 年 7 月）》

10.8　探伤室辐射屏蔽厚度的计算方法（二）

10.8.1　固定式 X 射线探伤作业

使用定向探伤机时，有用线束照射方向为主屏蔽墙，其他墙壁一般可按散射线作屏蔽防护。但对 250kV 以上（含 250kV）的探伤机，也可以按漏射线进行屏蔽防护。同时应注意：一台 X 射线探伤机工作时，散射线与漏射线是同时存在的，应分别计算各自所需的屏蔽防护厚度，进而计算出二者的复合屏蔽厚度。

使用周向探伤机时，探伤室各面墙均应按有用线束照射进行屏蔽防护设计。

对有用线束的屏蔽按式 10-14 进行计算。

$$B=\frac{P\cdot d^2}{WUT} \qquad (\text{式 } 10\text{-}14)$$

式中：B 为透射系数［mGy · m²/（mA · min）］；

d 为 X 射线管焦点（放射源）到参考点的距离（m）。

W 为工作负荷。对有电流表的 X 射线机，W 即一周内实际曝光时间与管电流的乘积，单位是 mA · min/wk（据调查，常用管电流为 5 ～ 10mA，每周实际曝光时间不超过 20h，故一般取 W 为 1×10^4mA · min/wk；如工作量大，所用管电流超过 10mA，则可按实际情况计算）。

P 为参考点上的周剂量控制水平。探伤工作人员一般年剂量当量限值为 2 ～ 5mSv/a，每年工作 50 周，相应的周剂量限值为 0.04 ～ 0.10mSv/wk；公众年剂量当量限值为 0.3mSv/a，相应的周剂量限值为 0.006mSv/wk。

T 为居留因子（参考点所在区域相应的居留因子），T 值分别取 1、1/4、1/16。

U 为束定向因子，表示辐射源开启时间内射线束射向需要考虑屏蔽的那个方向上的时间分数，一般取 1、1/4、1/16。

用式 10-14 计算出 B 后，利用图 10-7、图 10-8 和图 10-9 分别查出铅或混凝土对有用线束的屏蔽防护厚度。

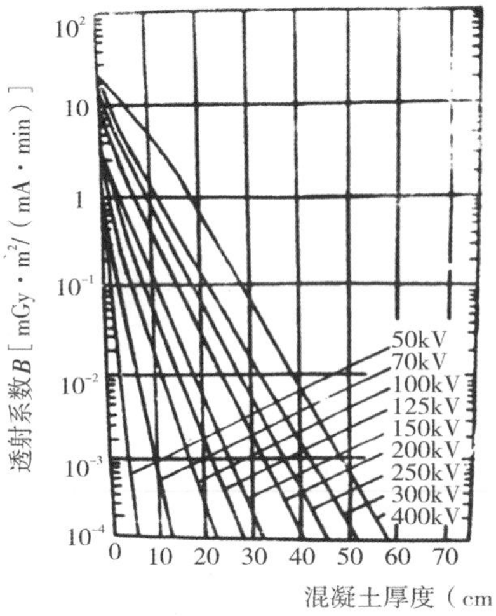

图 10-7　50 ～ 400kV 的宽束 X 射线穿过混凝土的透射曲线

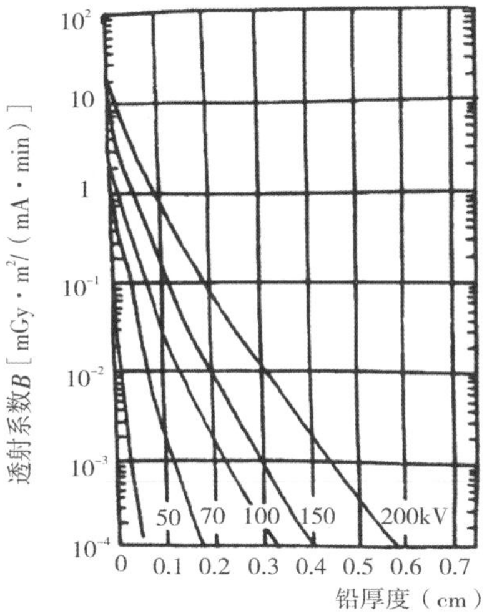

图 10-8　50 ～ 200kV 的宽束 X 射线穿过铅的透射曲线

10.8.2　对散射线的屏蔽计算

（1）计算公式：

$$B_s = \frac{P \cdot d_0^2 \cdot d_s^2}{\alpha_M \cdot W \cdot T} \cdot \frac{400}{a} \cdot \frac{1}{K} \quad （式 10-15）$$

式中：B_s 为用于散射线的透射系数，单位为 mGy · m²/（mA · min）。根据计算所得，查阅图 10-7、图 10-8、图 10-9 中相应的曲线，即可求出相应的屏蔽介质（混凝土或铅）的屏蔽厚度。

P 为参考点上的周剂量率控制水平（mSv/wk）。

d_0 为辐射源（X 射线管焦点）到散射体（被探伤件）表面的距离（m）。

d_s 为屏蔽设计时参考点到散射体受照表面中心的垂直距离（m）。

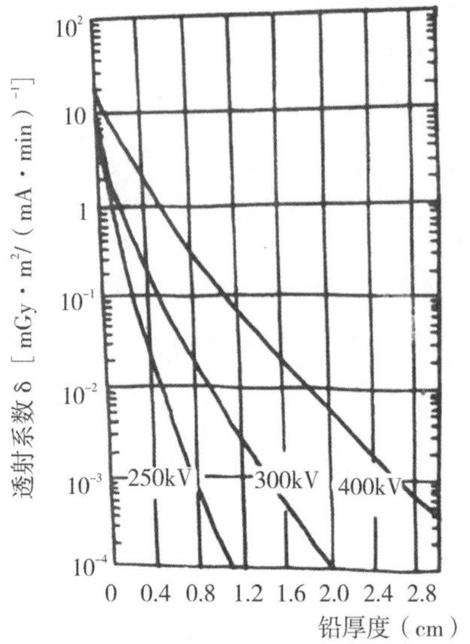

图 10-9　250～400kV 的宽束 X 射线穿过铅的透射曲线

a 为散射体（被探伤件）表面的受照面积（实际是照射野的面积）(cm^2)。

α_M 为初级辐射在患者身体表面的散射比，见表 10-11。

W 为工作负荷（mA·min/wk）。

T 为居留因子。

K 为对不同管电压的修正系数。管电压小于 500kV 时，$K=1$。

表 10-11　初级辐射在患者身体表面的散射比 α_M

辐射源		散射角（从入射辐射束的中心轴量起）					
		30°	45°	60°	90°	120°	135°
X 射线	50kV	0.0005	0.0002	0.00026	0.00035	0.0008	0.0010
	70kV	0.00065	0.00035	0.00035	0.0005	0.0010	0.30013
	100kV	0.0015	0.0012	0.0012	0.0013	0.0020	0.0020
	125kV	0.0018	0.0015	0.0015	0.0015	0.0023	0.0025
	150kV	0.0020	0.0016	0.0016	0.0016	0.0024	0.0026
	200kV	0.0024	0.0020	0.0019	0.0019	0.0027	0.0028
	250kV	0.0025	0.0021	0.0019	0.0019	0.2207	0.0028
	300kV	0.0026	0.0022	0.0020	0.0019	0.0026	0.0028
	4MV	—	0.0027	—	—	—	—
	6MV	0.007	0.0018	0.0011	0.0006	—	0.0004
γ 射线	^{137}Cs	0.0062	0.0050	0.0041	0.0028	—	0.0019
	^{60}Co	0.0060	0.0036	0.0023	0.0009	—	0.0006

注：本表取自章仲侯主编的《放射卫生学》，原子能出版社，1985 年版，第 185 页。

（2）也可将上式中的入射距离 d_0、散射面积 a 和散射比 α_M 等参数整合，简化为散射因子 f_s。对 150～450kV 的 X 射线探伤机，通常可取 $f_s=0.01$。

由此，式 10-15 可简化为：

$$B_s=\frac{P\cdot d_s^2}{W\cdot T}\cdot f_s^{-1} \text{ 或 } B_s=\frac{100P\cdot d_s^2}{W\cdot T} \quad \text{（式 10-16）}$$

与实际的屏蔽防护设计计算结果比较，简化前后的透射参数基本一致。需要说明的是，根据 ICRP 33 第 243 条，X 射线电压在 0.5MV 以下的，90°散射辐射可以设想为与初级辐射具有相同的衰减特性，因此初级射线的透射数据可以用于估算散射辐射所需的屏蔽。所以，在实际的设计计算中，直接按初级射线的透射数据进行估算较为可行。

10.8.3 对漏射线的屏蔽计算

对漏射线的屏蔽计算可采用什值层计算法：

$$h=\lg\left(\frac{H_0}{\dot{H}_p\cdot r^2}\right)\cdot TVL \quad \text{（式 10-17）}$$

式中：h 为屏蔽介质的厚度（cm 或 mm）。

H_0 为探伤机的漏射线量距 X 射线管焦点 1m 处的空气比释动能率，可由相应国家标准给出，或直接测量得出，或相应辐射源中规定。

$\dot{H}_p$ 为参考点处的剂量率控制目标值（μGy/h）。

r 为参考点与 X 射线管焦点之间的距离（m）。

TVL 为所用屏蔽材料的什值层（cm 或 mm），见表 10-2。

表 10-12 列出了漏射线的控制标准。

表 10-12 漏射线控制标准

管电压（kV）	漏射线空气比释动能率（mGy/h）
<150	<1
150～200	<2.5
>200	<5

10.8.4 屏蔽厚度计算示例

现有一台 300kV 工业探伤机，工作负荷 $W=10^4$mA·min/wk，管电流 $I=10$mA，每周探伤照射时间为 17h，泄漏辐射空气比释动能率距焦点 1m 处为 5mGy/h，焦点至散射体表面距离 $d_0=0.5$m，散射体距参考点距离为 3.5m，散射面积 $a=15\text{cm}\times35\text{cm}=525\text{cm}^2$，90°散射比 $\alpha_M=0.0019$，居留因子 $T=1$，参考点周剂量率控制目标值 P（或 $\dot{H}_p$）为 0.04mSv/wk，300kV 的 X 射线的 $TVL_{Pb}=$

5.7mm，$TVL_{砼}=10cm$。试计算一面副墙的屏蔽厚度。

解：

将以上参数代入式 10-15、式 10-16、式 10-17。

代入式 10-15 得：

$$B_s=\frac{0.04\times0.5^2\times3.5^2}{0.0019\times10^4\times1}\times\frac{400}{525}\times\frac{1}{1}=4.9\times10^{-3}\ [mGy\cdot m^2/(mA\cdot min)]$$

代入式 10-16 得：

$$B_s=\frac{0.04\times100\times3.5^2}{10^4\times1}=4.9\times10^{-3}\ [mGy\cdot m^2/(mA\cdot min)]$$

代式 10-17 得：

$$h=\lg\left[\frac{5\times17}{0.04\times3.5^2}\right]\times TVL_{Pb}=2.24\times5.7=13\ (mmPb)$$

$$h=\lg\left[\frac{5\times17}{0.44\times3.5^2}\right]\times TVL_{砼}=2.24\times10=22.4\ (cm 混凝土)$$

用式 10-15 与式 10-16 计算所得的透射系数均为 4.9×10^{-3}，如直接查 300kV 的 X 射线穿过铅、混凝土的透射曲线，分别得到 11mm 铅、35cm 混凝土的屏蔽厚度。

用式 10-17 计算所得结果与用式 10-15、式 10-16 计算所得结果有差异，且实际中应考虑散射线与漏射线的复合屏蔽。根据 ICRP 33 第 246 条内容，二者如相差 1 个 *TVL* 或更大时，应该采取较厚的那个屏蔽；如果相差不到 1 个 *TVL*，也应该采用较厚者并增加一个 *HVL*（$HVL_{Pb}=1.7mm$，$HVL_{砼}=3\ cm$）。据此，该副防护墙的屏蔽采用 13mm 铅或 35cm 混凝土即可。

10.8.5 探伤室屋顶的屏蔽防护厚度计算

对设在大车间的无顶探伤室，应特别注意天空散射的辐射影响。天空散射即 X 射线照射到屋顶或屋顶上空的空气时，产生大量返回地面的散射线，从而造成探伤室周围的辐射水平增高。此时可用式 10-18 计算探伤室在有天空散射的情况下所需的屏蔽防护厚度：

$$B_{sk}=\frac{P}{WUT}\cdot f_{sk} \qquad (式 10-18)$$

式中：B_{sk} 为透射系数。

P 为考查点的周剂量率控制目标值（mSv/wk）。

f_{sk} 为天空散射系数。对于有用线束全张角为 40°的探伤机，当探伤机房净高 3m 时，f_{sk} 值见表 10-13。

表 10-13　X 射线探伤机的天空散射系数 f_{sk} 值

照射方向	散射系数 f_{sk} 值
朝探伤室屋顶	5×10^{-5}
朝其他方向	5×10^{-6}

用式 10-18 和表 10-13 的 f_{sk} 值来估算达到不同目标值的透射比和相应的混凝土厚度。

1.0μGy/h 和 2.5μGy/h 的剂量率控制目标值和相应的探伤室屋顶的屏蔽厚度见表 10-14。

表 10-14　相应不同目标值的探伤室屋顶屏蔽厚度（I=5mA）

目标值（μGy/h）	照射方向	不同管电压 X 射线探伤机室顶混凝土厚度（cm）					透射比
		150kV	200kV	250kV	300kV	400kV	[mGy/（mA·min）]
1.0	向上	12	16	20	22	30	0.067
	其他	4	7	10	12	20	0.67
2.5	向上	9	12	16	18	25	0.17
	其他	2	4	7	9	15	1.7

10.8.6　探伤室防护门的屏蔽防护

固定式探伤室有两种防护门：一种是探伤件进出的大门，为电动门，其尺寸大小由探伤件的大小决定，其屏蔽防护厚度应与同侧墙壁的铅当量相等。另一种为探伤人员进出的小门，多与控制室相连，设置在副防护墙上、探伤室的某一角落处。通常在小门进入探伤室处设有 L 型或 Z 型迷路，迷路宽 70～80cm，迷路墙厚度为该墙体厚度的 2/3，迷路墙高 2m，迷路上方用钢筋混凝土预制板封顶，预制板厚度为 10～15cm（小于 250kV 的探伤室为 10cm，300～400kV 的探伤室为 15cm），小门设于迷路外口。

防护大门可采用铁板夹铅板或复合防护板，也可以在钢板中间填充高容量的重晶石。门与门洞墙体的搭接重叠宽度至少应为门与墙体之间缝隙宽度的 10 倍以上，使门对门洞的覆盖较严密，防止漏射线剂量过大。

第 11 章　工业 γ 射线探伤室的辐射屏蔽防护厚度计算

11.1　辐射源与安全要求

11.1.1　γ 射线探伤常用辐射源及有关数据

表 11-1　γ 射线探伤常用辐射源及有关数据

核素名称	半衰期	γ 射线能量（MeV）	照射量率常数 Γ [R·m²/(Ci·h)]	空气比释动能率常数 Γ_δ [rad·m²/(Ci·h)]
^{60}Co	5.27a	1.25	1.32	1.15
^{192}Ir	74.0d	0.37	0.46	0.419
^{169}Yb	32d	0.063	0.108	0.109
^{75}Se	120d	0.265	0.194	0.175

注：①照射量率常数取自李德平、潘自强的《辐射防护手册·第一分册·辐射源与屏蔽》，原子能出版社，1987 年版。

②空气比释动能率常数取自中国计量测试学会、电离辐射专业委员会编的《辐射剂量学常用数据》，中国计量出版社，1987 年版，第 174～181 页。

③第 3 列第 2 行的数据 0.37 取自 IAEA Report No.47，第 108 页，有别于国内资料的 0.317。

11.1.2　辐射源的安全要求

源容器应有足够的屏蔽厚度，在装有最大活度值的密封源并锁闭在安全位置时，经屏蔽效能试验后，源容器周围空气比释动能率不得超过表 11-2 中的数值，源容器及其中的辐射源必须符合有关标准的规定，辐射源的运输、更换、贮存、废弃必须按国家标准和规定执行。

表 11-2　源容器周围空气比释动能率控制值（mGy/h）

探伤机类别与代号	距容器外表面的距离		
	0cm	5cm	100cm
手提式，P	2	0.5	0.02
移动式，M	2	1	0.05
固定式，F	2	1	0.10

注：本表取自 GBZ 132—2008。

γ射线移动式探伤大多为周向性的。但在有探伤件的实际情况下，在不同方向上的空气比释动能率有很大差别，无探伤件遮挡的方向的空气比释动能率要比有遮挡的方向高很多，前者主要考虑从探伤件透射的射线和散射线，后者应考虑有用线束的照射。为此，γ射线探伤机在探伤屏蔽设计时均按点状源对待。先用点状源公式计算出探伤室墙外（门外）参考点的剂量率，再计算衰减倍数 K，然后利用半值层法求出某种屏蔽材料的屏蔽厚度，或查与衰减倍数 K 相关的屏蔽厚度表，从而求出屏蔽厚度。

11.2 探伤室辐射屏蔽厚度计算

11.2.1 按点源计算参考点处的空气比释动能率 $\dot{H}$

计算公式如式 11-1 所示：

$$\dot{H}=\frac{A\cdot\Gamma_{\delta}}{r^2} \quad （式 11-1）$$

式中：A 为辐射源的预期最大放射性活度（GBq 或 Ci）；

Γ_{δ} 为该辐射源的空气比释动能率常数［rad · m^2/（Ci · h）］；

r 为参考点与放射源之间的距离（m）。

11.2.2 计算衰减倍数 K

计算公式如式 11-2 所示：

$$K=\frac{\dot{H}\cdot T}{\dot{H}_p} \quad （式 11-2）$$

式中：$\dot{H}$ 为直接测量或按式 11-1 计算出的距离放射源为 r 处的空气比释动能率（μSv/h）；

$\dot{H}_p$ 为参考点处的剂量约束值（MGy/h）；

T 为居留因子。

按 GBZ 132—2008 的规定，屏蔽设计的剂量约束值为 0.1 ～ 0.3mSv/a，探伤室屏蔽墙外 30cm 处的空气比释动能率不大于 2.5μSv/h。

（1）按式 11-2 求出衰减倍数 K 后，再按半值层法［$K=2^n$（$n=\lg K/\lg 2$）］求出 HVL 的个数 n，再乘以该屏蔽材料的 HVL 值（见表 11-3），即可求出屏蔽材料的屏蔽厚度。

表 11-3 不同材料半值层的近似值

屏蔽材料	对不同放射源的半值层（mm）			
	^{60}Co	^{192}Ir	^{169}Yb	^{75}Se
铝	70	50	27	30
混凝土	70	50	27	30
钢	24	14	8.5	9

（续表）

屏蔽材料	对不同放射源的半值层（mm）			
	^{60}Co	^{192}Ir	^{169}Yb	^{75}Se
铅	13	3	0.8	1
钨	10	2.5	—	—
铀	6	2.3	—	—

注：本表取自 GBZ 132—2008。

（2）还可以从与衰减倍数 K 相关的屏蔽厚度表（见表 2-14 至表 2-24）中查出相应屏蔽物质的屏蔽厚度。

11.2.3 计算示例

有一台放射源为^{192}Ir 的 γ 射线探伤机，^{192}Ir 放射源的活度为 3.7TBq（100Ci），参考点（即屏蔽^{192}Ir 源墙外）与放射源间的距离 $r=1$m，要求参考点处的剂量约束值 $\dot{H}_p=2.5$μGy/h，求屏蔽墙所需混凝土的厚度。

解：

已知：^{192}Ir 放射源活度为 100Ci，$r=1$m；参考点处的剂量约束值 $\dot{H}_p=2.5$μGy/h；墙外、门外为大车间，居留因子 $T=1$。

查阅表 11-1 知：^{192}Ir γ 射线的能量为 0.37MeV；空气比释动能率常数 $\Gamma_\delta=0.419$rad · m^2/(Ci · h)；^{192}Ir 对混凝土的 HVL 为 50mm，对铅的 HVL 为 3mm。

（1）先按式 11-1 求出无屏蔽对参考点的空气比释动能率 $\dot{H}$：

$$\dot{H}=\frac{A\cdot\Gamma_\delta}{r^2}=\frac{100\times0.419}{1^2}=41.9\ (\text{rad/h})=4190\ (\mu\text{Gy/h})$$

（2）再按式 11-2 求出衰减倍数 K：

$$K=\frac{\dot{H}\cdot T}{\dot{H}_p}=\frac{4190\times1}{2.5}=1670$$

（3）用半值层法求出厚度：$K=2^n$

HVL 的个数 $n=\frac{\lg K}{\lg 2}=\frac{\lg 1670}{\lg 2}=\frac{3.22}{0.3}=10.73$

则混凝土的屏蔽厚度为：10.73×5=54（cm）

铅的屏蔽厚度为：10.73×3=32（mm）

（4）用查表法求出厚度：

查表 11-4、表 11-5，用内插法获得所需的铅和混凝土的屏蔽防护厚度。

表 11-4 中没有^{192}Ir 放射源衰减倍数 $K=1670$ 时对应的混凝土的防护厚度，可先查出该表内 $K=1000$ 时混凝土的屏蔽厚度为 45cm，再查出 $K=2000$ 时的屏蔽厚度为 50cm，那么 $K=1670$ 时的

混凝土屏蔽厚度应为 48.1cm［45+（50−45）/1000×620=48.1（cm）］，取整数得 48cm。

同样，对铅的屏蔽厚度，从表 11−5 中分别查出 K=1000 与 K=2000 时的屏蔽防护厚度分别为 4.5cm 和 5.0cm，即可求出衰减倍数 K=1670 时的屏蔽防护厚度为 4.81cm［4.5+（5−4.5）/1000×620=4.81cm］，取整数得 48mm。

若屏蔽材料为铁、水或铅玻璃，可查阅表 2−16、表 2−17、表 2−20、表 2−21、表 2−22、表 2−23，求出所需铁、水或铅玻璃的屏蔽厚度。

表 11−4　宽束 γ 射线在不同的衰减倍数 K 时所需的混凝土屏蔽防护厚度

（厚度以 cm 为单位；混凝土的密度 ρ =2.3g/cm^3）

衰减倍数 K	γ 射线的能量（MeV）											
	1.25（^{60}Co）	1.5	1.75	2.0	2.2	3	4	6	8	10	^{198}Au	^{192}Ir	^{226}Ra
1.5	8.6	8.7	8.7	8.8	8.9	9.4	10.0	11.7	11.7	11.7	3	3	5
2	13.3	13.6	13.8	14.1	14.3	15.3	16.4	18.8	18.8	18.8	4	7	8
5	24.6	26.8	27.0	28.2	29.4	32.9	35.2	38.7	39.3	39.9	10	10	17
8	30.5	32.2	33.8	35.2	36.4	39.9	43.4	48.1	48.7	49.3	13	13	12
10	31.9	34.0	35.9	37.6	39.0	43.4	47.5	51.6	52.8	54.0	14	16	24
20	39.9	42.5	44.8	47.0	48.6	54.0	58.7	64.6	65.7	69.3	19	20	32
30	43.7	46.5	49.3	51.6	53.5	59.9	65.7	71.6	72.8	78.1	21	23	35
40	45.3	49.8	52.8	55.2	57.3	64.0	69.8	77.5	79.2	84.5	23	24	35
50	48.5	52.1	55.2	58.1	60.1	66.9	72.8	81.6	83.9	89.8	24	26	41
60	50.1	54.0	57.5	60.5	62.7	69.8	74.0	85.1	88.0	93.9	25	27	42
80	52.4	56.4	59.9	63.4	65.7	74.0	81.0	90.4	93.9	100.4	27	29	45
100	54.5	58.3	62.2	65.7	68.6	77.5	84.5	95.1	98.0	105.1	28	30	48
2×10^2	60.8	65.3	69.7	74.0	77.2	88.0	95.7	108.0	112.1	120.9	33	35	55
5×10^2	69.8	74.8	79.8	84.5	88.5	101.0	110.4	124.4	129.7	139.7	38	41	65
1×10^3	76.1	81.7	87.6	92.7	97.0	110.9	120.9	137.9	143.2	155.0	43	45	72
2×10^3	82.2	88.5	94.6	100.4	104.0	120.9	132.1	150.3	156.1	168.5	47	50	79
5×10^3	90.2	97.4	104.2	110.9	115.5	132.7	146.8	166.7	173.8	186.7	52	56	88
1×10^4	97.2	104.5	111.5	118.6	124.7	143.2	156.7	179.0	187.8	201.3	56	60	95
2×10^4	102.7	110.8	118.6	126.2	131.7	152.6	167.3	190.8	201.9	216.0	61	65	102
5×10^4	111.5	120.4	128.4	136.2	142.0	164.9	181.4	206.6	218.4	233.6	66	71	112
1×10^5	116.9	126.6	135.7	144.4	150.7	173.8	191.4	218.4	231.3	248.9	71	76	119
2×10^5	125.1	135.6	145.1	153.8	160.2	177.3	201.9	231.3	245.4	263	75	80	126
5×10^5	133.8	142.5	152.6	162.0	169.2	196.0	214.8	247.1	261.8	281.2	80	86	136
1×10^6	140.2	149.8	160.6	171.4	178.6	205.4	225.4	260.6	274.7	295.8	85	91	143
2×10^6	148.4	157.8	169.2	179.6	187.2	213.7	237.1	272.4	287.6	308.8	—	—	—
5×10^6	154.7	165.8	178.0	189.0	197.8	227.8	250.1	287.6	302.9	327.5	—	—	—
1×10^7	160.0	170.8	183.6	194.9	203.4	236.0	259.4	299.4	314.6	340.5	—	—	—

表 11-5　宽束 γ 射线在不同的衰减倍数 K 时所需的铅屏蔽防护厚度

（厚度以 cm 为单位，铅的密度 $\rho=11.340\mathrm{g/cm^3}$）

衰减倍数 K	γ 射线的能量（MeV）													
	0.1	0.2	0.3	0.4	0.5	0.6	0.662（^{137}Cs）	0.7	0.8	0.9	1.0	^{198}Au	^{192}Ir	^{226}Ra
1.5	0.05	0.1	0.15	0.2	0.2	0.3	0.47	0.4	0.6	0.7	0.8	0.2	0.2	0.8
2	0.1	0.2	0.3	0.4	0.5	0.7	0.78	0.8	1.0	1.15	1.3	0.3	0.3	1.3
5	0.2	0.4	0.6	0.9	1.1	1.5	1.68	1.9	2.2	2.5	2.8	0.7	0.8	3.1
8	0.2	0.5	0.8	1.1	1.5	1.95	2.13	2.35	2.8	3.2	3.5	0.8	1.2	3.8
10	0.3	0.55	0.9	1.3	1.6	2.1	2.34	2.6	3.05	3.5	3.8	1.0	1.4	4.4
20	0.3	0.6	1.1	1.5	2.0	2.6	2.98	3.25	3.85	4.4	4.9	1.3	1.8	5.8
30	0.35	0.7	1.15	1.7	2.3	3.0	3.25	3.65	4.3	4.95	5.5	1.5	2.1	6.7
40	0.4	0.8	1.3	1.8	2.4	3.1	3.61	3.8	4.5	5.2	5.8	1.6	2.3	7.3
50	0.4	0.85	1.4	1.95	2.6	3.25	3.81	3.95	4.6	5.3	6.0	1.7	2.5	7.6
60	0.45	0.9	1.45	2.05	2.7	3.45	3.98	4.2	4.95	5.6	6.3	1.8	2.6	8.0
80	0.45	1.0	1.55	2.15	2.8	3.7	4.23	4.5	5.3	6.0	6.7	2.0	2.8	8.5
100	0.5	1.0	1.6	2.3	3.0	3.85	4.43	4.7	5.5	6.3	7.0	2.1	3.0	9.0
2×10^2	0.6	1.25	1.9	2.6	3.4	4.4	5.05	5.3	6.3	7.2	10.2	2.5	3.5	10.3
5×10^2	0.65	1.4	2.2	3.1	4.0	5.1	5.86	6.1	7.2	8.2	9.2	3.2	4.0	12.1
1×10^3	0.7	1.5	2.4	3.3	4.4	5.7	6.48	6.95	8.1	9.2	10.2	3.8	4.5	13.5
2×10^3	0.85	1.7	2.7	3.8	5.0	6.3	7.08	7.6	8.8	10.0	11.1	4.5	5.0	14.8
5×10^3	0.9	1.9	3.0	4.2	5.5	7.0	7.88	8.5	9.9	11.2	12.4	5.5	5.5	16.5
1×10^4	1.05	2.1	3.3	4.55	5.9	7.5	8.49	9.1	10.6	12.0	13.3	6.5	6.0	18.0
2×10^4	1.1	2.2	3.5	4.85	6.3	8.0	9.09	9.7	11.3	12.8	14.2	7.7	—	21.1
5×10^4	1.15	2.35	3.7	5.2	6.9	8.7	9.88	10.5	12.3	14.1	15.6	9.5	—	22.5
1×10^5	1.15	2.4	3.8	5.4	7.2	9.2	10.5	11.1	13.0	14.8	16.5	—	—	—
2×10^5	1.3	2.6	4.1	5.7	7.6	9.6	11.1	11.6	13.6	15.5	17.4	—	—	—
5×10^5	1.4	2.8	4.4	6.1	8.2	10.2	11.9	12.3	14.4	16.5	18.5	—	—	—
1×10^6	1.45	3.0	4.7	6.5	8.7	10.9	12.5	13.1	15.3	17.5	19.5	—	—	—
2×10^6	1.65	3.2	5.0	7.0	9.1	11.5	13.1	14.0	16.3	18.6	20.4	—	—	—
5×10^6	1.65	3.3	5.3	7.3	9.6	12.1	13.8	14.7	17.2	19.5	21.6	—	—	—
1×10^7	1.7	3.4	5.4	7.6	10.1	12.6	14.4	15.2	17.8	20.3	22.7	—	—	—

以上两种计算方法所得的结果略有差异。用半值层法计算便捷，用查表法往往不能直接对应查出，需用内插法，但略显烦琐。实践证明，两种方法的使用从防护角度讲都是可以接受的，结果都是偏安全的。若还需考虑2倍安全系数，可以在上述计算结果的基础上再增加一个*HVL*。

若探伤机使用的辐射源不是^{60}Co、^{192}Ir、^{169}Yb、^{75}Se，而是^{137}Cs、^{226}Ra、^{124}Sb、^{196}Au、^{182}Ta时，穿透铅、混凝土、钢等平板材料的透射曲线见图11-1至图11-10。计算时只需先求透射比，再查阅表11-4、表11-5即可求出屏蔽防护厚度。

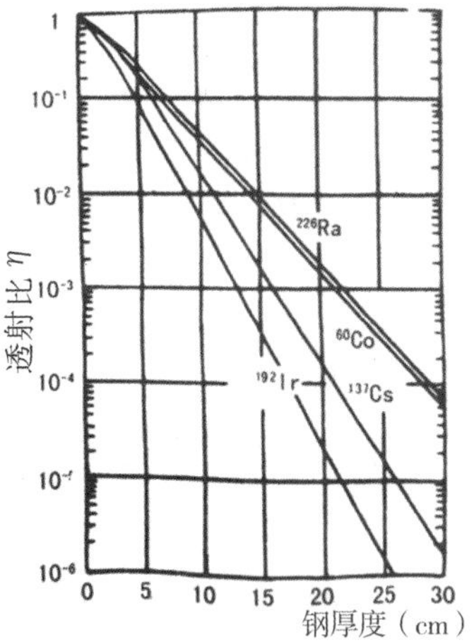

图11-1　放射性核素的宽束γ射线穿过钢的透射曲线

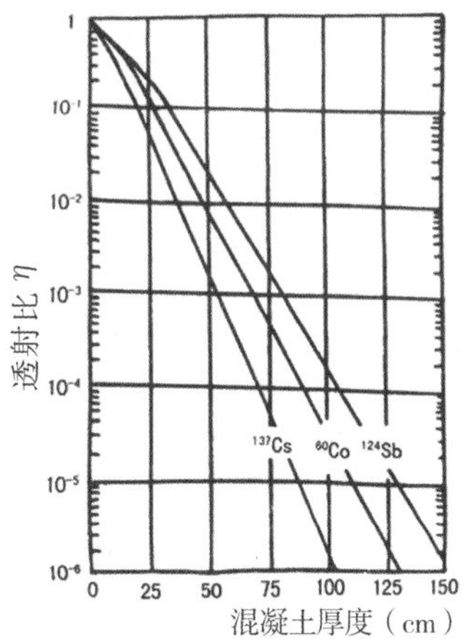

图11-2　放射性核素的宽束γ射线穿过混凝土的透射曲线（1）

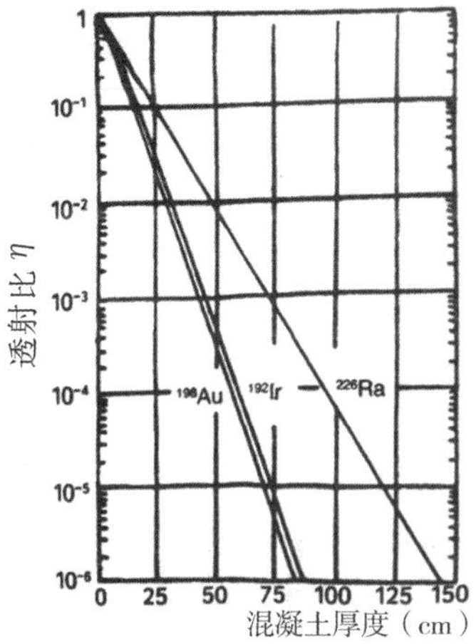

图11-3　放射性核素的宽束γ射线穿过混凝土的透射曲线（2）

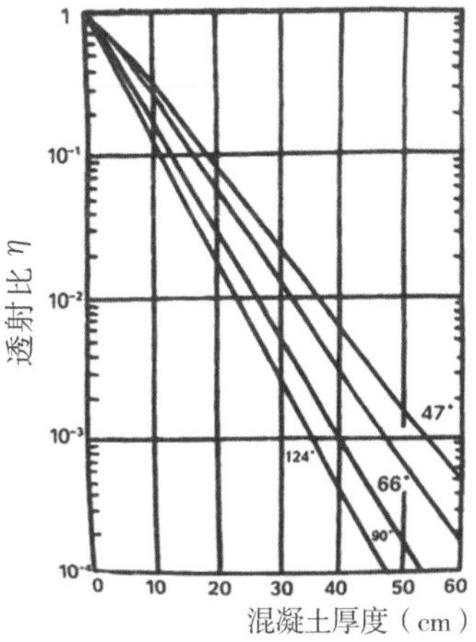

图11-4　^{60}Co γ射线的散射辐射穿过混凝土的透射曲线

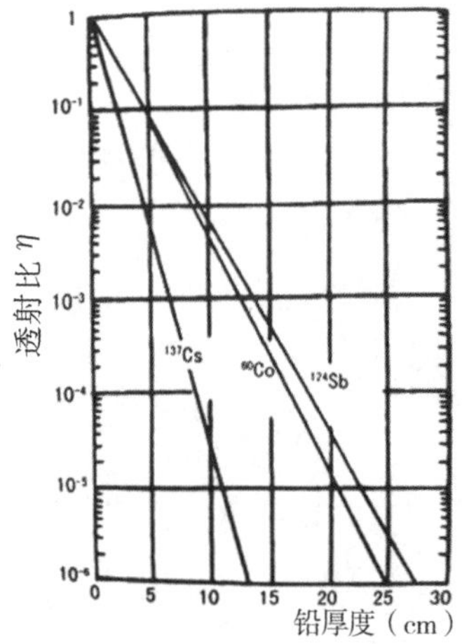

图 11-5　放射性核素的宽束 γ 射线穿过铅的透射曲线（1）

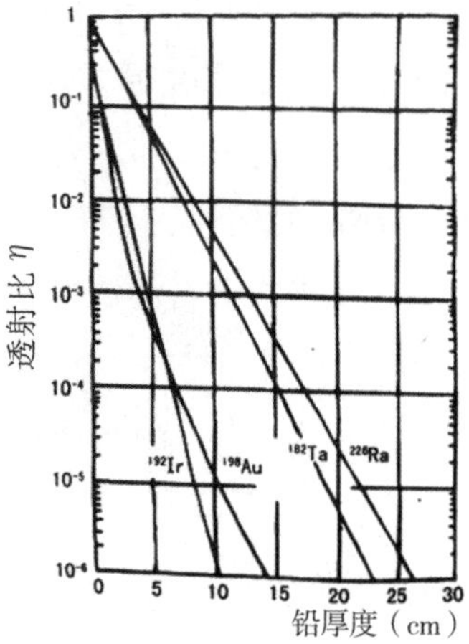

图 11-6　放射性核素的宽束 γ 射线穿过铅的透射曲线（2）

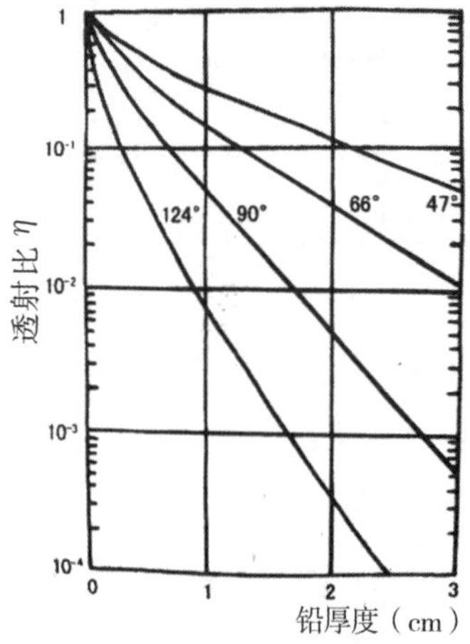

图 11-7　^{60}Co γ 射线的散射辐射穿过铅的透射曲线（1）

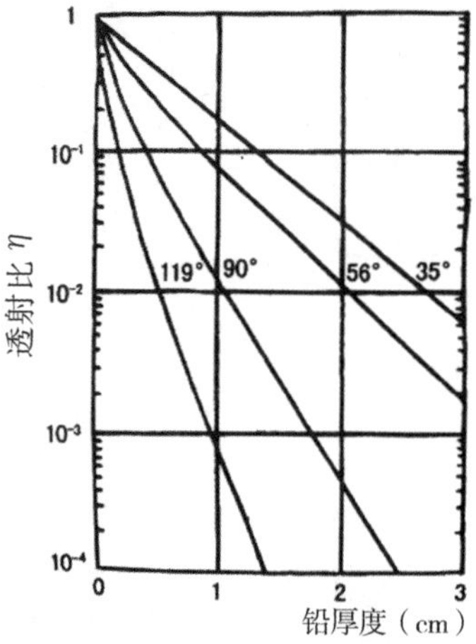

图 11-8　^{137}Cs γ 射线的散射辐射穿过铅的透射曲线（2）

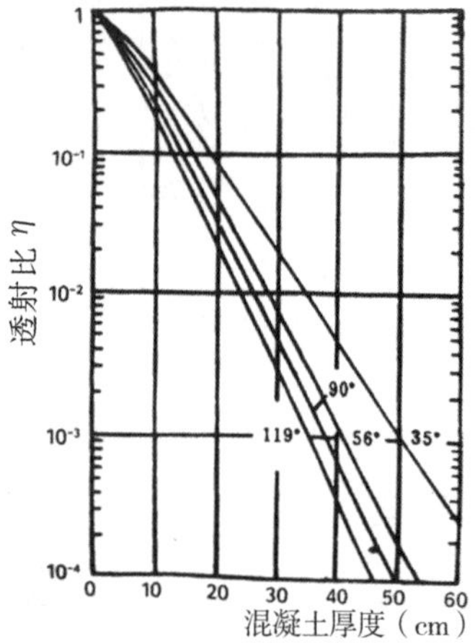

图 11-9　^{137}Cs γ 射线的散射辐射穿过混凝土的透射曲线

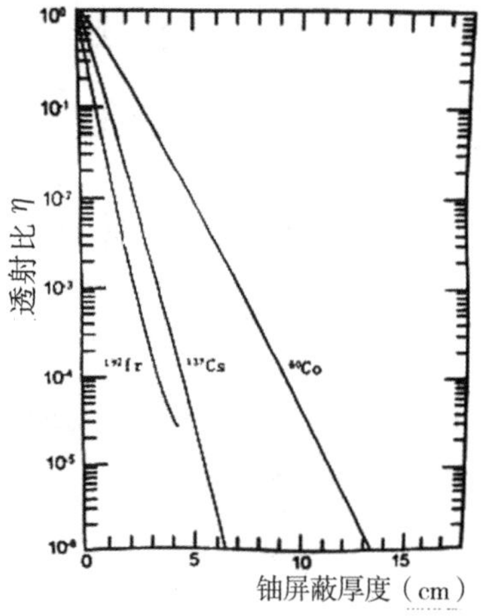

图 11-10　^{60}Co、^{137}Cs 和 ^{192}Ir 宽束 γ 射线对铀的透射比 η

11.3 工业 γ 射线移动探伤的辐射防护

工业 γ 射线探伤项目多用于移动探伤，即在需要探伤件的任何现场进行探伤。由于移动探伤不在固定的探伤室内，因此不需要对探伤室进行屏蔽防护设计，不用计算探伤室的各防护墙、防护门的屏蔽防护厚度，但必须按防护要求进行分区防护，即将探伤现场分为控制区和监督区，并在进行探伤作业前完成。

控制区与监督区虽然不用进行屏蔽防护厚度计算，但两者的划分是按两个区边界的空气比释动能率来确定的。GBZ 132—2008 规定：控制区的外边界空气比释动能率应低于 15μGy/h；监督区位于控制区外，其外边界空气比释动能率应不大于 2.5μGy/h，允许与探伤相关的人员在此区活动。不难理解，这是对探伤相关人员乃至公众成员的防护措施。控制区范围的确定对探伤相关人员来说尤为重要。

11.3.1 控制区距离的确定

根据放射源发出的 γ 射线向各个方向辐射的不同情况，应确定三类不同的控制区距离，在图 11-11 中分别以 L_1、L_2、L_3 表示。

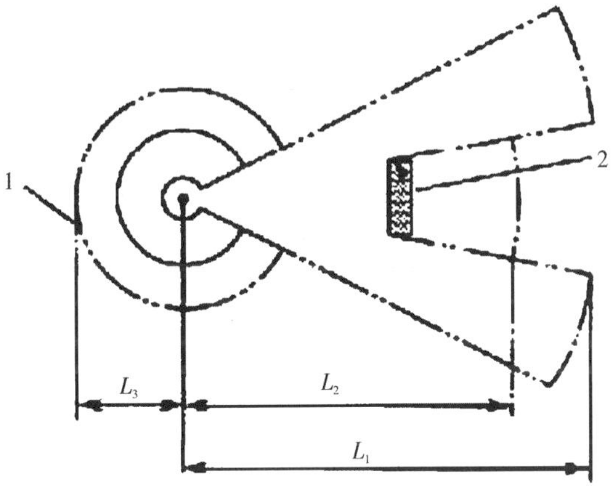

图 11-11　应用屏蔽物的控制区（无比例）

1——源容器屏蔽；

2——探伤对象；

L_1——辐射没有任何衰减时要求的控制区距离；

L_2——有用线束方向，经检测对象屏蔽后要求的控制区距离；

L_3——有用线束方向以外，经源容器或其他屏蔽物屏蔽后要求的控制区距离。

注：本图取自 GBZ 132-2008。

对于移动探伤，控制区边界的当量剂量率应低于 15μSv/h，可由式 11-3 评定 L_1、L_2、L_3 三个不同控制区的距离的大小：

$$L_1 = \alpha_1 \times 1.63 \qquad \text{（式 11-3）}$$

式中：α_1 为没有衰减时不同活度放射源的 α_1 值（边界剂量率为 40μSv/h 的控制区距离），可从图 11-12 中查得。

1.63 为边界剂量率从 40μSv/h 调整为 15μSv/h 的修正。

L_1 为根据 α_1 值修正后得到的控制区距离值。

L_2 和 L_3 则由 L_1 乘以表 11-6 相对应的因子而获得（可由屏蔽物的厚度除以表 11-3 中相应的屏蔽材料的半值层厚度，求出其半值层数，进而从表 11-6 中查出相对应的因子）。

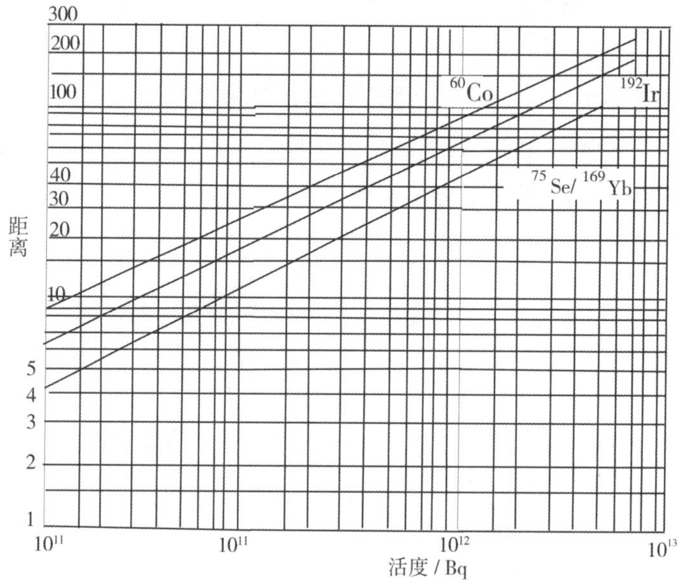

图 11-12　没有衰减时不同活度放射源的 α_1 值

（边界剂量率为 40μSv/h 的控制区距离）

注：本图取自赵兰才、张丹枫编著的《放射防护实用手册》，济南出版社，2009 年版，第 401 页。

表 11-6　用于控制区确定并有衰减时计算 L_2 和 L_3 的因子

半值层数	因子
0.5	0.9
1	0.7
1.5	0.6
2	0.5
3	0.4
4	0.3
5	0.2
8	0.1
10	0.05
12	0.01

注：本表取自赵兰才、张丹枫编著的《放射防护实用手册》，济南出版社，2009 年版，第 401 页。

11.3.2 计算示例

现有一台γ探伤机，内含^{192}Ir源，放射性活度为1.85×10^{12}Bq，检测对象为钢结构，厚28mm。查表11-3，钢对^{192}Ir的*HVL*为14mm，其*HVL*个数为2（28/14=2）。

放射源屏蔽物（照射容器壁）为钨，厚25mm，查得钨的*HVL*为2.5mm，其*HVL*个数为10（25/2.5=10）。

按$L_1=\alpha_1\times1.63$，查图11-12中活度为1.85×10^{12}Bq的^{192}Ir曲线，得α_1为90，则$L_1=90\times1.63=146.7$（m）。

L_2是经检测对象（钢板）屏蔽后的控制区距离，有用线束被钢板衰减，查表11-6，与2个*HVL*相对应的因子为0.5，则$L_2=0.5\times L_1=0.5\times146.7=73.35$（m）。

L_3是经源容器（钨）屏蔽后的控制区距离，γ射线被钨屏蔽衰减，其*HVL*数为10（25/2.5=10）。

查表11-6，与10个*HVL*相对应的因子为0.05，则$L_3=0.05\times L_1=0.05\times146.7=7.34$（m）。

即该γ射线进行移动探伤，辐射没有任何衰减时，要求的控制区距离为146.7m；有用线束方向，经检测对象屏蔽后，要求的控制区距离为73.35m；有用线束方向以外，经源容器或其他屏蔽物屏蔽后要求的控制区距离为7.34m。

在现场进行移动探伤时，按示例条件计算确定的控制区距离能有效地保障探伤人员的受照剂量低于国家防护标准的要求。

第 12 章　直线加速器工业探伤和工业 CT 无损检测的屏蔽防护厚度计算

12.1　直线加速器工业探伤的屏蔽防护厚度计算

12.1.1　低能电子直线加速器的主要性能

低能电子直线加速器无损探伤在工业上的应用日益增多，特别是用于大型钢制压力容器的探伤。目前应用较多的是 2MeV、4MeV、6MeV 和 9MeV 的驻波电子直线加速器，以及可用作辐射照相、计算机断层检查（即工业 CT）的高能 X 射线源。

电子直线加速器产生的韧致辐射能量高、强度大，射线照相所需时间更短，分辨率高，与同位素放射源相比更为经济。目前国产驻波电子直线加速器主要是 DZ 系列，其结构分为机头（X 射线机头）、机头悬吊结构、调制器与低压电源柜、控制台、稳定电源柜和温控水冷机组六部分。

国产 DZ 系列驻波电子直线加速器中的 DZ-2/200、DZ-4/500、DZ-6/1000、DZ-9/3000 等 4 种型号的主要性能指标如表 12-1 所示。

表 12-1　DZ 系列驻波电子直线加速器主要性能指标

加速器型号		DZ-2/200	DZ-4/500	DZ-6/1000	DZ-9/3000
电子束能量（MeV）		2	4	6	9
X 射线剂量率（cGy/min·m）		≥200	≥500	≥1000	≥3000
焦点直径（mm）		<2	<2	<2	<2
X 射线的均匀度		>75%	>70%	>60%	>55%
X 射线束的不对称性		<±5%	<±5%	<±5%	<±5%
检测钢铁厚度（mm）		40～200	50～250	50～280	70～380
照相检测灵敏度	以线形像质计	优于 1%	优于 1%	优于 1%	优于 1%
	以孔形像质计	ASTM E-142 1-2T	ASTM E-142 1-2T	ASTM E-142 1-2T	ASTM E-142 1-2T
剂量达到稳定所需时间（s）		<7	<7	<7	<7
漏线量（%）		0.1	0.1	0.1	0.1
照射野尺寸		由顶角为 30°圆锥形准直锥孔限定	同 DZ-2/200	同 DZ-2/200	同 DZ-2/200

注：①漏线量是指在主射线束范围之外，距靶 1m 的球面上，任何 $100cm^2$ 的区域内测得的平均剂量率不超过 0°方向主射线束中心轴线上距靶 1m 处剂量率的 0.1%。

②本表取自赵兰才、张丹枫编著的《放射防护实用手册》，济南出版社，2009 年版，第 392 页。

12.1.2 电子直线加速器探伤室的屏蔽防护计算

电子直线加速器探伤室的防护与医院加速器治疗机房的防护基本相同。

10MeV 以下的电子直线加速器的射线危害，主要是电子束及由高速电子打在靶上产生的韧致辐射（即 X 射线）。韧致辐射的发射率大致与 Z/m^2 成正比。其中 Z 为吸收物质（主要是靶）的原子序数，m 是带电粒子的质量。由于与 m^2 成反比，因此除电子之外，对于任何其他入射粒子，韧致辐射几乎可以忽略。

在电子能量大于 1MeV 时，韧致辐射的发射率大小随方向而改变。在电子束前进方向上（即 0°角），X 射线发射率最高，所需的防护厚度也最大；而在垂直于电子方向（即 90°角）上发射率最低，所需防护厚度也最小。

韧致辐射的能量是连续能谱，包括从零到入射电子束的最大能量的所有 X 射线。在绝大多数情况下，结合屏蔽防护设计的目的，国内外的资料均认为，可以假定韧致辐射的平均有效能量取电子最大能量的 1/2 或 1/3。也可以在计算屏蔽厚度时，不考虑韧致辐射的能量，而直接用由电子能量绘制的透射曲线求出，或从同电子能量与衰减倍数 K 相关的屏蔽厚度表中查出。

图 12-1 至图 12-6 为电子产生的宽束 X 射线对几种屏蔽物质的透射比 η，表 12-2 为电子直线加速器韧致辐射衰减 K 倍所需的混凝土屏蔽厚度。

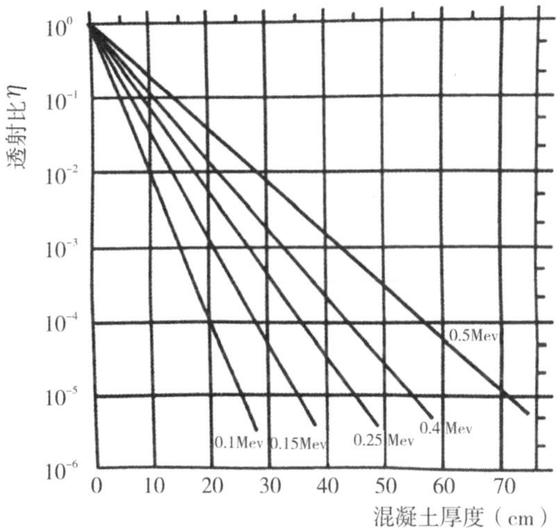

图 12-1 0.1～0.5MeV 电子产生的宽束 X 射线对混凝土的透射比 η

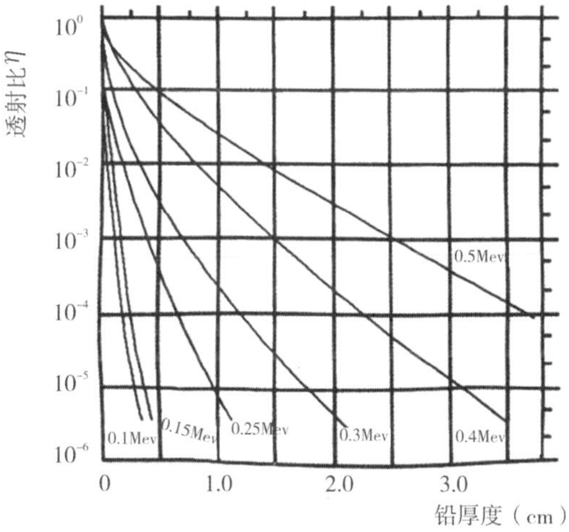

图 12-2 0.1～0.5MeV 电子产生的宽束 X 射线对铅的透射比 η

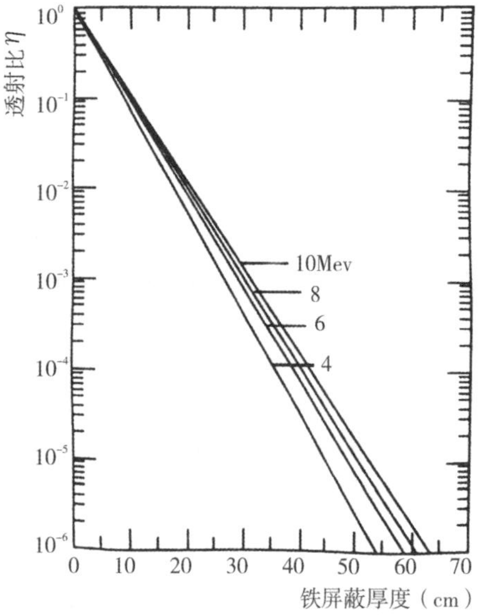

图 12-3　4～10MeV 电子产生的宽束 X 射线对铁的透射比 η

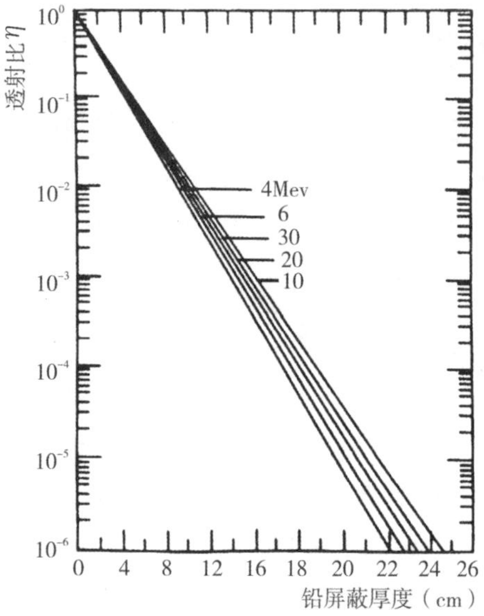

图 12-4　4～10MeV 电子产生的宽束 X 射线对铅的透射比 η

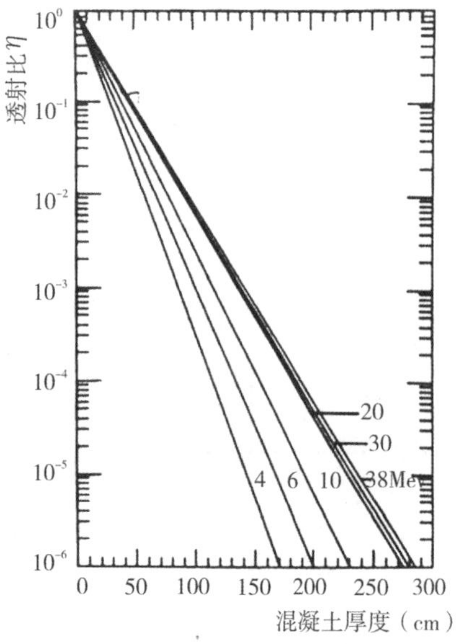

图 12-5　4～38MeV 电子产生的宽束 X 射线对混凝土的透射比 η

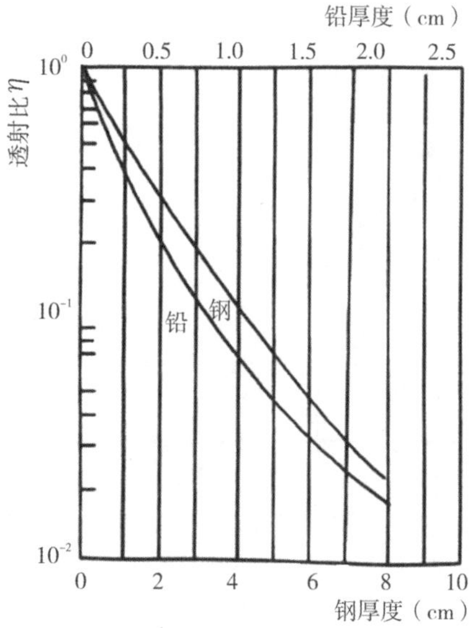

图 12-6　6MeV X 射线 90°方向的散射辐射穿过铅和钢时的透射比 η

表 12-2　电子直线加速器韧致辐射衰减 K 倍所需的混凝土屏蔽厚度（cm）

（ρ =2. 35g/cm）

衰减倍数 K	辐射的能量（MeV）				
	6	10	20	30	38
1. 5	7	8	8	9	10
2	12	12	14	16	17
5	26	27	33	36	38

（续表）

衰减倍数 K	辐射的能量（MeV）				
	6	10	20	30	38
8	33	35	43	46	50
10	37	40	50	53	57
20	47	51	63	67	71
30	53	58	72	75	80
40	58	63	78	81	86
50	60	67	83	86	92
60	63	70	87	90	94
80	67	75	92	96	100
100	70	79	96	100	105
2×10^2	80	91	110	114	119
5×10^2	94	107	128	133	137
1×10^3	103	119	142	146	150
2×10^3	114	130	155	161	165
5×10^3	126	146	173	180	183
8×10^3	134	154	182	190	192
1×10^4	138	158	187	193	197
2×10^4	148	170	200	206	210
5×10^4	161	176	217	223	228
1×10^5	171	198	232	236	241
2×10^5	181	210	244	251	255
5×10^5	194	225	262	270	273
8×10^5	203	235	272	278	282
1×10^6	205	240	275	282	287

辐射屏蔽厚度计算方法有两种：

方法一：求出透射比 η，再查图 12-1 至图 12-6，求出屏蔽厚度。

方法二：求出衰减倍数 K，再直接查表 12-2，如数据超出该表，可以用线性内插法求出屏蔽厚度。衰减倍数及透射比的计算可查阅第 2 章内容。

在进行辐射屏蔽防护计算时，必须先求出或明确以下参数：

（1）距靶 1m 处(r_0) 加速器的最大输出剂量率 $\dot{H}_o$（由加速器生产厂商给出）（Gy/min）。

（2）距靶 1m 处加速器周围泄漏辐射相当于最大输出剂量率的百分数（由加速器生产厂商给出）。

（3）确定参考点剂量控制目标值，$\dot{H}_p$ 以 2.5μGy/h 或 0.1mGy/wk 为例。

（4）参考点区域居留因子 T。

（5）电子最大能量（MeV）或韧致辐射的平均有效能量（MeV）。

12.1.3　计算示例

有一台工业探伤用电子直线加速器，照射室厂房平面布置见图 12-7，辐射源最大电子能量为 4MeV，其韧致辐射场为正向最大 5Gy/min，射线角为 30°，侧向漏束小于 0.1%，主射线束的照射范围如图 12-7 所示，焦点距东墙及西墙均为 6.5m，距北墙为 5m，照射头尾端距南墙最近为 0.5m，厂房高度为 8m，加速器最大起吊高度为 2.5m。按每周工作 40h 设计，墙外剂量控制目标值小于或等于 2.5μGy/h，周剂量率当量不超过 0.1mGy/wk，计算时取 2 倍安全系数，试计算各墙及门、屋顶的屏蔽防护厚度 X。

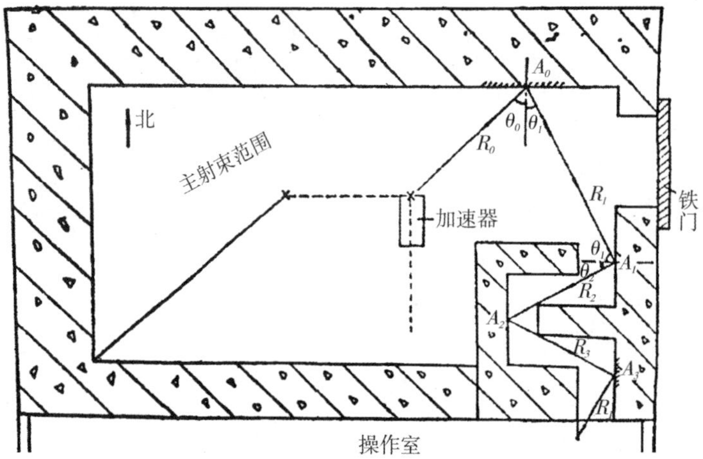

图 12-7　探伤用电子直线加速器厂房布置示意图

（1）东侧墙。从图 12-7 可见，东侧墙只有漏射线束照射，可近似地认为漏射线束与主射线束能量一样。

取计算距离：6.5+1（墙厚）= 7.5（m）

$$\dot{H}_e = \frac{5 \times 0.001 \times 40 \times 60}{7.5^2} = 0.213\ (\text{Sv/wk}) = 213\ (\text{mSv/wk})$$

$$\eta_X = \frac{\dot{H}_p}{\dot{H}_e} = \frac{0.1}{213 \times 2} = 2.35 \times 10^{-4}\ (\text{取 2 倍安全系数})$$

①直接查图 12-5，得知所需混凝土屏蔽厚度为 104cm。

②将透射比 η_X 转换为衰减倍数 K：

$K = 1/\eta_X = 1/(2.35 \times 10^{-4}) = 4255$

再直接查表 12-2（表 12-2 为加速器最大辐射的能量）。由于表 12-2 中没有 4MeV 一档的数据，从防护角度可保守地引用 6MeV 一档的数据。但表中仍没有直接列出 $K=4255$ 时所需的混凝土厚度，先从该表中查出 $K=5000$ 时的屏蔽厚度为 126cm，$K=2000$ 时的屏蔽厚度 114cm，所以由内插法可得当衰减倍数 $K=4255$ 时的屏蔽厚度应为：

$$114+\frac{126-114}{5000-2000}\times(4255-2000)=123.02\ (\text{cm})$$

取整数得 123cm。

以上两种方法结果相近，但前者更为方便，且结果保守。

X 射线的平均有效能量取 2MeV（4MeV×1/2=2MeV），或 X 射线的平均有效能量取 2MeV，再按光子能量 2MeV 查阅表 2-19，同样用内插法，先分别查出 $K=5000$ 和 $K=2000$ 的屏蔽厚度，再计算出 $K=4255$ 时的屏蔽厚度为 108cm。从偏安全的角度看，也是可行的。

（2）东侧墙上的防护门。东侧墙上的防护门应与东侧墙体有相同的屏蔽防护效果，即应有相同的防护铅当量，故其透射比 η_X 同样应为 2.35×10^{-4}。如防护门用铁制作，可直接查图 12-3，得知铁门厚度为 32.5cm；如防护门用铅制作，可直接查图 12-4，得知铅门厚度为 16.6cm。

（3）北墙。该处是加速器主射束照射方向。

①取计算距离：5+2（墙厚）=7（m）

$$\dot{H}_n=\frac{5\times40\times60}{7^2}=244.9\ (\text{Sv/wk})=2.45\times10^5\ (\text{mSv/wk})$$

$$\eta_X=\frac{\dot{H}_p}{\dot{H}_n}=\frac{0.1}{2.45\times10^5\times2}=2\times10^{-7}$$

查图 12-5 外延线查得所需混凝土屏蔽厚度为 190cm。

②透射比 η_X 转换为衰减倍数 K：

$$K=1/\eta_X=1/(2\times10^{-7})=5\times10^6$$

按光子能量为 2MeV 查表 2-19，得知 $K=5\times10^6$ 时对应的混凝土屏蔽厚度为 189cm。

若直接用表 12-2 保守地查 6MeV 辐射能量对应 $K=5\times10^6$ 时的屏蔽厚度，可近似取 205cm。

（4）西侧墙。西侧墙也是主射束照射。

①取计算距离：6.5+1.5（墙厚）=8（m）

$$\dot{H}_w=\frac{5\times40\times60}{8^2}=187.5\ (\text{Sv/wk})=1.88\times10^5\ (\text{mSv/wk})$$

$$\eta_X=\frac{\dot{H}_p}{\dot{H}_w}=\frac{0.1}{1.88\times10^5\times2}=2.65\times10^{-7}$$

据图 12-5 外延线查得所需混凝土屏蔽厚度为 180cm。

②透射比 η_X 转换为衰减倍数 K：

$$K=1/\eta_X=1/(5.3\times10^{-7})=1.9\times10^6$$

按光子能量为 2MeV，查表 2-19，通过内插法得知对应衰减倍数 $K=1.9\times10^6$ 时所需混凝土防护厚度为 179cm。

同样可以用表 12-2 保守地查出 6MeV 能量条件下对应的屏蔽厚度为 205cm。

（5）南墙。该墙是漏射线束照射。

①取计算距离：0.5+1.5（墙厚）=2（m）

$$\dot{H}_s = \frac{5 \times 0.001 \times 40 \times 60}{2^2} = 3\ (\mathrm{Sv/wk}) = 3000\ (\mathrm{mSv/wk})$$

$$\eta_X = \frac{\dot{H}_p}{\dot{H}_s} = \frac{0.1}{3000} = 3.3 \times 10^{-5}$$

据图 12-5 外延线查得所需混凝土屏蔽厚度为 128cm。

（6）迷路墙和防护门。迷路墙和防护门的屏蔽厚度较准确的计算过程相当复杂。根据实践经验，一般可按同侧墙体厚度的 2/3 进行设计即可。该台电子直线加速器探伤机探伤室的迷路为 Z 型三折迷路，防护小门有 4mmPb 的屏蔽厚度即可。

将本例题所获得的防护设计值与文献建造值的对比情况列于表 12-3。

表 12-3　4MeV 电子直线加速器探伤室屏蔽防护厚度设计

防护类型与墙体	混凝土（ρ = 2.35g/cm）屏蔽厚度/cm	
	本例题设计值	文献建造值①
正向主防护墙	190	200
斜体主防护墙	180	180
侧向副防护墙	104	120
尾端副防护墙	128	120
屋顶	50～60	65
防护大门	104②	120②
迷路小门	无防护	4mmPb③

注：①张乙眉：《某企业 4MeV 直线加速器探伤室职业病危害控制效果评价》，《中国辐射卫生》，2005 年第 14 卷第 2 期第 133 页。

②相当于混凝土的屏蔽厚度。

③未注明迷路类型和具体结构所需屏蔽厚度。

该探伤室现场防护检测结果表明，在探伤室墙外、门外 30m 处的 X 射线辐射水平为 0.07～0.16μGy/h，满足国家防护标准（小于 2.5μGy/h）的要求。

（7）探伤室屋顶的屏蔽防护。如果屋顶上无人居留，探伤室周边 30cm 内无高层建筑物和经常有人停留等特殊情况，那么仅需考虑天空散射对附近地面人员与高层建筑中人员的影响，此时屋顶采用 50～65cm 的混凝土屏蔽防护厚度即可满足屏蔽防护要求（见表 12-3 中屋顶的设计值和文献建造值）。

12.2　工业 CT 无损检测的辐射防护要求

工业 CT 无损检测利用 γ 射线或 X 射线对工件进行断层扫描成像，检测工件内部缺陷。无损检测方式除断层扫描成像（CT）外，还有数字化透射扫描成像（DR）和三维扫描成像（3D）等，常用于无损探伤和无损质量评价。

12.2.1 工业CT设备的结构

（1）放射源。见表12-4。

①γ射线。由^{60}Co或^{137}Cs发射的γ射线活度一般为3.7×10^{9}～3.7×10^{12}Bq，范围在几百mCi至几十Ci。

②X射线球管。由X射线管发射出X射线，管电压一般为160～450kV。

③高能电子直线加速器。由2～15MeV电子直线加速器发射出X射线（韧致辐射）。

（2）结构。有悬挂式、立式和卧式3种。

表12-4 3种型号工业CT装置的主要功能与技术指标[①]

型号	CD400CG工业CT机	CD300BX工业CT机	CD600BXA工业CT机
射线源	γ射线	X射线球管	高能电子直线加速器
射线能量	1.25MeV	225kV/450kV	4MeV（也可选配2MeV、6MeV、9MeV）
成像功能	CT、DR、3D	CT、DR、3D	CT、DR、3D
图像系统功能	·图像处理、分析与测量 ·材质缺陷自动识别 ·装配缺陷与识别 ·三维重构与显示	·图像处理、分析与测量 ·材质缺陷自动识别 ·装配缺陷与识别 ·三维重构与显示	·图像处理、分析与测量 ·材质缺陷自动识别 ·装配缺陷与识别 ·三维重构与显示 ·逆向设计[②]
其他功能	·断层选择的自动定位 ·系统自检与自诊断 ·数据及报表管理 ·安全联锁与报警	·断层选择的自动定位 ·系统自检与自诊断 ·数据及报表管理 ·安全联锁与报警	·断层选择的自动定位 ·系统自检与自诊断 ·数据及报表管理 ·安全联锁与报警
可检测工件尺寸	Φ400mm×8000mm	Φ300mm×1000mm	Φ600mm×1200mm
空间分辨率	1.5lp/mm	2.0～5.0lp/mm	2.0lp/mm
密度分辨率	0.5%	0.1%～0.5%	0.3%～0.5%
尺寸测量精度	—	0.02～0.05mm	0.03～0.05mm
密度测量精度	—	1.0%	1.0%
最大图像矩阵	1024×1024（CT） 1024×1024×2000（3D）	5888×5888（CT） 2048×2048×1000（3D）	4096×4096（CT） 2048×2048×1200（3D）

注：①表中数据取自重庆大学ICT研究中心提供的“CD系列工业CT无损检测系统”的样本资料。
②逆向设计：在无损的情况下，实现对工件内外集合尺寸的准确测量，并建立二维、三维CAD模型，为实现快速原型（RP）和直接数控加工奠定基础。

12.2.2 放射源的安全要求

（1）源塔的泄漏辐射。源塔中的射线束处于关闭状态时，距源塔外表面5cm处和100cm处任何位置的空气比释动能率分别小于 0.2mGy/h、0.02mGy/h。

（2）外表面放射性污染。β 和 α 的外表面放射性污染分别不应超过 $4Bq/cm^2$ 和 $0.4Bq/cm^2$。

（3）安全设施。能确保射线束开闭灵活，操作方便，长期运行可靠，有直观、醒目的放射源开闭的指示标识；有应急手动关源装置，确保关源的控制装置出现故障时能用人工方法安全关闭。

12.2.3 低能 X 射线（X 射线球管）的防护要求

在额定工作条件下，距 X 射线球管焦点 1cm 处的漏射线空气比释动能率应符合以下条件：
①管电压小于 150kV 时，空气比释动能率应小于 1mGy/h；
②管电压为 150～200kV 时，空气比释动能率应小于 2.5mGy/h；
③管电压大于 200kV 时，空气比释动能率应小于 5mGy/h。

12.2.4 高能 X 射线源（高能电子直线加速器）的防护要求

加速器本身的防护性能与安全要求参阅表 12-1。特别需要指出的是，对加速器的漏射线量的要求是在主射线束范围之外距靶 1m 的球面上，任何 $100cm^2$ 的区域内测得的平均剂量率不超过 0°方向的主射线束中心轴线上距靶 1m 处剂量率的 0.1%。

12.2.5 一般要求

根据 CT 设备的型号和大小、放射源的活度、可检测工件大小，原则上检测室面积不小于 $30m^2$，高度不低于 4m。

CT 设备在检测室中安放时，应注意射线束的方向不要朝向控制室和防护门。

检测时应注意严格进行控制区与监督区的分区监督管理。

12.2.6 防护安全要求

（1）屏蔽防护。检测室的墙体和所有人员入口的防护门外 30cm 处，在射线束处于发射状态时，空气比释动能率不大于 2.5μGy/h（包括电缆出入口、进排风通道口）。

（2）监视装置。控制室的操作台应有专用的监视器，监视检测室内人员活动和 CT 设备运行情况。

（3）警示系统。在检测室所有入口处、源塔及有必要的地方设置电离辐射警示标志和工作状态指示灯、声光警示装置，开机前持续报警 20s。

（4）通风设施。每小时换气 4～5 次，及时排除臭氧和氮氧化合物。

（5）电气安全设施。加速器为放射源的工业 CT 设备应采用主动接地联锁、高压屏蔽网、高压放电棒、高压过载保护、独立设备接地等保护措施，防止高压时对工作人员造成危害。

12.3 工业 CT 设备检测室的辐射屏蔽设计

工业 CT 断层扫描的射线束为扇形窄束，不同于 X 射线探伤、γ 射线探伤与直线加速器探伤所用的锥形束。这种扇形束角度不超过 30°，扇角平行于地面。

立式工业 CT 设备可上下升降 1～3m；卧式工业 CT 设备可前后移动一定的距离；固定式工业 CT 设备位置固定。

这三种结构形式的设备，射线束的照射方向不变，均定向照射，所以在屏蔽防护设计时有一面墙或两面墙（视参考点与放射源之间的距离和 CT 设备安装位置而定）为初级射线防护（主防护），其余墙体为漏射线和散射线防护（次级防护或副防护）。

12.3.1 γ 射线工业 CT 检测室的屏蔽防护设计

γ 射线工业 CT 检测室的屏蔽防护设计与上一章介绍的 γ 射线工业探伤室的屏蔽防护设计基本相同。现举例说明不同之处。

一台 γ 射线工业 CT 设备，放射源为 ^{60}Co，活度为 1.85×10^{12}Bq（50Ci），射线束朝向的主防护墙外参考点与放射源之间的距离 $d_0=3$m，被检测工件受照面与放射源之间的距离 $d_1=1$m，受照面积 S 为 400cm^2，主要受到散射线照射的副防护墙外和防护门外参考点距被检测工件（散射体）散射面中心点的距离 $d_2=3$m，墙外、门外区域居留因子 $T=1$。要求墙外、门外参考点处空气比释动能率 $\dot{H}_p$ 小于 2.5μGy/h。试计算主、副屏蔽墙混凝土厚度与防护门的铅当量。

已知 ^{60}Co 的空气比释动能率常数 $\Gamma_\delta=1.15$rad·m^2/（Ci·h）（查表 11-1 可获得）。

查表 1-18 得：对 ^{60}Co 初级射线，混凝土的 $TVL=218$mm；铅的 $TVL=41$mm；钢（铁）的 $TVL=71$mm。

（1）对初级射线的屏蔽。

①利用式 9-17 计算：

$$S_{(p)}=20.6\lg\frac{2W\cdot U\cdot T\cdot n}{P\cdot d_{pri}^2}$$

式中：W 为工作负荷（Sv·m^2/wk），即有用线束中心轴上距源 1m 处的空气比释动能率乘以一周内实际开机照射的时间；

U 为使用因子；

T 为居留因子；

n 为安全系数；

d_{pri} 为源到考察点的距离（m）；

P 为考察点剂量控制值（Sv/wk）。

由于式中的工作负荷 W 无法确定，不改变上式，将 W 改为主射线束距离 1m 处的空气比释动能率 $\dot{H}_o$，同时将周剂量限值 P 改为参考点处空气比释动能率限值 $\dot{H}_p$。由于工业 CT 是定向照射，故 U 无意义，其他参数不变。改变后的公式为：

$$S_{(p)}=20.6\lg\frac{2\dot{H}_0Tn}{\dot{H}_pd_{pri}^2}$$

上式中的 $\dot{H}_o$ 可以由点状源公式（式 11-1）求出：

$$\dot{H}_0 = \frac{A \cdot \Gamma_\delta}{r_0^2} = 57.5\ (\text{rad/h}) = 5.75\times10^5 \mu\text{Gy/h}$$

将有关数据代入上述修改后的公式：

$$S_{(p)} = 20.6\lg\frac{2\dot{H}_0 Tn}{\dot{H}_p d_{pri}^2} = 20.6\lg\frac{2\times5.75\times10^5\times1\times2}{2.5\times3^2} = 20.6\lg102222 = 20.6\times5 = 103\text{cm}$$

即对初级射线的屏蔽需要的混凝土厚度为 103cm。

②利用点状源公式（式 11-1）和衰减倍数 K 公式（式 11-2）计算：

$$\dot{H}_0 = \frac{A \cdot \Gamma_\delta}{r^2} = 6.39\ (\text{rad/h}) = 6.39\times10^4\ (\mu\text{Gy/h})$$

$$K = \frac{\dot{H}_o \cdot T \cdot n}{\dot{H}_p} = \frac{6.39\times10^4\times1\times2}{2.5} = 5.112\times10^4$$

再利用什值层法求出厚度，即 TVL 的个数：

$n = \lg K = \lg\ (5.112\times10^4) = 4.71$

已知混凝土的 $TVL = 21.8$cm，所以混凝土屏蔽防护厚度为：

$$4.71\times21.8 = 103\ (\text{cm})$$

以上两种方法所求得的混凝土屏蔽防护厚度一致，遵循国家标准 GBZ 175—2006 第 5.2.2 条提出的规定。但由于计算结果按点状源、裸源为条件得出且没有考虑工作负荷的修正，所以计算结果可能过于偏安全。实际上 γ 射线 CT 的放射源是在设备内的源塔中，且 γ 射线是从源塔中的固定方向照射到工件上，与医用^{60}Co 治疗机的射线束照射到患者人体组织类似。因此，如果能够估算出 γ 射线工业 CT 的工作负荷，即一周时间最多实际开机照射的次数，再乘以平均每次 CT 断层扫描的曝光时间和源距 1m 处射线束的空气比释动能率，采用 $S_{(p)} = 20.6\lg\frac{2W\cdot U\cdot T\cdot n}{P\cdot d_{pri}^2}$ 计算会更符合实际情况。

（2）对散射线的屏蔽。

要准确计算散射线的屏蔽厚度比较困难，因为散射线的剂量与入射的剂量、入射角、散射体表性质、散射面积、散射角度以及散射次数等多种因素有关，只能选取一些有代表性的基本条件进行简易估算。有以下两种方法：

①利用式 9-18 计算：

$$S_{(s)} = 15.4\lg\frac{2\times0.001\cdot W\cdot T\cdot n}{P\cdot d_{sec}^2\cdot d_{sca}^2}$$

式中：d_{sca} 为源到人体皮肤的距离（m）；

W 为工作负荷（Sv·m^2/wk），即有用线束中心轴上距源 1m 处的空气比释动能率乘以一周内实际开机照射的时间；

U 为使用因子；

T 为居留因子；

n 为安全系数；

d_{sec} 为源到考察点的距离（m）；

P 为考察点周剂量控制值（Sv/wk）。

如果无法确定工作负荷 W 的值，可将 W 改为主射线束距源 1m 处的空气比释动能率 $\dot{H}_o$，同时将周剂量限值 P 改为参考点处空气比释动能率限值 $\dot{H}_p$，则该公式变为：

$$S_{(s)} = 15.4\lg\frac{2\times 0.001\cdot\dot{H}_o\cdot T\cdot n}{\dot{H}_p\cdot d_{sec}^2\cdot d_{sca}^2}$$

式中 $\dot{H}_o$ 用点状源公式（式 11-1）求出：

$$\dot{H}_o = \frac{A\cdot T_\delta}{d^2} = \frac{50\times 1.15}{1^2} = 57.5\ (rad/h) = 5.75\times 10^5\ (\mu Gy/h)$$

$\dot{H}_p$ 可设定为小于 2.5μGy/h。

d_{sec} 和 d_{sca} 相当于例题中被检工件受照面与放射源之间的距离 d_1 和防护门外参考点距被检工件（散射体）散射面中心点的距离 d_2（注：$d_1=1m$，$d_2=3m$）。将上述数据代入公式中得：

$$S_{(s)} = 15.4\lg\frac{2\times 0.001\times 5.75\times 10^5\times 1\times 2}{2.5\times 1^2\times 3^2} = 15.4\lg 102.22 = 30.8\ (cm)$$

即对散射线的屏蔽需要的混凝土厚度为 30.8cm。

②通过求出散射的衰减倍数 K 计算屏蔽厚度。

A. 需要引入一个散射系数 α 值，即 ^{60}Co γ 射线被 400cm² 的等效模体散射至 1m 处的散射线的空气比释动能率与入射线束空气比释动能率的分数值。

^{60}Co γ 射线在不同的散射角下产生的散射线分数 α 值及相应的 TVL 值列于表 12-5。

表 12-5　^{60}Co γ 射线在不同的散射角下产生的散射线分数 α 值及相应的 TVL 值

散射角	10°	15°	20°	30°	45°	60°	90°	135°	150°
α 值	1.1×10^{-2}	—	8.0×10^{-2}	6.0×10^{-3}	3.7×10^{-3}	2.2×10^{-3}	9.1×10^{-4}	5.4×10^{-4}	1.5×10^{-4}
TVL（砼）（cm）	—	22	—	21	20	19	15	13	—

注：①本表中 α 值摘引自 IAEA Report No. 47 P46 Table 5。

②本表中 TVL 值（砼）摘引自 NCRP Report No. 151 P164 附录 B 表 B5a。

③ ICRP 第 33 号出版物（243）条指出，“在典型屏蔽情况下 90°散射不被认为是散射的主要成分”，所以一般都取 90°的 α 值。

B. 计算出距源 1m 处的入射线束的空气比释动能率：

$$\dot{H}_0 = \frac{A\cdot\Gamma_\delta}{d^2} = 57.5\ (rad/h) = 5.75\times 10^5\ (\mu Gy/h)$$

C. 再求出距散射体 1m 处散射线的空气比释动能率：

$$\dot{H}_{s0} = \alpha\cdot\dot{H}_o = 0.00091\times 5.75\times 10^5 = 523.25\ (\mu Gy/h)$$

D. 求出距散射体 3m 处参考点上散射线的空气比释动能率 $\dot{H}_s$，按距离平方反比定律（$\dot{H}_s=$

$\frac{\dot{H}_{s0}}{d^2}$）得：

$$\dot{H}_s = \frac{523.25}{3^2} = 58.14\ (\mu Gy/h)$$

E. 求出散射的倍数：

$$K = \frac{2 \times \dot{H}_s \cdot T \cdot n}{\dot{H}_p}$$

式中：2 表示增加一个 90°散射的半值层厚度，用作少量漏射线的防护。

$$K = \frac{2 \times 58.14 \times 1 \times 2}{2.5} = 93.02$$

F. 求出 90°散射线 *TVL* 的个数：

$n = \lg K = \lg 93.02 = 1.97$

查表 12-5，90°散射线对应的 *TVL* 为 15cm，则混凝土的屏蔽厚度为：

1.97×15=29.55（cm）

G. 先求透射比：

$$\eta = \frac{1}{K} = \frac{1}{93.02} = 1 \times 10^{-2}$$

再查图 12-8，得出屏蔽 90°散射所需铅的厚度为 17mm。

以上两种计算结果基本一致，都是未考虑工作负荷的修正，结果偏保守。

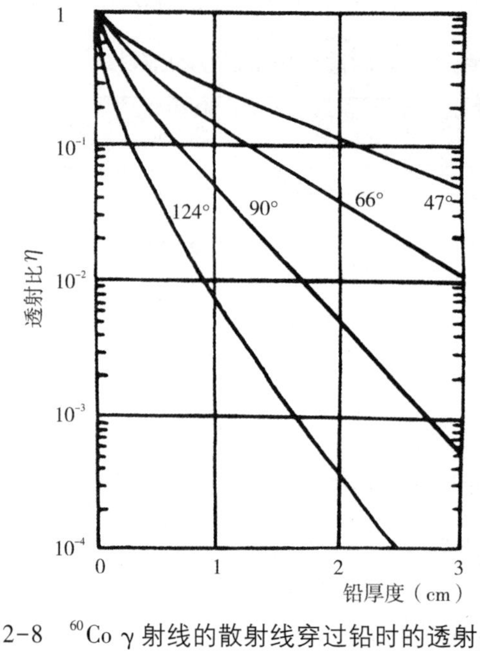

图 12-8　^{60}Co γ 射线的散射线穿过铅时的透射曲线

（3）对漏射线的屏蔽。根据工业 CT 源塔泄漏辐射控制水平的相关规定，在距源塔表面 100cm 处的空气比释动能率应小于 0.02mGy/h。若参考点距源塔表面的距离在 3m 以上，以剂量率与距离平方成反比的关系计算，则参考点处的剂量率已降至墙外剂量率控制目标值（2.5μGy/h）以下。计算如下：

$1^2 : 3^2 = X : 0.02$

则 $X = 0.02 \times \frac{1^2}{3^2} = 0.0022$（mGy/h）= 2.2（μGy/h）

所以单独计算泄露辐射的屏蔽已无实际意义。

12.4 低能 X 射线工业 CT 检测室的屏蔽防护

参考第 10 章的内容，按定向探伤机的防护设计进行。

12.5 高能 X 射线工业 CT 检测室的屏蔽防护

参考本章 12.1 的内容。

参考文献

[1] 赵兰才，张丹枫. 放射防护实用手册. 济南：济南出版社，2009.

[2] 张丹枫，赵兰才. 辐射防护技术与管理·第一卷. 南宁：广西民族出版社，2003.

[3] 方杰. 辐射防护导论. 北京：原子能出版社，1991.

[4] 章仲侯. 放射卫生学. 北京：原子能出版社，1985.

[5] 范深根，娄云. 放射性和辐射的安全使用. 北京：中国科学技术出版社，2001.

[6] 郑钧正，卢正福，李隆德. 医用外照射源的辐射防护. 北京：人民卫生出版社，1984.

[7] 李德平，潘自强. 辐射防护手册·第一分册·辐射源与屏蔽. 北京：原子能出版社，1987.

[8] 陈敬忠. 医用电子加速器的防护. 成都：四川科学技术出版社，2001.

[9] 杨国山，蔡反攻，薛永库等. 正电子发射扫描仪和回旋加速器建设中的防护评价. 中国辐射卫生，1999，8（1）：21-22，25.

[10] 林道川，翁志根. ^{60}Co 治疗机房屏蔽防护设计评价. 放射卫生，1989，2（1）：22-24.

[11] 林道川，翁志根. 医用直线加速器机房屏蔽的防护设计. 中国放射肿瘤学，1990（3）：74.

[12] 张继勉. 放射性粒子组织间永久插植放射治疗的辐射防护研究. 中国辐射卫生，2006，15（4）：407-408，411.

[13] 张乙眉. 某企业 4MeV 直线加速器探伤室职业病危害控制效果评价. 中国辐射卫生，2005，14（2）：133，135.